中华文化大博览丛书

中华文化
大博览 辉煌灿烂的
科技成就

鹿军士 编著

中国出版集团 现代出版社

图书在版编目（CIP）数据

辉煌灿烂的科技成就 / 鹿军士编著. -- 北京：现代出版社，2018.1
　ISBN 978-7-5143-6540-5

Ⅰ.①辉… Ⅱ.①鹿… Ⅲ.①科学技术－技术史－介绍－中国 Ⅳ.①N092

中国版本图书馆CIP数据核字(2017)第284984号

辉煌灿烂的科技成就

作　　者：	鹿军士
责任编辑：	李　鹏
出版发行：	现代出版社
通讯地址：	北京市定安门外安华里504号
邮政编码：	100011
电　　话：	010-64267325　64245264（传真）
网　　址：	www.1980xd.com
电子邮箱：	xiandai@vip.sina.com
印　　刷：	天津兴湘印务有限公司
字　　数：	380千字
开　　本：	710mm×1000mm　1/16
印　　张：	30
版　　次：	2018年5月第1版　2018年5月第1次印刷
书　　号：	ISBN 978-7-5143-6540-5
定　　价：	128.00元

版权所有，翻印必究；未经许可，不得转载

序言 | 辉煌灿烂的科技成就

习近平总书记在党的十九大报告中指出："深入挖掘中华优秀传统文化蕴含的思想观念、人文精神、道德规范，结合时代要求继承创新，让中华文化展现出永久魅力和时代风采。"同时习总书记指出："中国特色社会主义文化，源自于中华民族五千多年文明历史所孕育的中华优秀传统文化，熔铸于党领导人民在革命、建设、改革中创造的革命文化和社会主义先进文化，植根于中国特色社会主义伟大实践。"

我国经过改革开放的历程，推进了民族振兴、国家富强、人民幸福的"中国梦"，推进了伟大复兴的历史进程。文化是立国之根，实现"中国梦"也是我国文化实现伟大复兴的过程，并最终体现在文化的发展繁荣。博大精深的中国优秀传统文化是我们在世界文化激荡中站稳脚跟的根基。中华文化源远流长，积淀着中华民族最深层的精神追求，代表着中华民族独特的精神标识，为中华民族生生不息、发展壮大提供了丰厚滋养。我们要认识中华文化的独特创造、价值理念、鲜明特色，增强文化自信和价值自信。

如今，我们正处在改革开放攻坚和经济发展的转型时期，面对世界各国形形色色的文化现象，面对各种眼花缭乱的现代传媒，我们要坚持文化自信，古为今用、洋为中用、推陈出新，有鉴别地加以对待，有扬弃地予以继承，传承和升华中华优秀传统文化，发展中国特色社会主义文化，增强国家文化软实力。

浩浩历史长河，熊熊文明薪火，中华文化源远流长，滚滚黄河、滔滔长江，是最直接的源头，这两大文化浪涛经过千百年冲刷洗礼和不断交流、融合以及沉淀，最终形成了求同存异、兼收并蓄的辉煌灿烂的中华文明，也是世界上唯一绵延不绝的古老文化，并始终充满生机与活力。

中华文化曾是东方文化摇篮，也是推动世界文明不断前行的动力之一。早在五百年前，中华文化的四大发明催生了欧洲文艺复兴运动和地理大发现。中国四大发明先后传到西方，对于促进西方工业社会发展和形成，起到了重要作用。

中华文化的力量，已经深深熔铸到我们的生命力、创造力和凝聚力中，是我们民族的基因。中华民族的精神，业已深深植根于绵延数千年的优秀文化传统之中，是我们的精神家园。

总之，中国文化博大精深，是中华各族人民五千年来创造、传承下来的物质文明和精神文明的总和，其内容包罗万象，浩若星汉，具有很强的文化纵深，蕴含着丰富的宝藏。我们要实现中华文化的伟大复兴，首先要站在传统文化前沿，薪火相传，一脉相承，弘扬和发展五千年来优秀的、光明的、先进的、科学的、文明的和自豪的文化现象，融合古今中外一切文化精华，构建具有中国特色的现代民族文化，向世界和未来展示中华民族的文化力量、文化价值、文化形态与文化风采。

为此，在有关专家指导下，我们收集整理了大量古今资料和最新研究成果，特别编撰了本套大型书系。主要包括巧夺天工的古建杰作、承载历史的文化遗迹、人杰地灵的物华天宝、千年奇观的名胜古迹、天地精华的自然美景、淳朴浓郁的民风习俗、独具特色的语言文字、异彩纷呈的文学艺术、欢乐祥和的歌舞娱乐、生动感人的戏剧表演、辉煌灿烂的科技教育、修身养性的传统保健、至善至美的伦理道德、意蕴深邃的古老哲学、文明悠久的历史形态、群星闪耀的杰出人物等，充分显示了中华民族厚重的文化底蕴和强大的民族凝聚力，具有极强的系统性、广博性和规模性。

本套书系的特点是全景展现，纵横捭阖，内容采取讲故事的方式进行叙述，语言通俗，明白晓畅，图文并茂，形象直观，古风古韵，格调高雅，具有很强的可读性、欣赏性、知识性和延伸性，能够让广大读者全面触摸和感受中国文化的丰富内涵，增强中华儿女民族自尊心和文化自豪感，并能很好地继承和弘扬中国文化，创造具有中国特色的先进民族文化。

目录 辉煌灿烂的科技成就

创始发明——四大发明与历史价值

文明之母——造纸术

中国最早的纸张　　　　　004
蔡伦改进造纸术　　　　　010
魏晋南北朝造纸术　　　　017
隋唐五代的造纸术　　　　025
宋元明清的造纸术　　　　035

文明先导——印刷术

印刷术的历史起源　　　　040
雕版印刷术的发明　　　　047
毕昇发明活字印刷术　　　055
印刷术的完善与传承　　　061

水上之友——指南针

司南的发明及运用　　　　068
指南针的发明与改进　　　073
指南针与罗盘一体化　　　080

强大战神——黑火药

炼丹术与火药的诞生　　　088
黑色火药的最初应用　　　096
火药在军事上的应用　　　105
火药传向西亚国家　　　　114

科技首创——万物探索与发明发现

衣食之源——农牧渔业

古代畜牧业的发展　　　　122
古代钓具的发明　　　　　130
实用灵便的生活用具　　　136
古代独特的漆器　　　　　146

传统医道——医疗卫生

传统医学瑰宝四诊法　　　152
世界最早的麻醉剂　　　　159
古代医学的杰出成就　　　165

车水马龙——交通运输

陆路交通工具的发明　　　176
水路交通工具的发明　　　180
空中载人工具的发明　　　186

披坚执锐——军事武器

古代冷兵器发明创造　　　192
古代热兵器发明创造　　　200
攻守城器械的发明创造　　207

天文回望——天文历史与天文科技

天演之变——天象记载

古代天文学的发展　　　　224

1

古代天文学的思想成就	230	**万年历法——古代历法与岁时文化**	
古代天象珍贵记录	247	时间法则——传统历法	
二十四史中的天文律历	258	虞喜发现岁差与制定历法	356
中华三垣四象二十八宿	266	祖冲之测算回归年与历法	361
天地法则——历法编订		把十二生肖应用于历法	366
致用性的古代历法	276	独创二十四节气与历法	372
完整历法《太初历》	286	时间计量——计时制度	
历法体系里程碑《乾象历》	293	逐步完善分段计时之制	392
历法系统周密的《大衍历》	299	采取独特的十二辰计时法	398
古代最先进历法《授时历》	306	实行夜晚的更点制度	405
中西结合的《崇祯历书》	314	时间周期——岁时文化	
测天之术——天文仪器		春季岁时习俗的产生	410
测量日影仪器表和圭	320	夏季岁时习俗的流传	426
古代计时仪器漏和刻	325	秋季岁时习俗的继承	436
测量天体的浑仪和简仪	331	冬季岁时习俗的嬗变	447
演示天象的仪器浑象	340	龙头节岁时习俗的形成	457
功能非凡的候风地动仪	346		
大型综合仪器水运仪象台	350		

辉煌灿烂的科技成就

创始发明

四大发明与历史价值

文明之母 造纸术

有了文字之后,最重要的就是要有一个很好的载体。在造纸术发明以前,甲骨、竹简和绢帛是中国古代用来供书写的材料。

西汉时期,轻便廉价的书写工具——纸被发明出来了。纸是中国古代的四大发明之一,与指南针、火药、印刷术一起,给中国古代文化的繁荣提供了物质技术基础。

造纸是一项重要的化学工艺,纸的发明是中国在人类文化的传播和发展上所做出的一项十分宝贵的贡献,是中国的一项重大的成就,对人类文明也产生了重要的影响,被誉为"人类文明之母"。

中国最早的纸张

中国最早的纸在考古发掘中已有发现，表明早期造纸术源于生产实践。如发现有植物纤维纸，丝绵做成的薄纸，还有通过蚕丝加工时的漂絮法得到的丝片等。

早期纸原料及制作方法是中国古代造纸术的重要开端，影响深远，标志着中国造纸技术走向成熟。

纸的出现促进了各民族之间的文化交流，是劳动人民长期经验的积累和智慧的结晶。

■ 汉代纸张

在西汉末年，赵飞燕姐妹二人都被召入后宫，得到了汉成帝刘骜的宠幸，一个当了皇后，一个当了昭仪。宫中有个女官叫曹伟能，生了一个孩子，本应是皇子。

赵昭仪知道了，就派人把伟能的孩子扔掉了，并把伟能监禁了起来，还给她一个绿色的小匣子，里面是用"赫蹄"包着的两粒毒药，就这样，伟能被逼服毒而死。这张包着药还写上字的"赫蹄"，东汉时著作家应劭解释，它是一种用丝绵做成的薄纸。

■ 古代丝绵纸制作

原来在西汉，中国已经能制作丝绵了。制作丝绵的方法是把蚕茧煮过以后，放在竹席之上，再把竹席浸在河水里，将丝绵冲洗打烂。丝绵做成以后，从席子上拿下来，席子上常常还残留着一层丝绵。

等席子晒干了，这层丝绵就变成了一张张薄薄的丝绵片，剥下来就可以在上面写字了。这种薄片就是"赫蹄"，也就是丝绵纸。

后来，在陕西西安东郊灞桥砖瓦厂附近发现了一座西汉古墓，墓中发现了数张包裹着铜镜的暗黄色纤维状残片。考古工作者细心地把黏附在铜镜上的纸剥下来，大大小小共有80多片，其中最大的一片长宽各

赵飞燕（前32—前1）原名冯宜主，是西汉汉成帝的皇后和汉哀帝时的皇太后。赵飞燕在中国历史上是一位传奇的人物和天仙般的美女。在中国民间和历史上，她以美貌著称，所谓"环肥燕瘦"讲的便是她和杨玉环，而燕瘦也通常用以比喻体态轻盈瘦弱的美女。

■ 汉代陶罐

约0.1米。

后来经过化验分析，原料主要是大麻，掺有少量苎麻。在显微镜下观察，纸中纤维长度1毫米左右，绝大部分纤维作不规则的异向排列，有明显被切断、打溃的帚化纤维。这说明古人在制造过程中经历过被切断、蒸煮、舂捣及抄造等处理。

根据这一发现，考古学家认定，这就是西汉时期麻类纤维纸，并将其命名为"灞桥纸"。灞桥纸色暗黄，后陈列在陕西历史博物馆。

灞桥纸虽然质地还比较粗糙，表面也不够平滑，但无疑是最早的以植物纤维为原料的纸。这是迄今所见最早的纸片，它说明中国古代的造纸术，至少可以上溯至公元前1世纪至2世纪。这一发现，在世界文化史上具有重大的意义。

灞桥纸发现后，后来又有了新的发现。在陕西扶风中颜村发现了一个残破的陶罐，里面有一些铜器，后通过清理，发现陶罐里装的都是些西汉时期做装饰的铜饰件，还有一些西汉时期通用的铜钱。

在清理过程中发现，有3个与1个铜饰件锈在一起的东西，是一团黄颜色的纸状物，展开以后，共有3块。

这些纸状物是做什么用的呢？原来，铜饰件分底

抄造 造纸方法，纸张加工工艺术语。纸张抄造的方法可以分为干法和湿法两大类，其主要区别在于：干法造纸以空气为介质，主要用于合成纤维抄造不织布、尿片等；湿法造纸以水为介质，适用于植物纤维抄纸。目前绝大多数的纸张都是湿法抄造的。

座和盖子两部分,而盖口并不平,将纸状物塞入其中便可使盖子平整地盖在上面。也正是由于铜饰件两部分的密封,才使得纸状物得到了很好保护,从而完好地保存了下来。

后经鉴定,这几块纸状物完全符合纸的特征,是名副其实的纸。后经过断代研究,发现出土的铜饰件都是西汉时期前非常流行的装饰物,而西汉时期以后却使用得很少,而这些铜钱也是在西汉时流通的。

更为重要的是,装这些东西的陶罐也是西汉时期的,如果这些文物是后人装进去的,不可能找来一个西汉时期的陶罐来装。如果确定这些文物是从西汉时期保存下来的,那么被密封在铜盖里的纸肯定也是西汉时期的纸。

通过初步判定,这些纸是西汉早期的纸。虽然这些纸与现代纸相比显得比较粗糙,但是它比灞桥纸无论从工艺水平和制作质量来看,要成熟得多,已经非常接近现代生产的纸了。后来将从扶风出土的古纸依据出土的地名,定名为"中颜纸"。

后经鉴定,这几张纸是西汉时期汉玄帝和汉平帝年间的物品。由于纸是作为衬垫物在锈死的铜饰件里面发现的,避免了外部环境的破坏,具备了长期保存下来的条件。

这次的发现学界普遍认为,关于造纸术的发明时间可以从后来蔡伦造纸向前推进100年至300年。事实上,如果从纸的原料上考察,中国造纸的历史更为久远。

那是在上古时代,

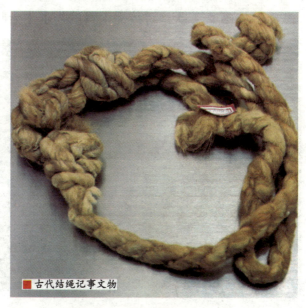

古代结绳记事文物

甲骨 古代占卜时用的龟甲和兽骨。其中龟甲又称为"卜甲"，多用龟的腹甲；兽骨又称为"卜骨"，多用牛的肩胛骨，也有羊、猪、虎骨及人骨。卜甲和卜骨，合称为"甲骨"。使用甲骨进行占卜，要先取材、锯削、刮磨、灼烧等，并且根据甲骨反面裂出的兆纹判断凶吉。

我们的祖先主要依靠结绳记事，以后渐渐发明了文字，开始用甲骨来作为书写材料。后来又发现和利用竹片和木片作为书写材料。但由于竹木太笨重，书写材料又有了新的发现。

中国是最早养蚕织丝的国家。从远古以来，中国人民就已经懂得养蚕和缫丝了。

古人以上等蚕茧抽丝织绸，剩下的恶茧和病茧等则用漂絮法制取丝绵。

漂絮完毕，篾席上会遗留一些残絮。当漂絮的次数多了，篾席上的残絮便积成一层纤维薄片，经晾干之后剥离下来就可用于书写了。

这种处理次茧的方法称为漂絮法，操作时的基本要点是反复捶打，以捣碎蚕衣。这表明了中国造纸术的起源同丝絮有着深刻的渊源关系。这一技术后来发展成为了造纸中的打浆。

特别是在西汉初年，政治稳定，思想文化十分活跃，对传播工具的需求十分旺盛，除了丝绵纸外，麻

古代造纸原料苎麻

类植物纤维作为新的书写材料也应运而生。

对于西汉时的麻类植物纤维纸，后来北宋时期的官员苏易简在所著的《纸谱》中说道：

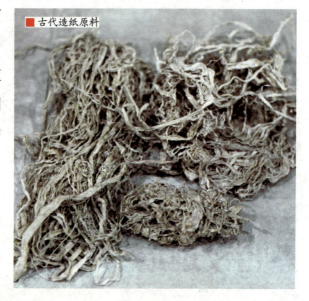
古代造纸原料

蜀人以麻，闽人以嫩竹，北人以桑皮，剡溪以藤，海人以苔，浙人以麦面稻秆，吴人以茧、楚人以楮为纸。

当时人工造纸，先取质量柔韧的植物类纤维，煮沸捣烂，和成黏液做成薄膜，稍干后用重物压之即成。

此外，中国古代还用石灰水或草木灰水为丝麻脱胶，这种技术给造纸中为植物纤维脱胶以启示。纸张就是借助这些技术发展起来的。

阅读链接

中国古代字画的物质载体大体上经历了陶土、甲骨、金石、竹木、缣帛、纸张几个阶段。每一种载体的材料和形式不断变化，其中影响至今的西汉时期纸张有2000多年历史。

汉代是中国书画用具发展史上具有标志性意义的时期，因为笔、墨、砚等书画用具虽然起源于先秦时期，但至汉代才由于纸的发明，开启了中国书画载体的转变之路，从而使这些书画用具开始朝着适应纸质的技术方面改进，并形成了以"文房四宝"为核心的书画用具体系，影响至今。

蔡伦改进造纸术

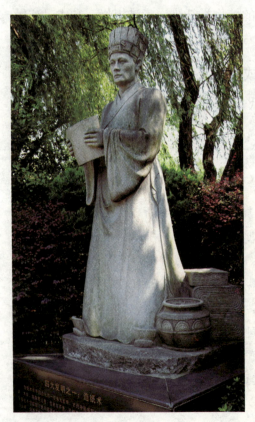

■ 蔡伦雕像

在古代，人们书写多用竹和帛。由于简牍笨重，缣帛昂贵，不适合老百姓用来记载文字，于是，人们就一直在寻找新的书写材料。

东汉时期的蔡伦用树皮、废麻、破布和旧渔网等原料制造出了一批纸，人们称为"蔡侯纸"。蔡侯纸的出现，使人类跨进了一个崭新的世界，标志着纸张正式开始代替竹和帛。

中国纸张原材料的发明虽然很早，但并没有得到广泛的应用，那时官府文书仍是用简牍、缣帛书写的，严重制约了文化的传播与发展。

到了东汉时期，造纸技术有了较大的发展，才结束了古代简牍繁复的历史，大大地促进了中国古代文化的传播与发展。

约东汉永平四年（61）在湖南的耒阳，有一个普通农民的家庭，出生了一个小男孩儿，父母给他取名叫蔡伦。蔡伦从小随父辈种田，但他聪明伶俐，很会讨人喜欢。

汉章帝刘炟继位后，常到各郡县挑选幼童入宫。公元75年，蔡伦被选入洛阳宫内为太监，当时他15岁。

蔡伦读书识字，成绩优异，于入宫第二年任小黄门，后升为黄门侍郎，掌管宫内外公事传达及引导诸王朝见、安排就座等事。再后来，蔡伦被提拔为中常侍，随侍幼帝左右，参与国家机密大事，地位与九卿等同。

汉和帝的皇后邓绥喜欢舞文弄墨，蔡伦兼任尚方令，主管宫内御用器物和宫廷御用手工作坊。他在任职期间，利用供职之便，常到乡间作坊察看。

103年，京师洛阳一连下了半月的大雨，大雨刚过蔡伦就去民间探访，这一次他来到了洛阳城外的洛河附近的缑氏镇，向当地的工匠讨教一些技艺。

■ 蔡伦画像

缣帛 中国古代以丝织品为记录知识载体的，一般称为帛书，也有人称为缯书。因为其色白，故又称之为素书。缣帛柔软轻便，幅面宽广，宜于画图，这些都是简牍所不具备的优点。但其价昂贵，普通人用不起，而且一经书写，不便更改，一般只用为定本，所以缣帛始终未能取代简牍作为记录知识的主要载体。

古代用来造纸的工具

蔡伦在路过洛河边的时候,有好几棵大树腐烂倒地,树上还缠绕着一些破渔网,而在这些破树上,他惊奇地发现了一层和以前的"赫蹄"很相似的东西。他拿着这种东西向当地的村民求教。

当地的村民告诉他,这3年来京师年年下大雨,导致洛河水位上升,河边的一些树全部浸泡在河水里腐烂,过了几个月树上就会自然形成这种东西。

难道这是树皮形成的东西?蔡伦忽然意识到这也许就是他苦苦寻找了数年的东西!于是蔡伦就在洛河边搭建了一个临时的作坊,用树皮开始了他的实验。

为了模拟树皮腐烂的方式,蔡伦在洛河边上修了一个小池子,引入洛河之水,将树皮投入池中浸泡;为了模拟树皮日晒雨淋的方式,他又将树皮放在太阳地上暴晒。经过这两道工序后,树皮变得脆弱,然后,用石臼将树皮捣成浆,又做成纸。

蔡伦并没有因此而沾沾自喜,因为他发现这种纸里面有一些细小的杂质存在,用手在纸上抚摸有明显凹凸感。如何去掉这种杂质呢?

他忽然想起了制剑时淬火的工艺，这就是蒸煮。

于是，蔡伦在造纸的流程中首创了蒸煮的方法。这一次所造出的纸让蔡伦欣喜若狂，这种纸不但成本低，而且洁白、轻硬，原料普遍。看着自己多年的追寻终于有了成果，蔡伦激动万分。

激动之余，蔡伦又想，麻的材料也很普遍，自己的造纸工艺能否改良粗糙的麻纸呢？

有一天，蔡伦经过河边，看到妇女洗蚕丝和抽蚕丝的"漂絮"过程。他发现，好的蚕丝拿走后，剩下的破乱蚕丝，会在席上形成薄薄的一层，而这一层晒干后，可用来糊窗户、包东西，也可以用来写字。

这给了蔡伦很大的启示，于是他又开始找来了破麻衣和破渔网进行实验。最后发现用麻所做的纸虽然不如用树皮的洁白，有些微黄，但是与原来的麻纸相比几乎是天壤之别。

蔡伦将自己的造纸工艺流程记录成册，并将自己制造出的纸进献给汉和帝。

造纸作坊遗址

■ 造纸工具水碾

汉和帝提笔书写，看着自己的书写材料竟然是树皮造出来的，觉得非常新奇，于是在蔡伦的带领下参观了洛河边上的造纸坊。当得知蔡伦是因为看到自己日夜阅读竹简而造纸时，汉和帝十分感动，于是下令全国推广。

人们把这种纸称为"蔡侯纸"。蔡侯纸的主要原料有檀木、荛花、菠萝叶、草木灰、竹子、马拉巴栗树糊等。

制作步骤是：

先取檀木，荛花等树皮，捣碎，加入草木灰等蒸煮；再将蒸煮过的树皮原料，放于向阳山上，日晒雨淋，不断翻覆，让树皮自然变白；将树皮原料等碾碎，浸泡，发酵，打浆，加入树糊调和成浆；然后用抄纸器将捣好的纸浆，抄成纸张；将抄好后的纸张，置于阳光下晒干。

左伯 字子邑，东莱（治今山东莱州）人。擅长写八分书，名声与毛弘并列，稍逊于邯郸淳，东汉末年声名鹊起，又能在纸上书写。左子邑进一步发展了蔡伦的造纸技术，和韦仲将制的墨，张伯英制作的毛笔并称于世。

蔡伦组织并推广了高级麻纸的生产和精工细作，促进了造纸术的发展，促进皮纸生产在东汉时期创始并发展兴旺。同时，由于他受命负责内廷所藏经传的校订和抄写工作，从而形成了大规模用纸高潮，使纸本书籍成为传播文化的最有力工具。

根据文献记载，东汉时期还用树皮纤维造纸。东汉时期造纸能手左伯，在麻纸技术的基础上，造出来的纸厚薄均匀，质地细密，色泽鲜明。当时人们称这种纸为"左伯纸"，或称"子邑纸"。

左伯是东汉时期有名的学者和书法家。他在精研书法的实践中，感到蔡侯纸质量还可以进一步提高，就与当时的学者毛弘等人一起研究西汉以来的造纸技艺，总结蔡伦造纸的经验，改进造纸工艺。

左伯造纸同是用树皮、麻头、碎布等为原料，用新工艺造的纸，适于书写，使用价值更高，深受当时文人的欢迎。左伯纸与张芝笔、韦诞墨在当时被并称为文房"三大名品"。

树皮纸的出现，是东汉时期造纸技术史上一项重要的技术革命。它为纸的制造开辟了一个新的更广泛的原料来源，促进了纸的产量和质量的提升。

古代造纸术经过蔡伦的改进，形成一套较为定型的造纸工艺流程，其过程大致可归纳为原

皮纸 用桑树皮、山桠皮等韧皮纤维为原料制成的纸。纸质柔韧、薄而多孔，纤维细长，但交错均匀。一般是供糊窗等日用需要，特殊的则作誊写蜡纸、补强粉云母纸等的原纸。皮纸是中国古代图书典籍的用纸之一，与白纸、竹纸、白棉纸等同为线装书的纸张种类之一。

古代皮纸

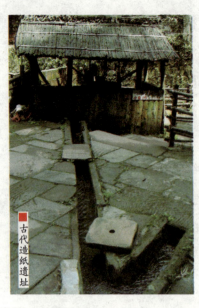

古代造纸遗址

料的分离、打浆、抄造和干燥四个步骤。

原料的分离，就是用沤浸或蒸煮的方法让原料在碱液中脱胶，并分散成纤维状；

打浆，就是用切割和捶捣的方法切断纤维，并使纤维帚化，而成为纸浆；

抄造，即把纸浆渗水制成浆液，然后用捞纸器即篾席捞浆，使纸浆在捞纸器上交织成薄片状的湿纸；

干燥，即把湿纸晒干或晾干，揭下就成为纸张。

汉代以后，虽然工艺不断完善和成熟，但这四个步骤基本上没有变化，即使在现代，在湿法造纸生产中，其生产工艺与中国古代造纸法仍没有根本区别。

总之，汉代造纸术是中国古代科学技术的四大发明之一，是中华民族对世界文明做出的一项十分宝贵的贡献，大大促进了世界科学文化的传播和交流，深刻地影响着世界历史的进程。

阅读链接

蔡伦墓祠位于陕西省洋县城东8000米的龙亭镇龙亭村，人们常到这里祭拜伟大的蔡伦。

墓祠分为南北两部分，墓区居北，其南为祠。祠的中轴线上由南而北依次为山门、拜殿、献殿。正殿大门上高悬有唐德宗的御书"蔡侯祠"匾额。殿中有蔡伦塑像。右侧壁上绘有"蔡伦纸"制作工艺流程图，左侧壁上绘有蔡伦于114年封为龙亭侯的谢恩图壁画。在蔡伦祠中轴线两侧还有钟楼、鼓楼、戏楼等古建筑和近代书法名家于右任为蔡伦墓祠所题草书真迹。

魏晋南北朝造纸术

魏晋南北朝时期，造纸工艺进一步发展，造纸业初步形成规模，加工技术发展迅猛。此外，麻纸、麻黄纸、藤纸、银光纸的出现，使得纸的质量更上一层，书写便利，其中麻黄纸被大量使用。

这一时期，纸已经成为中国唯一的书写材料，纸的普及，有力地促进了当时科学文化的传播和发展，为书法艺术提供了轻便廉价的载体。

■ 正在制作纸张的工人

■ 贾思勰画像

东汉末年，与中原关系极好的于阗王十分青睐中原的丝绸，但当时朝廷禁止输出蚕丝技术，只作为商品交易。

于是，于阗王向朝廷求娶刘氏王室公主。朝廷很痛快地答应了。

在公主临行前，于阗的迎亲大臣悄悄告诉公主，国王急欲得到蚕丝技术的事，公主便将蚕茧藏在自己的帽子里，将蚕茧带到了于阗。

于阗得到蚕茧，便设法从中原引进桑树，广泛种植，养蚕抽丝织绸。接着，一种以桑树为原料的造纸工艺也在当地流传起来。

至魏晋南北朝时期，以桑树皮为原料制作纸已成为一项重要工艺。用桑皮、藤皮造纸，是这一时期造纸原料扩展的标志。

除了造纸原料更加丰富外，在设备方面，继承了西汉时期的抄纸技术，出现了更多的活动帘床纸模。用一个活动的竹帘放在框架上，可以反复捞出成千上万张湿纸，提高了工效。

在加工制造技术上，加强了碱液蒸煮和舂捣，改进了纸的质量，出现了色纸、涂布纸、填料纸等加工纸。

从敦煌石室和新疆沙碛出土的这一时期所造出的古纸来看，纸质纤维交结匀细，外观洁白，表面平

于阗 是古代西域地名，唐代安西四镇之一。古代居民属于操印欧语系的塞族人。11世纪，人种和语言逐渐回鹘化。于阗地处塔里木盆地南沿，东通且末、鄯善，西通莎车、疏勒，盛时领地包括今和田、皮山、墨玉、策勒、于田、民丰等县市，都西城。

滑，可谓"妍妙辉光"。

北朝杰出农学家贾思勰在《齐民要术》中，还专门有两篇记载造纸原料楮皮的处理和染黄纸的技术。

魏晋南北朝时期纸广泛流传，普遍为人们所使用，造纸技术进一步提高，造纸区域也由晋以前集中在河南洛阳一带而逐渐扩散到越、蜀、韶、扬及皖、赣等地，产量、质量与日俱增。

造纸原料也多样化，纸的名目繁多。如竹帘纸，纸面有明显的纹路，其纸紧薄而匀细。剡溪有以藤皮为原料的藤纸，纸质匀细光滑，洁白如玉，不留墨。东阳有鱼卵纸，又称鱼笺，柔软、光滑。

江南以稻草、麦秸纤维造纸，呈黄色，质地粗糙，难以书写。北方以桑树茎皮纤维造纸，质地优良，色泽洁白，轻薄软绵，拉力强，纸纹扯断如棉丝，所以称"棉纸"。

蔡伦造纸的原料广泛，以烂渔网造的纸叫"网纸"，破布造的纸叫"布纸"，因当时把渔网破布划为麻类纤维，所以统称"麻纸"。

为了延长纸的寿命，晋时已发明染纸新技术，即

贾思勰 北魏时期农学家。他所著的农学名著《齐民要术》，是中国古代农学史上一部最完整、最有系统和内容最丰富的农业百科全书，也是世界农学史上最早的农学名著。它卓越的科学内容，对当时和后世的农业生产都有深远影响。

■《齐民要术》中记载的纸张制作

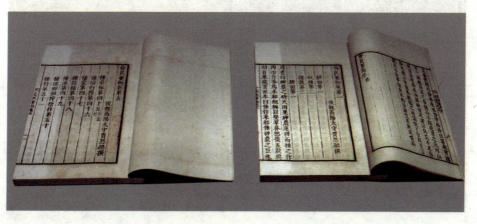

桓玄（369—404），东晋晚期的权臣，桓楚武悼帝，谯国桓氏代表人物。历任侍中、都督中外诸军事、丞相、录尚书事、扬州牧、徐州刺史、相国、大将军和楚王等职。

米芾（1051—1107），北宋时期著名书法家、画家、书画理论家。天资高迈、人物萧散，好洁成癖。世号"米颠"。其书画自成一家。善诗，工书法，精鉴别。擅篆、隶、楷、行、草等书体，长于临摹古人书法，达到乱真程度。宋四家之一。

■ 黄麻纸

从黄檗中熬取汁液，浸染纸张，有的先写后染，有的先染后写。浸染的纸叫"染黄纸"，呈天然黄色，所以又叫"黄麻纸"。黄麻纸有灭虫防蛀的功能。

这一时期，造纸业也初步形成规模。如果说汉代在书写记事材料方面还是缣帛和简牍并用，纸只是作为新型材料刚刚崛起，还不足以完全取代帛简的话，那么，这种情况到了晋代，就已发生根本性的变化。

由于晋代已造出大量洁白平滑而又方正的纸，人们就不再使用昂贵的缣帛和笨重的简牍来书写了，而是逐步习惯于用纸，以至最后使纸成为占支配地位的书写材料，彻底淘汰了简牍。

东晋末年，朝廷甚至明令规定用纸作为正式书写材料，凡朝廷奏议不得用简牍，而一律以纸代之。

例如东晋的豪族桓玄掌握朝廷大权后，在他临死的那一年废晋安帝，改国号为楚，随即下令停用简牍而代之以黄纸："古无纸，故用简，非主于敬也。今诸用简者，皆以黄纸代之。"

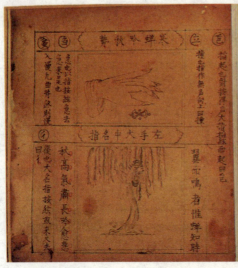
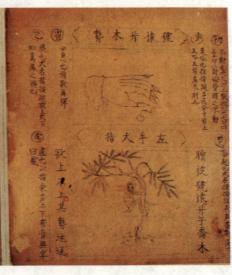

地下出土文物也表明，西晋时还是简纸并用，东晋便不再出现简牍文书，而几乎全是用纸了。

随着造纸技术的进步和推广，这个时期南北各地，包括有些少数民族地区，都建立了官私纸坊，就地取材造纸。

北方以洛阳、长安、山西及河北、山东等地为中心，主要产麻纸、楮皮纸、桑皮纸。当时的文学家徐陵《玉台新咏·序》说道："五色花笺，河北、胶东之纸。"

米芾雕像

山东早在汉末就产名纸，东莱人左伯在曹魏时还在世，左伯纸名重一时。而长安、洛阳是在两汉的基础上继续发展成为造纸中心的。

东晋南渡后，江南也发展了造纸生产。浙江会稽、安徽南部和建业、广州等地，成了南方的造纸中心，也产麻纸、桑皮纸和楮皮纸。

后来北宋时期的书法家米芾在《十纸说》中说道："六合纸，自晋已用，乃蔡侯渔网遗制也。"当时的浙江嵊县剡溪沿岸，成为藤纸中心，但在南方，仍以麻纸为大宗。

魏晋南北朝时期，由于广大纸工在生产实践中精益求精，积累了许多先进技术经验，因此名工辈出，名纸屡现。除前述左伯及左伯纸外，还有南朝刘宋时期的张永。

南朝时期史学家沈约《宋书·张永传》记载："张永善隶书，又有巧思，纸及墨皆自营造。"他造的纸为当时北方所不及。

新疆维吾尔自治区出土的东晋写本《三国志》的笔法圆熟流畅，

■ 绍兴王羲之塑像

有浓厚的隶书风味。古代著名书法家王羲之、陆机等人也都是以麻纸挥毫。

除麻纸外,这时期还采用其他韧皮纤维原料造纸,如楮皮纸、藤皮纸等。从晋代开始一直延续至唐宋时期为止。

据文献记载,晋代还有一种侧理纸,即后世的发笺。侧理纸以麻类、韧皮类等传统原料制浆,再掺以少量水苔、发菜等做填料,用量虽少,但因呈现颜色,放在纸面上非常明显。

这种发笺纸在唐宋时期以后还继续生产,直至近代。外国的发笺,最著名的是朝鲜李朝时期生产的。

魏晋南北朝时期纸的加工技术也有相当发展,较重要的加工技术之一是表面涂布。

所谓表面涂布,就是先将白粉碾细,制成它在水中的悬浮液,再将淀粉与水共煮,使与白粉悬浮液混合,用排笔涂施于纸上,因为纸上有刷痕,所以干燥后要经研光。这样,既可增加纸的白度、平滑度,又可减少透光度,使纸面紧密,吸墨性好。

这类纸在显微镜下观察,纤维被矿粉晶粒所遮盖的现象清楚可见。

王羲之(303—361或321—379),东晋时期的著名书法家,有"书圣"之称。其书法兼善隶、草、楷、行各体,精研体势,心摹手追,广采众长,备精诸体,冶于一炉,摆脱了汉魏笔风,自成一家,影响深远。代表作《兰亭序》被誉为"天下第一行书"。

对纸张加工的另一技艺是染色。纸经过染色后，除增添外表美观外，往往还有实用效果，改善纸的性能。纸的染色从汉代就已开始。

东晋时期炼丹家葛洪在《抱朴子》中也提到了黄檗染纸。黄檗也叫"黄柏"，是一种芸香科落叶乔木，其皮呈黄色。中国最常用的是关黄柏和川黄柏。

这时期黄纸不仅为士人写字著书所用，也为官府用以书写文书。至于民间宗教用纸，也多用黄纸，尤其佛经、道经写本用纸，不少都经染黄。

当时的人们喜欢用黄纸有三个原因：

第一，黄柏中含有生物碱，主要是小檗碱、少量的棕榈碱、黄柏酮、黄柏内脂等。小檗碱呈苦味，色黄。棕榈碱也呈黄色，可溶于水。这种生物碱既是染料，又是杀虫防蛀剂。既延长纸的寿命，而同时还有一种清香气味。

第二，按照古代的五行说，金木水火土五行对应于五色、五方、五音、五味等。五行中的土对应于五方中的中央和五色中的黄，黄是五色中的正色。故古

> 葛洪（284—364或343），东晋时期的道教学者、著名炼丹家、医药学家。他曾受封为关内侯，后隐居于罗浮山一心炼丹。著有《神仙传》《抱朴子》《肘后备急方》《西京杂记》等。

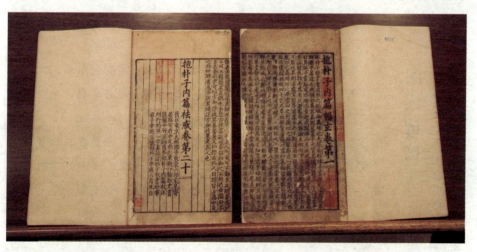

■《抱朴子》中记载的魏晋时期造纸技术

发笺纸

时凡神圣、庄重的物品常饰以黄色,重要典籍、文书也取黄色。

第三,黄色不刺眼,可长期阅读而不伤目;如有笔误,可用雌黄涂后再写,便于校勘。这种情况在敦煌石室写经中确有实物可证。

汉纸多粗厚,帘纹不显,而晋代和南北朝时期的纸,都比汉代纸薄,而且有明显的帘纹。

帘纹纸是一种白亮而极薄佳纸,表面平滑、坚韧,墨迹发光,用手触摸,沙沙有声。这种纸在新疆出土的实物不少,至今看到实物,仍令人赞叹不已。

从造纸技术上来分析,晋南北朝时期是用类似现今土法抄的可拆合的帘床纸模抄造。这显然是造纸技术史中具有划时代意义的发明。

阅读链接

笺纸是特殊的纸品,或用单色漂染,或用套色印刷,或加以浮雕图案,或撒以金银色粉屑,真有赏心悦目之观,尤其是有点雅趣的文人,每每爱不释手。

笺纸的样式,由来已久,北宋时期官员苏易简在其所著的《文房四谱》卷四《纸谱》记载:东晋时期的桓玄作"桃花笺"纸,有缥绿、青、红等色,是蜀地名产,这些都是早期的彩色笺纸。

隋唐五代的造纸术

隋唐五代时期，是中国造纸术的进一步发展阶段，造纸原料开始向多元化迈进，造纸工艺取得了更大的发展，造纸技术也出现了新的发展。

在改善纸浆性能、改革造纸设备等方面取得一些进步，可造出更大幅面的佳纸，满足了书画艺术的特殊要求，纸的加工更加考究，出现了一些名贵的加工纸而载诸史册，并为后世效法。

隋唐五代时期，中国除麻纸、楮皮纸、桑皮纸、藤纸外，还出现了檀皮纸、瑞香皮纸、稻麦秆纸，另外，新式的竹纸也在这时初露头角。

■ 薛涛画像

■ 诗人薛涛雕塑

薛涛是唐代女诗人，一生酷爱红色，她常常穿着红色的衣裳在成都浣花溪边流连，随处可寻的红色芙蓉花常常映入她的眼帘，于是制作红色笺纸的创意进入她的脑海。

薛涛搜罗来红色的鸡冠花、荷花及不知名的红花，将花瓣捣成泥再加清水，经反复实验，从红花中得到染料，并加进一些胶质调匀，涂在纸上，一遍一遍地使颜色均匀涂抹。

再以书夹湿纸，用吸水麻纸附贴色纸，再一张张叠压成摞，压平阴干。由此解决了外观不匀和一次制作多张色纸的问题。为了变花样，还将小花瓣撒在小笺上，制成了红色的彩笺。

薛涛用自己设计的小彩笺，和当时著名诗人元稹、白居易、张籍、王建、刘禹锡、杜牧、张祜等人都有应酬交往。

薛涛使用的涂刷加工制作色纸的方法，与传统的浸渍方法相比，有省料、加工方便、生产成本低之特点，类似现代的涂布加工工艺。

薛涛名笺有10种颜色：深红、粉红、杏红、明黄、深青、浅青、深绿、浅绿、铜绿、残云。何以特喜红色，一般认为红是快乐的颜色，它使人喜悦兴奋，也象征了她对正常生活的渴望和对爱情的渴望。

薛涛笺是隋唐五代时期造纸术发展的一个标志，在

顾况（约727—约815），字逋翁，号华阳真逸，一说华阳真隐，晚年自号悲翁，苏州海盐横山人，即现在的浙江海宁境内。唐代诗人、画家、鉴赏家。他一生官位不高，曾任著作郎，因作诗嘲讽得罪权贵，贬饶州司户参军。晚年隐居茅山。

中国制笺发展史上，占有重要地位，后历代均有仿制。

隋唐五代所用的造纸原料，除家麻和野麻以外，从晋代以来兴起的藤纸，至隋唐时期达到了全盛时期，产地也不只限于浙江。

《唐六典》注和《翰林志》均载有唐代朝廷、官府文书用青、白、黄色藤纸，各有各的用途。陆羽《茶经》提到用藤纸包茶。

《全唐诗》卷十收有顾况的《剡纸歌》，描写浙江剡溪的藤纸时说："剡溪剡纸生剡藤，喷水捣为蕉叶棱。欲写金人金口渴，寄予山明山里僧。"

《全唐文》收有舒元舆《悲剡溪古藤文》，作者悲叹因造纸而将古藤斩尽，影响它的生长。藤的生长期比麻、竹、楮要长，资源有限，因此藤纸从唐代以后就走向下坡路。

从历史文献上看，桑皮纸、楮皮纸虽然历史悠久，但唐代以前的实物则很少见到，隋唐时期皮纸才渐渐多了起来。

敦煌石室中的隋代《波罗蜜经》是楮皮纸，《妙法莲华经》是桑皮纸。唐代《无上秘要》和《波罗蜜多经》也是皮纸。传世的唐代初期冯承素摹神龙本《兰亭序》也是皮纸。

关于用楮皮纸写经，在唐代京兆崇福寺僧人法藏《华严经传记》卷五也有记载。

南方产竹地区，竹材资源

舒元舆（791—835），字升远，浙江婺州东阳人，一说江州即今九江市人。初仕即以干练知名，锐意进取，所作文檄豪健，以擅文敢谏著称。《全唐文》录存其文16篇。其文《贻诸第励石命》《录桃源画记》则收入《唐代散文选》，其诗入《全唐诗》6首。

■ 薛涛笺抄本

丰富，因此竹纸得到迅速发展。关于竹纸的起源，先前有人认为始于晋代，但是缺乏足够的文献和实物证据。

从技术上看，竹纸应该在皮纸技术获得相当发展以后，才能出现，因为竹料是茎秆纤维，比较坚硬，不容易处理，在晋代不太可能出现竹纸。

竹纸起源于唐，在唐宋时期有比较大的发展。欧洲要到18世纪才有竹纸。竹纸主要产于南方，南方竹材资源丰富。

唐代还有一种香树皮纸。据《新唐书·萧傲传》记载，罗州多栈香树，身如柜柳，皮捣为纸。唐人这些记载说明，广东罗州产的栈香或笺香树皮纸是名闻于当时的。

据明代科学家宋应星《天工开物·杀青》记载，唐代四川造的"薛涛笺，以芙蓉皮为料。煮糜入芙蓉花末或当时薛涛所指，遂留名至今。其美在色，不在质也"。

用木芙蓉韧皮纤维造纸，在技术上应是可能的。因为经脱胶后，总纤维素含量很高。

像魏晋南北朝时期一样，隋唐五代时期有时也用各种原料混合造纸，意在降低生产成本并改善纸的性能。

随着造纸原料的逐步扩大和造纸技术在各地的推广，隋唐五代时期，产纸区域已经遍及全国各地。

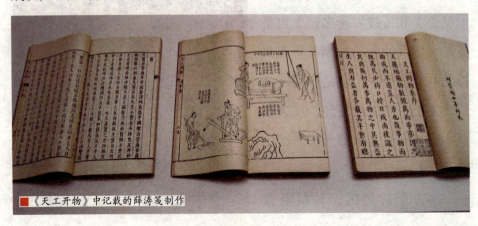

■《天工开物》中记载的薛涛笺制作

■ 质量上乘的宣纸

据唐代的《元和郡县图志》《新唐书·地理志》和《通典·食货典》三书记载,在唐代各地贡纸者有常州、杭州、越州、婺州、衢州、宣州、歙州、池州、江州、信州、衡州11个州邑。当然这是个很不完全的统计,其实产纸的区域远不止这些地区。

宣纸在唐代为书画家所使用,可见它的质量之高。宣纸因原产于宣州府而得名,当时称为"贡纸"。

《新唐书·地理志》记载,宣州土贡有纸和笔。宣州下置宣城、当涂、泾县、广德、南陵、太平、宁国、旌德8个县,这是有关宣纸的最早记载。

至宋代时期,徽州、池州、宣州等地的造纸业逐渐转移集中于泾县。当时这些地区均属宣州府管辖,所以这里生产的纸被称为"宣纸",也有人称"泾县纸"。

南唐后主李煜,曾亲自监制的"澄心堂纸",就是宣纸中的珍品,它"肤如卵膜,坚洁如玉,细薄光润,冠于一时"。

宋应星(1587—约1666),明末清初科学家。代表著作《天工开物》,是世界上第一部关于农业和手工业生产的综合性科学技术著作,也有人称它是一部百科全书式的著作。另外,外国的学者称它为"中国17世纪的工艺百科全书"。

■ 制作宣纸的工人塑像

宣纸具有"韧而能润、光而不滑、洁白稠密、纹理纯净、搓折无损、润墨性强"等特点,并有独特的渗透、润滑性能。写字则骨神兼备,作画则神采飞扬,成为最能体现中国艺术风格的书画纸。

再加上宣纸耐老化、不变色、少虫蛀、寿命长,故有"纸中之王、千年寿纸"的誉称。19世纪在巴拿马国际纸张比赛会上获得金牌。

宣纸除了题诗作画外,还是书写外交照会、保存高级档案和史料的最佳用纸。

中国流传至今的大量古籍珍本、名家书画墨迹,大都用宣纸保存,依然如初。

宣纸的原料、宣纸的选料和其原产地,与泾县的地理有十分密切的关系。因青檀树是当地主要的树种之一,故青檀树皮便成为宣纸的主要原料;当地又种植水稻,大量的稻草便也成了原料之一;泾县更伴青弋江和新安江,这三点便为泾县的宣纸产业打下基础。

泾县生产宣纸的原料是以皖南山区特产的青檀树为主,配以部分稻草,经过长期的浸泡、灰腌、蒸煮、洗净、漂白、打浆、水捞、加胶、贴烘等18道工序,100多道操作过程,历时1年多,方能制造出优质宣纸。

李煜(937—978),南唐皇帝,史称"李后主"。他精于书法,善绘画,通音律,尤以词的成就最高,留下了千古杰作《虞美人》《浪淘沙》《乌夜啼》等词。在政治上失败的李煜,却在词坛上留下了不朽的篇章,被称为"千古词帝"。

制成的宣纸按原料分为绵料、皮料、特净三大类，按厚薄分为单宣、夹宣、三层夹、螺纹、十刀头等多种。

净皮是宣纸中的精品，具有拉力、韧力强，泼墨性能好等优点，为广大书画家所喜爱。有人赞誉宣纸"薄似蝉翼白似雪，抖似细绸不闻声"。一幅幅图画，一篇篇文字，皆凭宣纸而光耀千秋。

伐条宣纸的传统做法是，将青檀树的枝条先蒸，再浸泡，然后剥皮，晒干后，加入石灰与纯碱再蒸，去其杂质，洗涤后，将其撕成细条，晾在朝阳之地，经过日晒雨淋会变白。

然后将细条打浆入胶。把加工后的皮料与草料分别进行打浆，并加入植物胶充分搅匀，用竹帘抄成纸，再刷到炕上烤干，剪裁后整理成张。

> **青檀** 为中国特有的单种属，乔木，茎皮、枝皮纤维为制造驰名国内外的书画宣纸的优质原料。分布较广，星散分布于辽宁、河北、山东、山西、河南、青海、四川、贵州、湖北、湖南、广西、广东、江苏等省区。多生于海拔800米以下低山丘陵地区，四川康定可达海拔1700米。

■ 打浆的工人塑像

造纸过程中的抄制塑像

宣纸的每个制作过程所用的工具皆十分讲究。如捞纸用的竹帘，就需要用到纹理直，骨节长，质地疏松的苦竹。宣纸的选料同样非常讲究。青檀树皮以两年以上生的枝条为佳，稻草一般采用沙田里长的稻草，其木素和灰分含量比普通泥田生长的稻草低。

抄纸是利用竹帘及木框，将浆料荡入其中，经摇荡，使纤维沉淀于竹帘，水分则从缝隙流失，纸张久荡则厚，轻荡则薄，手抄纸完成后取出竹帘，需以线作为区隔后重叠，并待水分流失部分，采取重压方式增其密度，便可进行烘焙。

烘纸是利用蒸汽在密封的铁板产生热度，以长木条轻卷手抄纸，用毛刷整平，间接加热使纸干燥。同时进行质检，就是成品的宣纸。

隋唐五代时期的造纸技术比魏晋南北朝时期进步的另一表现是，这时期纸的质量及其加工技术大大超过前代，而且出现了不少名贵的纸张为后世所传颂，在造纸设备上也有了改进。

隋唐五代时期的抄纸器绝大部分使用的是活动帘床纸模，只是因编制纸帘子的材料不同而分为粗茶帘纹和细条帘纹。在长宽幅度上，唐代纸都大于魏晋南北朝时期纸。为了适应写字绘画的需要，唐代纸明确区分为生纸与熟纸。张彦远《历代名画记》卷三就明确指出唐代生熟纸的功用。他讲到装裱书画时说："勿以熟地背，必皱起，宜用白滑漫薄大幅生纸。"

这里所说的生纸，就是直接从纸槽抄出后经烘干而成的未加处理过的纸，而熟纸则是对生纸经过若干加工处理后的纸。

纸的加工主要目的在于阻塞纸面纤维间的多余毛细孔，以便在运笔时不致因走墨而晕染，达到书画预期的艺术效果。有效措施是砑光、拖浆、填粉、加蜡、施胶等。这样处理过的纸，就逐渐变熟。

同时，由于发明了雕版印刷术，大大刺激了造纸业的发展，造纸区域进一步扩大，名纸迭出。如益州的黄白麻纸，杭州、婺州、衢州、越州的藤纸，均州的大模纸，蒲州的薄白纸，宣州的宣纸、硬黄纸，韶州的竹笺，临川的滑薄纸。

唐代各地多以瑞香皮、栈香皮、楮皮、桑皮、藤皮、木芙蓉皮、青檀皮等韧皮纤维作为造纸原料，这种纸纸质柔韧而薄，纤维交错均匀。

唐代在前代染黄纸的基

> **抄纸** 将纸浆制成纸张的工艺过程之一。即将适合于纸张质量的纸浆，用水稀释至一定浓度，在造纸机的网部初步脱水，形成湿的纸页，再经压榨脱水、烘干而制成纸张。现代造纸业中在造纸机上连续进行。另有手工造纸中的抄纸，用有竹帘的框架等抄造。

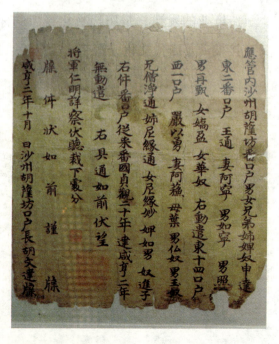

■ 唐代纸质官文

础上，又在纸上均匀涂蜡，经过砑光，使纸具有光泽莹润，艳美的优点，人称"硬黄纸"。

还有一种硬白纸，把蜡涂在原纸的正反两面，再用卵石或弧形的石块碾压摩擦，使纸光亮、润滑、密实，纤维均匀细致，比硬黄纸稍厚，人称"硬白纸"。

五代制纸业仍继续向前发展，歙州制造的澄心堂纸，直至北宋时期，一直被公认为是最好的纸。这种纸长者可50尺为一幅，自首至尾均匀而薄韧。宋代继承了唐代和五代时期的造纸传统，出现了很多质地不同的纸张，纸质一般轻软、薄韧。上等纸全是江南制造，也称"江东纸"。

造纸业的发达，是唐代文化繁荣的标志；同样，造纸术的发展，又直接推动了唐代文化的繁荣。

阅读链接

民间传说，东汉安帝建光元年（121）蔡伦死后，他的弟子孔丹在皖南大量造纸，但他很想造出一种洁白的纸，好为老师画像，以表缅怀之情。

后在一峡谷溪边，偶见一棵古老的青檀树，横卧溪上，由于经流水终年冲洗，树皮腐烂变白，露出缕缕长而洁白的纤维。孔丹欣喜若狂，取以造纸，经反复试验，终于成功，这就是后来的宣纸。

宋元明清的造纸术

宋元明清时期,造纸用的竹帘多用细密竹条,这就要求纸的打浆度必须相当高,而造出的纸也必然细密匀称。

这一时期的楮纸、桑皮纸等皮纸和竹纸特别盛行,消耗量也特别大。纸质的提高,也促进了经济、文化等行业的发展。

大风堂用纸

张大千是四川内江人,是中国画坛最具传奇色彩的国画大师。传说其母在其降生之前,夜里梦一老翁送一小猿入宅,所以他在21岁的时候,改名爰。后出家为僧,法号大千,所以世人称"大千居士"。

有一次,张大千邀约好友晏济元一道,来到夹江县马村石堰山中,找到大槽户石子青。在仔细观看了纸的配料和生产过程后,他心中有了底,开始与晏济元配制制造新纸的药料。

两个月过去了,张大千拿着配制好的药液叫石子青试制新纸,造出的纸,抗水性和洁白度果然好多了。但美中不足的是这种纸抗拉力不强,受不了重笔。

在和几个经验丰富的造纸师傅商量后,张大千又决定在纯竹浆中加入少量的麻料纤维。历经两个月艰辛,新一代的纸试制成功。

新纸洁白如雪,柔软似绵,张大千对其偏爱有加,亲自设计纸帘、纸样,命名为"大风纸"。

新大风纸帘纹比宣纸略宽,在纸的两端做有荷叶花边,暗花纹为云纹,设在纸的两端四寸偏内处,一边各有"蜀笺"和"大风堂监制"的暗印。

张大千共定制了200刀夹江新纸,每刀96张,经徐悲鸿、傅抱石先生试用,齐声称道。从此以后,夹江纸声名大振。

夹江手工造纸始于唐代,明清时期夹江纸业进入兴盛时期,全县纸产量约占全国的三分之一。

据史载,1661年,夹江所送的"长帘文卷"和"方细土连"

夹江纸名画

两纸经康熙亲自试笔后，被钦定为"文闱卷纸"和"宫廷用纸"。

夹江纸声名大噪，除每年定期解送京城供科举考试和皇宫御用外，各地商人云集夹江，争相采购夹江纸品。因此，夹江有了"蜀纸之乡"的美誉。其实，夹江纸和其他科技成果一样，也是在此前的造纸技术基础上取得的。

■ 北宋使用的纸币"交子"

唐代用淀粉糊剂做施胶剂，兼有填料和降低纤维下沉槽底的作用。至宋代以后，多用植物黏液做"纸药"，使纸浆均匀。

常用的纸药是杨桃藤、黄蜀葵等浸出液。这种技术早在唐代已经采用，但是宋代以后就盛行起来，以致不再采用淀粉糊剂了。

这时候的各种加工纸品种繁多，纸的用途日广，除书画、印刷和日用外，中国还最先在世界上发行纸币。

这种纸币在宋代称作"交子"，元明时期后继续发行，后来世界各国也相继跟着发行了纸币。

元代造纸业凋零，只在江南还勉强保持昔日的景象。至明代，造纸业才又兴旺发达起来，主要名品是宣纸、竹纸、宣德纸、松江潭笺。

明清时期，用于室内装饰用的壁纸、纸花、剪纸等

施胶剂 是一种造纸添加剂。能赋予纸和纸板抗墨、抗水、抗乳液、抗腐蚀等性能，以提高平滑度、强度和使用期。可分为浆内施胶剂和表面施胶剂。浆内施胶剂大致分为松香系施胶剂、合成施胶剂和中性施胶剂三大类。表面施胶剂一般使用阴离子型高分子物质。

也很美观，并且行销于国内外。各种彩色的蜡笺、冷金、泥金、螺纹、泥金银加绘、砑花纸等，多为封建统治阶级所享用，造价很高，质量也在一般用纸之上。

经过元明清数百年岁月，至清代中期，中国手工造纸已相当发达，质量先进，品种繁多，成为中华民族数千年文化发展传播的物质条件。

清代宣纸制造工艺进一步改进，成为家喻户晓的名纸。各地造纸大都就地取材，使用各种原料，制造的纸张名目繁多。

在纸的加工技术方面，如施胶、加矾、染色、涂蜡、砑光、洒金、印花等工艺，都有进一步的发展和创新。

各种笺纸再次盛行起来，在质地上推崇白纸地和淡雅的色纸地，色以鲜明静穆为主。

康熙、乾隆时期的粉蜡笺，如描金银图案粉蜡笺、描金云龙考蜡笺、五彩描绘砑光蜡笺、印花图绘染色花笺，在三色纸上采用粉彩加蜡砑光，再用泥金或泥银画出各种图案，笺纸的制作在清代已达到精美绝伦的程度。

阅读链接

宣纸按加工方法可分为生宣、熟宣和半熟宣3种。

生宣是没有经过加工的，吸水性和沁水性都强，易产生丰富的墨韵变化，以之行泼墨法、积墨法，能收到水晕墨章、浑厚华滋的艺术效果。写意山水多用它。

生宣纸经上矾、涂色、洒金、印花、涂蜡、洒云母等工序，制成熟宣，又叫素宣、矾宣、加工宣。其特点是不洇水，宜于绘制工笔画。但不适宜作水墨写意画。

半熟宣也是从生宣加工而成，吸水能力介乎前两者之间，"玉版宣"即属此一类。

文明先导

印刷术

　　北宋时期毕昇发明了以泥活字为标志的活字印刷术。其方法是先制成单字的阳文反字模,然后按照稿件挑选单字并排列在字盘内,涂墨印刷。之后再将字模拆出,待下次排印时再次使用。

　　毕昇是世界上第一个发明印刷术的人,比欧洲活字印书早约400年。

　　印刷术是在印章、拓印和印染技术的基础上发明的,是中国古人智慧的结晶。印刷术的发明是世界印刷史上伟大的技术革命。

印刷术的历史起源

印刷术是中国古代四大发明之一。其特点是方便灵活,省时省力,为知识的广泛传播、交流创造了条件。

印刷术的发明,是中国祖先智慧的结晶,有着漫长而艰辛的探索过程。

中国古代印章、拓印和印染技术,对印刷术的问世奠定了基础。

■ 古代印刷术

中国印刷术的发展经过了雕版印刷和活字印刷两个阶段，但它的缘起却是来源于先秦时期的印章。

印刷术发明之前，文化的传播主要靠手抄的书籍。手抄费时、费事，又容易错抄、漏抄，阻碍了文化的发展，给文化的传播带来不应有的损失。

■ 古代印章

印章和石刻给印刷术提供了直接的经验性启示，用纸在石碑上墨拓的方法，为雕版印刷指明了方向。

印章在先秦时就有，一般只有几个字，表示姓名、官职或机构。印文均刻成反体，有阴文、阳文之别。

阴文是指表面凹下的文字或图案。采用模印或刻画的方法，形成低于器物平面的文字或图案；阳文是指表面凸起的文字或者图案。采用模印、刀刻、笔堆等方法，出现高出器物平面的文字图案等。

在纸没有出现之前，公文或书信都写在简牍上，写好之后，用绳扎好，在结扎处放黏性泥封结，将印章盖在泥上，称为"泥封"。泥封就是在泥上印刷，这是当时保密的一种手段。

古代文书都用刀刻或用漆写在竹简或木札上，发送时装在一定形式的斗槽里，用绳捆上，在打结的地方，填进一块胶泥，在胶泥上打玺印。

如果简札较多，则装在一个口袋里，在扎绳的地方填泥打印，作为信验，以防私拆。发送物件也常用

雕版印刷 是最早在中国出现的印刷形式。现存最早的雕版印刷品是868年印刷的《金刚经》，不过雕版印刷可能在2000年以前就已经出现了。雕版印刷在印刷史上有"活化石"之称，扬州是中国雕版印刷术的发源地，是中国国内唯一保存全套古老雕版印刷工艺的地方。

六部 从隋唐时期开始，中央行政机构中，吏、户、礼、兵、刑、工各部的总称。其职务在秦汉时本为九卿所分掌，魏晋时期，尚书分曹治事，曹渐变为部，隋唐时期确定以六部为尚书省的组成部分。以吏、户、礼、兵、刑、工六部比附《周礼》的六官，秦汉时期九卿之职务大部并入。

此法。主要流行于秦、汉。魏晋之后，纸帛盛行，封泥之制渐废。

纸张出现之后，泥封演变为纸封，在几张公文纸的接缝处或公文纸袋的封口处盖印。

据记载在北齐时期，有人把用于公文纸盖印的印章做得很大，这种印章就已经很像一块小小的雕刻版了。

战国时期，中国出现了铜印。铜制的印章，官私皆用。官用代表一定的官阶。

汉代俸禄在600石以上者佩之，南朝时期诸州刺史多用铜印，唐代诸司，宋代六部以下用铜印，清代府、州、县皆用铜印。

铜印的印面以方形为主，也可见到极少数的菱形和圆形铜印，印纽的形状变化较多，有瓦纽、兔纽、兽纽、柄纽、片纽等。

古代铜印从印文内容上又可分为官印、人名印、闲章、吉祥语、图案印、斋室印、收藏印，在古代遗留下的书画作品或其他文史资料中，人们常常可以看到这类印文。

■ 古代木印章

还有一类是人们不太熟悉的宗教文字印，在宗教印中，最为著名、数量最多的是道教的秘密文字印。在当时，这类印文只有道观中的住持和少数功法极高的道士才能认得。

至清代，道教中的人开

始逐渐忽视这类文字,后来几乎就没有人能认识这类文字了。

晋代著名炼丹家葛洪在他的《抱朴子》中提到,道家那时已用4寸见方有120个字的大木印。这已经是一块小型的雕版了。

佛教徒为了使佛经更加生动,常把佛像印在佛经的卷首,这种手工木印比手绘省事得多。

碑石拓印技术对雕版印刷技术的发明也很有启发作用。刻石的发明历史很早。唐代初期在今陕西省凤翔县发现了10只石鼓,它是公元前8世纪春秋时秦国的石刻。

秦始皇出巡,在重要的地方刻石7次。东汉时期石碑盛行。

175年,蔡邕建议朝廷,在太学门前竖立《诗经》《尚书》《周易》《礼记》《春秋》《公羊传》《论语》7通儒家经典的石碑,共20.9万字,分刻于46通石碑上。每碑高1.75米,宽0.90米,厚0.2米,容字5000个,碑的正反面皆刻字。

历时8年,全部刻成,为当时读书人的经典,很多人争相抄写。

后来特别是魏晋六朝时期,有人趁看管不严或无人看管时,用纸将经文拓印下来,自用或出售。结果

▪ 汉代碑文

石鼓 又称"陈仓石鼓",大秦帝国的"东方红"。被康有为誉为"中华第一古物"。石鼓共10只,高2尺,直径1尺多,上细下粗顶微圆,10个花岗岩材质的石鼓每个重约1吨,在每个石鼓上面都凿刻大篆体"石鼓文",记述了秦始皇统一前一段为后人所不知的历史。

古代纸画

使其广为流传。

拓片是印刷技术产生的重要条件之一。古人发现在石碑上盖一张微微湿润的纸，用软槌轻打，使纸陷入碑面文字凹下处，待纸干后再用布包上棉花，蘸上墨汁，在纸上拍打，纸面上就会留下黑底白字跟石碑一模一样的字迹。

这样的方法比手抄简便可靠。于是，拓印便出现了。

印染技术对雕版印刷也有很大的启示作用，它是在木板上刻出花纹图案，用染料印在布上。中国的印花板有凸纹板和镂空板两种。

早在六七千年前的新石器时代，我们的祖先就能够用赤铁矿粉末将麻布染成红色。

居住在青海柴达木盆地诺木洪地区的原始部落，能把毛线染成黄、红、褐、蓝等色，织出带有色彩条纹的毛布。

商周时期，染色技术不断提高。宫廷手工作坊中设有专职的官吏"染人"来"掌染草"，管理染色生产。染出的颜色也不断增加。至汉代，染色技术达到了相当高的水平。

古代染色用的染料，大都是天然矿物或植物染料为主。古代原色青、赤、黄、白、黑，称为"五色"，将原色混合可以得到间色。

青色主要是用从蓝草中提取靛蓝染成的；赤色最初是用赤铁矿粉末，后来有用朱砂；黄色早期主要用栀子，后来又有地黄、槐树花、黄檗、姜黄、柘黄等；白色用硫黄熏蒸漂白法或天然矿物绢云母涂染；黑色的植物主要用栎实、橡实、五倍子、柿叶、冬青叶、栗壳、莲子壳、鼠尾叶、乌桕叶等。

随着染色工艺技术的不断提高和发展,中国古代染出的纺织品颜色也不断地丰富,出现了红色、黄色、蓝色、绿色等颜色。

中国在织物上印花比画花、缀花、绣花都晚。现在我们见到的最早印花织物是湖南长沙战国楚墓出土的印花绸被面。

唐代的印染业相当发达,除织物上的印染花纹的数量、质量都有所提高外,还出现了一些新的印染工艺。特别是在甘肃省敦煌出土的唐代用凸版拓印的团窠对禽纹绢,这是自东汉时期隐没了的凸版印花技术的再现。

从出土的唐代纺织品中还发现了若干不见于记载的印染工艺。至宋代,中国的印染技术已经比较全面,色谱也较齐备。

明清时期,染料应用技术已经达到相当的水平,染

凸版印花 在木模或钢模的表面刻出花纹,然后蘸取色浆盖印到织物上的一种古老的印花方法。凸版源于新石器时代,当时用来印制陶纹。春秋战国凸版印花用于织物得到发展。西汉时期有较高的水平,马王堆出土的印花敷彩纱就是用3块凸版套印再加彩绘制成的。

■ 古代染坊工具

染坊场景

坊也有了很大的发展。乾隆时期的染工有蓝坊,染天青、淡青、月下白;有红坊,染大红、露桃红;有漂坊,染黄糙为白;有杂色坊,染黄、绿、黑、紫、虾、青、佛面金等。

明清时期的印花技术也有了发展,出现了比较复杂的工艺。至1834年法国的佩罗印花机发明以前,中国一直拥有世界上最先进的手工印染技术。

造纸术发明后,这种技术就可能用于印刷方面,只要把布改成纸,把染料改成墨,印出来的东西,就成为雕版印刷品了。在敦煌石窟中就有唐代凸版和镂空版纸印的佛像。

总之,印章、拓印、印染技术三者相互启发,相互融合,再加上中国人民的经验和智慧,雕版印刷技术就应运而生了。

阅读链接

秦代以前,无论官、私印都称"玺",秦统一六国后,规定皇帝的印独称"玺",臣民只称"印"。汉代也有诸侯王、王太后的印称为"玺"的。

汉代将军印称"章"。之后,印章根据历代人民的习惯有印章、印信、朱记、戳子等各种称呼。印章用朱色钤盖,除日常应用外,又多用于书画题识,遂成为中国特有的艺术品之一。古代多用铜、银、金、玉、琉璃等为印材,后有牙、角、木、水晶等,元代以后盛行石章。

雕版印刷术的发明

雕版即刻书,一作刻版。中国古代四大发明之一的印刷术即雕版印刷术。

在隋末唐初,大规模的农民起义推动了社会生产的发展,文化事业也跟着繁荣起来,客观上产生了雕版印刷的迫切需要,促进了雕版印刷的产生。

传统雕版

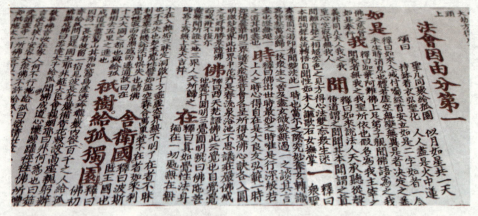

■ 用雕版印刷而成的《金刚经》

唐太宗执政时，长孙皇后收集封建社会中妇女典型人物的故事，编写了一本叫《女则》的书。

长孙氏写《女则》时非常用心，最难能可贵的是，她并不想用舞文弄墨来沽名钓誉，而是用来告诫自己如何做一个称职的皇后。

636年，长孙皇后去世了，宫中有人把这本书送到唐太宗那里。唐太宗看到之后，热泪夺眶而下，感到"失一良佐"，从此不再立后，并下令用雕版印刷把它印出来。

在当时，民间已经开始用雕版印刷来印行书籍了，所以唐太宗才想到把《女则》印出来。《女则》由此成为中国最早雕版印刷的书。

雕版印刷的发明是在隋末至唐初这段时间。考古工作者在敦煌千佛洞里发现一本印刷精美的《金刚经》，末尾题有"咸同九年四月十五日"等字样，这是当前世界上最早的有明确日期记载的印刷品。

雕版印刷的印品，可能开始只在民间流行，并有一个与手抄本并存的时期。

唐穆宗时，诗人元稹为白居易的《长庆集》作序

《女则》是唐太宗的皇后长孙氏所编写的一本书，她在书中以古代后妃事迹的得失来教导自己。《女则》10篇，是长孙皇后去世后，在她的遗物中发现的。这样一位母仪天下的贤后，她的生命及丰富的内心世界颇值得后人探讨。

中有"牛童马走之口无不道,至于缮写模勒,烨卖于市井"。"模勒"就是模刻,"烨卖"就是叫卖。这说明当时的上层知识分子白居易的诗的传播,除了手抄本之外,已有印本。

由于唐代科技文化繁荣,印刷术在唐代取得了长足进步,印刷业已经形成规模。

当时剑南、两川和淮南道的人民,都用雕版印刷历书在街上出卖。每年,管历法的司天台还没有奏请颁发新历,老百姓印的新历却已到处都是了。

881年,有两个人印的历书,在月大月小上差了一天,发生了争执。一个地方官知道了,就说:"大家都是同行做生意,相差一天半天又有什么关系呢?"

历书怎么可以差一天呢?那个地方官的说法真叫人笑掉大牙。这件事情说明,单是江东地方,就起码有两家以上工坊印刷历书。

剑南 唐代的剑南道或称剑南府。唐代开创了中国政区史上道和府的建制。唐代初期贞观年间,将全国划分为关内、河南、河东、河北、山南、陇右、淮南、江南、剑南、岭南10道。开元年间又将山南、江南各分东西,并且增置了京畿、都畿、黔中道,从而形成了15道的格局。道下又设州。

■木质雕版印刷设备

■《金刚经》木雕版

当时不仅印历书,还在印其他类型的书籍。历史学家向达在《唐代刊书考》中说:"中国印刷术之起源与佛教有密切之关系。"历史的记载和实物的发现,都证明了佛教僧侣对印刷术的发明和发展是有贡献的。

唐代的佛教十分发达,高僧玄奘西游印度17年,取回25匹马驮的大小乘经律论252夹,657部。

当时,各地寺院林立,僧侣人数很多,对佛教宣传品需求量也很大,因此,他们是印刷术的积极使用者。在这个时期,出现了许多佛教印刷物,这些即是早期的印刷物。

早期的佛教印刷品,只是将佛像雕在木板上,进行大批量印刷。唐代末期冯贽在《云仙散录》中,记载了645年之后,"玄奘以回锋纸印普贤像,施于四众,每岁五驮无余"。

这是最早关于佛教印刷的记载,印刷品只是一张佛像,而且每年印量都很大,遗憾的是未流传下来。

现存最早有明确日期记载和精美扉画的唐代佛教印刷品,是雕版印刷、卷轴装订的《金刚经》,其全称为《金刚般若波罗蜜经》。

这件印刷品于20世纪初发现于敦煌莫高窟石窟,由于得益于这里的干燥气候,虽经千年存放,发现时仍完整如新。但它于1907年被英籍葡萄牙人斯坦因盗

玄奘(602—664),唐代僧人。汉传佛教史上最伟大的译经师之一,中国佛教法相宗创始人。曾游学于天竺各地。所撰《大唐西域记》,为研究印度以及中亚等地古代历史地理之重要资料。玄奘的故事在民间广泛流传,例如《西游记》中心人物唐僧,即是以玄奘为原型。

走,现藏于英国伦敦博物馆。

这件印刷品有明确的年代记载,证明是868年的雕版印刷品。是由6个印张粘接起来16米长的经卷。

卷子前边有一幅《祇树给孤独园》图画。内容是释迦牟尼佛在竹林精舍向长老须菩提说法的故事。卷末刻印有"咸通九年四月十五日王为二亲敬造普施"题字。

经卷首尾完整,图文浑朴凝重,刻画精美,文字古拙遒劲,刀法纯熟,墨色均匀,印刷清晰,表明是一份印刷技术已臻成熟的作品,绝非是印刷术初期的产物。这也是至今存于世的中国早期印刷品实物中唯一的一份本身留有明确、完整的刻印年代的印品。

唐代印刷术的发展为毕昇发明活字印刷打下了坚实基础,也为印刷技术的进步起到了重大促进作用。

北宋时期科学家沈括在《梦溪笔谈》中说,雕版印刷在五代时期开始印制大部儒家书籍,以后,经典皆为版刻本。

宋代,雕版印刷已发展至全盛时代,各种印本甚

> 沈括(1031—1095),北宋时期科学家、改革家。精通天文、数学、物理学、化学、地质学、气象学、地理学、农学和医学;他还是卓越的工程师、出色的外交家。著有《梦溪笔谈》,被西方学者称为"中国古代的百科全书"。

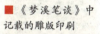

■ 《梦溪笔谈》中记载的雕版印刷

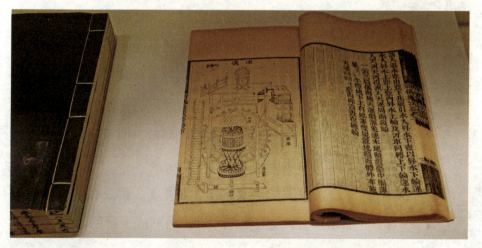

■ 北宋交子雕版

《南藏》 明代初期在京城应天府所刻成的官版大藏经，通称为《南藏》。《南藏》实际上刻过两次，最初刻于洪武年间，再刻于永乐年间。初刻完成不久就遭火灾毁灭，印本流传既少，文献记载又不分明，因而后人都只将永乐年间的刻本认作《南藏》，而不知道有刻印两次的事。

多。较好的雕版材料多用梨木、枣木。对刻印无价值的书，有以"灾及梨枣"的成语来讽刺，意思是白白糟蹋了梨、枣树木。可见当时刻书风行一时。

雕版印刷开始只有单色印刷，五代时期有人在插图墨印轮廓线内用笔添上不同的颜色，以增加视觉效果。天津杨柳青版画现在仍然采用这种方法生产。

将几种不同的色料，同时上在一块板上的不同部位，一次印于纸上，印出彩色印张，这种方法称为"单版复色印刷法"。用这种方法，宋代曾印过交子，即当时发行的纸币。

单版复色印刷色料容易混杂渗透，而且色块界限分明显得呆板。人们在实际探索中，发现了分板着色，分次印刷的方法，这就是用大小相同的几块印刷板分别载上不同的色料，再分次印于同一张纸上，这种方法称为"多版复色印刷"，又称"套版印刷"。

多版复色印刷的发明时间不会晚于元代，在明代获得较大的发展。明代初期，《南藏》和许多官刻书都是在南京刻板。明代设立经厂，永乐的《北藏》，正统的《道藏》都是由经厂刻板。明清两代，南京和北京是雕版中心。

清英武殿本及雍正《龙藏》，都是在北京刻板。嘉靖以后，至16世纪中叶，南京成了彩色套印中心。

雕刻以杜梨木、枣木、红桦木等做版材。一般工艺是：将木板锯成一页书面大小，水浸月余，刨光阴干，搽上豆油备用。刮平木板并用木贼草磨光，反贴写样，等木板干透之后，用木贼草磨去写纸，使反写黑字紧贴在板面上，就可以开始刻字了。

第一步叫"发刀"，先用平口刀刻直栏线，随即刻字，次序是先将每字的横笔都刻一刀，再按撇、捺、点、竖，自左而右各刻一刀，横笔宜平宜细，竖宜直，粗于横笔。

接着就是"挑刀"，据发刀所刻刀痕，逐字细刻，字面各笔略有坡度，呈梯形状。

挑刀结束后，用铲凿逐字剔净字内余木，术语叫"剔脏"。再用月牙形弯口凿，以木槌仔细敲凿，除净没有字处的多余木头。

最后，锯去版框栏线外多余的木板，刨修整齐，叫"锯边"。至此雕版完工，可以开始印刷了。

> 《龙藏》 也称为《乾隆版大藏经》，为清代官刻汉文大藏经，又因经页边栏饰以龙纹，故名为《龙藏》。刻于清代雍正年间，是中国历代官刻大藏经极为重要的一部。全藏共收录了经、律、论、杂著等1669部，7168卷，共用经版79036块。在世界佛教史上占有重要地位。

■ 木刻

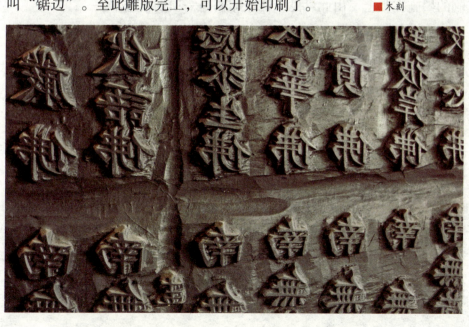

文明先导 印刷术

印书的时候，先用一把刷子蘸了墨，在雕好的板上刷一下。接着，用白纸覆盖在板上，另外拿一把干净的刷子在纸背上轻轻刷一下，把纸拿下来，一页书就印好了。一页一页印好以后，装订成册，一本书也就成功了。

这种印刷方法，是在木板上雕好字再印的，所以大家称它为"雕版印刷"。

雕版印刷的过程大致是这样的：将书稿的清样写好后，使有字的一面贴在板上，即可刻字，刻工用不同形式的刻刀将木板上的反体字墨迹刻成凸起的阳文。同时将其余空白部分剔除，使之凹陷。板面所刻出的字约凸出版面。用热水冲洗雕好的板，刻板过程就完成了。

印刷时，用圆柱形平底刷蘸墨汁，均匀刷于板面上，再把纸小心覆盖在板面上，用刷子轻轻刷纸，纸上便印出文字或图画的正像。将纸从印版上揭起，阴干，印制过程就完成了。

雕版印刷的印刷过程，有点像拓印，但是雕版上的字是阳文反字，而一般碑石的字是阴文正字。此外，拓印的墨施在纸上，雕版印刷的墨施在版上。由此可见，雕版印刷是一项创新技术。

雕版印刷的发展，为活字排版印刷的出现打下了良好基础，此时，活字排版印刷已经是呼之欲出了。

阅读链接

唐太宗的皇后长孙氏是历史上有名的一位贤德的皇后，她坤厚载物，德合无疆，为后世皇后之楷模。长孙皇后曾编写一本书，名为"女则"。书中采集古代后妃的得失事例并加以评论，用来教导自己如何做好一位称职的皇后。

636年，长孙皇后去世，宫女把这本书送到唐太宗那里。唐太宗看后恸哭，对近臣说："皇后此书，足可垂于后代。"并下令把它印刷发行。宋以后，因女子不得干政，《女则》这部后妃教科书失去了其应有的价值，最终失传。

毕昇发明活字印刷术

毕昇是北宋时期人,是中国历史上著名的发明家,发明了活字版印刷术。

毕昇总结了历代雕版印刷的丰富的实践经验,经过反复试验,于宋仁宗庆历年间发明胶泥活字印刷技术,实行排版印刷,完成了印刷史上一项重大的革命。

他的字印为沈括家人收藏,其事迹见于沈括所著《梦溪笔谈》中。

■ 毕昇塑像

■ 毕昇铜像

北宋庆历年间，毕昇为书肆刻工，用新的活字印刷方法，使印刷效率一下子提高了几十倍。他的师弟们大为惊奇，纷纷向师兄取经。

毕昇一边演示，一边讲解，毫无保留地把自己的发明介绍给师弟们。

毕昇先将细腻的胶泥制成小型方块，一个个刻上凸面反手字，用火烧硬，按照韵母分别放在木格子里。然后在一块铁板上铺上黏合剂，如松香、蜡和纸灰，按照字句段落将一个个字印依次排放，再在四周围上铁框，用火加热。

待黏合剂稍微冷却时，用平板把版面压平，完全冷却后就可以印了。印完后，毕昇把印版用火一烘，黏合剂熔化，拆下一个个活字，留着下次排版再用。

师弟们禁不住啧啧赞叹。一位小师弟说："《大藏经》5000多卷，雕了13万块木板，一间屋子都装不下，花了多少年心血！如果用师兄的办法，几个月就能完成。师兄，你是怎么想出这么巧妙的办法的？"

"是我的两个儿子教我的！"毕昇说。

"你儿子？怎么可能呢！他们只会'过家家'。"

"你说对了！就靠这'过家家'。"毕昇笑着说，"去年清明前，我带着妻儿回乡祭祖。有一天，两

书肆 中国古时的书店叫书肆。而书肆一词，最早始于汉代。此外各朝代还有书林、书铺、书棚、书堂、书屋、书籍铺、书经籍铺等名称。它既刻印书又卖书，这些名号，除统称书肆外，宋代以后统称为书坊。书店一名，最早见于清乾隆年间。在中国近代史上，书店也叫书局。

个儿子玩过家家,用泥做成了锅、碗、桌、椅、猪、人,随心所欲地排来排去。我的眼前忽然一亮,当时我就想,我何不也来玩过家家:用泥刻成单字印章,不就可以随意排列,排成文章吗?哈哈!这不是儿子教我的吗?"

师兄弟们听了,也哈哈大笑起来。

"但是这过家家,谁家孩子都玩过,师兄们都看过,为什么偏偏只有你发明了活字印刷呢?"还是那位小师弟问道。

好一会儿,师傅开了口:"在你们师兄弟中,毕昇最有心。他早就在琢磨提高工效的新方法了。冰冻三尺非一日之寒啊!"

"哦——"师兄弟们茅塞顿开。

其实在毕昇发明活字印刷术前,雕版印刷被广泛运用。雕版印刷对文化的传播起了重大作用,但是也存在明显缺点:第一,刻版费时费工费料;第二,大批书版存放不便;第三,有错字不容易更正。

此外,自从有了纸以后,随着经济文化的发展,读书的人多起来了,对书籍的需要量也大大增加了。

至宋代,印刷业更

> 《大藏经》 为佛教经典的总集,简称为《藏经》,又名"一切经""契经"或"三藏"。有多个版本,比如《乾隆藏》《嘉兴藏》等。现存的《大藏经》,按文字的不同可分为汉文、藏文、巴利语三大体系。这些《大藏经》又被翻译成西夏文、日文、蒙文、满文等。

■ 活字印刷模板

泥制的印刷磨具

胶泥 北宋时期毕昇发明的活字。是为具备一定黏合性能的泥状塑性固体，这类塑性固体一般由具备黏合性能的固态或液态黏结剂添加具备一定功能的粉末填料构成，或许还加入了适量的颜料及辅料。

木活字 北宋时期毕昇发明的活字。以后又发展了锡活字、木活字、铜活字、铅活字等。其中木活字对后世影响较大，仅次于雕版。非但有汉字木活字，还有西夏文、回鹘文木活字。进入明清，木活字普遍流行。清代无论官署、私宅、坊间，木活字印书更为普遍。

加发达起来，全国各地到处都刻书。

北宋初期，成都印《大藏经》，刻版13万块；北宋朝廷的教育机构国子监，印经史方面的书籍，刻版10多万块。

从这两个数字，可以看出当时印刷业规模之大。宋代雕版印刷的书籍，现在知道的就有700多种，而且字体整齐朴素，美观大方，后来一直为中国人民所珍视。

这些都为活字印刷术的发明提供了经验、借鉴。由此可见，虽然活字印刷术是毕昇个人的发明创造，但这里面确实凝聚着前朝历代很多劳动者的智慧。

毕昇发明的活字印刷术，改进了雕版印刷这些缺点。他总结了历代雕版印刷的丰富的实践经验，经过反复试验，在1041年至1048年间，制成了胶泥活字，实行排版印刷，完成了印刷史上一项重大的革命。

毕昇发明的活字印刷方法既简单灵活，又方便轻巧。其制作程序为：先用胶泥做成一个个规格统一的单字，用火烧硬，使其成为胶泥活字。然后把它们分类放在木格里，一般常用字备用几个至几十个，以备排版之需。

排版时，用一块带框的铁板作为底托，上面敷一层用松脂、蜡和纸灰混合制成的药剂，然后把需要的胶泥活字一个个从备用的木格里拣出来，排进框内，排满就成为一版，再用火烤。

等药剂稍熔化，用一块平板把字面压平，待药剂冷却凝固后，就成为版型。印刷时，只要在版型上刷上墨，敷上纸，加上一定压力，就行了。

印完后，再用火把药剂烤化，轻轻一抖，胶泥活字便从铁板上脱落下来，下次又可再用。

毕昇发明的活字印书方法，同今天印书的方法相比，虽然原始了些，但是它从刻制活字、排版到印刷的基本步骤，对后代书籍的印刷产生了深远的影响。

这种印刷技术不仅促进了中国古代文化事业的繁荣，而且很早就被传播到国外，为世界文化的发展做出了贡献。

毕昇还试验过木活字印刷，由于木料纹理疏密不匀，刻制困难，

毕昇塑像

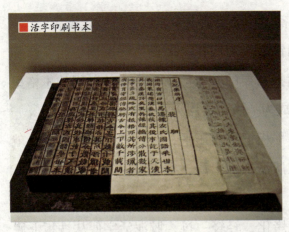
活字印刷书本

木活字沾水后变形,以及和药剂粘在一起不容易分开等原因,所以毕昇没有采用。

毕昇的胶泥活字版印书方法,如果只印两三本,不算省事,如果印成百上千本,工作效率就极其可观了,不仅能够节约大量的人力物力,而且可以大大提高印刷的速度和质量,比雕版印刷要优越得多。

现代的凸版铅印,虽然在设备和技术条件上是宋代毕昇的活字印刷术所无法比拟的,但是基本原理和方法是完全相同的。活字印刷术的发明,为人类文化做出了重大贡献。

这中间,平民发明家毕昇的功绩是不可磨灭的。可是关于毕昇的生平事迹,后人却一无所知,幸亏毕昇创造活字印刷术的事迹,比较完整地记录在北宋时期著名科学家沈括的名著《梦溪笔谈》里。

阅读链接

关于毕昇的职业,以前曾有人作过各种猜测,但最为可靠的说法,毕昇应当是一个从事雕版印刷的工匠。因为只有熟悉或精通雕版技术的人,才有可能成为活字版的发明者。

由于毕昇在长期的雕版工作中,发现了雕版印刷的缺点。如果改用活字版,只需雕制一副活字,则可排印任何书籍,活字可以反复使用。虽然制作活字的工程大一些,但以后排印书籍则十分方便。正是在这种启示下,毕昇才发明了活字版。

印刷术的完善与传承

在北宋时期毕昇发明活字印刷术之后,经过历朝历代的不断努力发展,活字原料又有扩展,制作工艺不断提高,印刷品日益丰富。

印刷术不仅推动了社会的进步,科技的发展,而且还同文字一道,记载、传承了中国乃至整个世界的文明。

随着近代科学技术的飞跃发展,印刷技术也迅速地改变着面貌。在这一过程中,扬州对传统印刷术的传承独具特色。

■ 王祯雕塑

方志 记述地方情况的史志。有全国性的总志和地方性的州郡府县志两类。总志如《大清一统志》。以省为单位的方志称"通志",如《山西通志》,元代以后著名的乡镇、寺观、山川也多有志,如《南浔志》。方志分门别类,取材宏富,是研究历史及历史地理的重要资料。

■ 王祯《农书》中的插图

王祯是元代初期农学家,他结合北宋时期毕昇试验过的木活字经验,在安徽旌德招请工匠刻制木活字,最后刻成3万多个。

1298年,王祯用木活字将自己纂修的《大德旌德县志》试印。在不到一个月的时间里就印了100部,可见效率之高。这是有记录的第一部木活字印本的方志。

王祯创制的木活字,被他记录在所著的一部总结古代农业生产经验的著作《农书》中,书中记载了木活字的刻字、修字、选字、排字、印刷等方法。

王祯在印刷技术上的另一个贡献是发明了转轮排字盘。由于在原有印刷的拣字工序中,几万个活字一字排开,工人穿梭取字很不方便。于是他设计出转轮排字盘,从而为提高拣字效率和减轻劳动强度创造了条件。

王祯用轻质木材做成一个大轮盘，直径约7尺，轮轴高3尺，轮盘装在轮轴上可以自由转动。

字盘为圆盘状，分为若干格。下有立轴支承，立轴固定在底座上。把木活字按古代韵书的分类法，分别放入盘内的一个个格子里。

排版时两人合作，一人读稿，一人则转动字盘，方便地取出所需要的字模排入版内。印刷完毕后，将字模逐个还原在格内。这就是王祯所说的"以字就人，按韵取字"。

■ 活字印刷雕塑

这样既提高了排字效率，又减轻了排字工的体力劳动，是排字技术上的一个创举。

元初重臣和著名理学家姚枢提倡活字印刷，他教子弟杨古用活字版印书，印成了朱熹的《小学》和《近思录》，以及吕祖谦的《东莱经史论说》等书。

不过杨古造泥活字是用毕昇以后宋人改进的技术，并不是毕昇原有的技术。

明代木活字本较多，多采用宋元时期传统技术。1586年的《唐诗类苑》《世庙识余录》，嘉靖年间的《璧水群英待问会元》等，都是木活字的印本。

在清代，木活字技术由于得到政府的支持，获得空前的发展。康熙年间，木活字本已盛行，大规模用

姚枢（1201—1278），字公茂，号雪斋、敬斋。元代初期重臣和理学家。他从小天资聪颖，志向远大，并以勤奋好学著称于世。他为蒙军的挥师南下，为保存弘扬中原传统文化，特别是为程朱理学的恢复、传播、发扬光大，贡献了自己的全部聪明才智。

■ 用于印刷的泥字

木活字印书，则始于乾隆年间《英武殿聚珍版》丛书的发行。

印制该书共刻成大小枣木木活字25.35万个。印成《英武殿聚珍版》丛书134种，2389卷。是中国古代历史上规模最大的一次用木活字印书。

清代磁版印刷术创造者徐志定，于1718年制成陶活字，印《周易说略》。他将泥土煅烧后制成活字用以排版印书，采用的仍然是毕昇用过的方法。

清代画家翟金生，因读沈括的《梦溪笔谈》中所述的毕昇泥活字技术，而萌生了用泥活字印书的想法。他历经30年，制泥活字10万多个。1844年印成了《泥版试印初编》。此后，翟金生又印了许多书。

后来的研究者在泾县发现了翟金生当年所制的泥活字数千枚。这些活字有大小5种型号。翟金生以自己的实践，证明了毕昇的发明泥活字是可行的，打破了有人对泥活字可行性的怀疑。

铜活字印刷在清代进入新的高潮，最大的工程要算印刷数量达万卷的《古今图书集成》了，估计用铜活字达100万至200万个。

随着科学技术的飞跃发展，中国古代传统印刷术呈现出不同的面貌。在这之中，扬州对传统印刷术的

徐志定 清代磁版印刷术的创造者。清代中期前印书，都是以枣、梨木版刻字印刷，版易为虫蛀，不易久存。他潜心研制磁土雕版成功。磁版印刷着墨均匀，笔画清晰，而且版质坚硬，经久耐用。他用磁版印刷《周易说略》《蒿庵闲话》两书。现两书存北京，为海内孤本。

传承独具特色。

扬州剪纸传承人张秀芳,扬州玉雕传承人江春源、顾永骏,扬州漆器髹饰技艺传承人张宇、赵如柏,他们是扬州民间文化的"活化石",是民族文化的传承者和创造者。其中著名的是扬州雕版印刷"杭集刻字坊"第三代传人陈义时。

杭集镇,是扬州最为著名的雕版印刷之乡,早在清光绪年间,陈义时的爷爷陈开良即开办了杭集镇最大规模的刻字作坊,当时的娴熟艺人达30人之多。

后来,陈义时的父亲陈正春再接拳刀,接刻了《四明丛书》《扬州丛刻》《暖红室》等扬州历史上一批著名的古籍,再次将陈家"杭集刻字坊"的牌子做响。

陈义时从13岁起正式跟父亲学习雕版刻字。当时陈家在杭集开有刻字作坊,陈父则是远近闻名的雕版

> **翟金生**(1744—1822),清代嘉庆年间秀才,以教塾馆为业,好学善诗。他酷爱金石,并能雕刻治印。读了沈括《梦溪笔谈》后,萌生效法毕昇铸活字版印书之念,制成坚硬如骨的5种规格胶泥活字10万余个。又用胶泥聚珍版印成《水东翟氏宗谱》。

■ 雕版工具

师。他们家曾修补了《四明丛书》《扬州丛刻》《暖红室》等著名的古籍。

陈父在弥留之际，把陈义时叫到床边，叮嘱他："一定要将祖传的雕版绝技传下去。"陈义时含泪允诺。

陈义时后来来到了广陵古籍刻印社，专门进行雕版刻字。一盏台灯、一只时钟、一桌一椅、一把刻刀、一把铲凿，这就是陈义时工作的全部。经他的巧手刻补，许多古籍重现生机。

陈义时一生都和雕版打交道。在刀刻的一笔一画中，他感受到了中国文字艺术的无穷魅力。

作为一位中国当代雕版大师，也是全国唯一一位雕版国家级工艺美术师，陈义时有信心让这朵"广陵奇葩"绽放于文化百花园中。

阅读链接

王祯在印刷技术上的革新，对中国乃至世界文化的发展做出了可贵的贡献。

北宋时期毕昇发明的印刷术到元代尚未得到推广，当时仍在使用雕版印刷术。这种方法不但费工费时，而且所刻雕版一旦印刷完毕大多废弃无用。

王祯为了使他的《农书》早日出版，便在毕昇胶泥活字印刷术的基础上试验研究，终于取得成功。这一方法既节省人力和时间，又可提高印刷效率。转轮排字法，是王祯的另一发明，为提高拣字效率和减轻劳动强度创造了条件。

指南针

水上之友

指南针是一种判别方位的简单仪器，又称"指北针"。它的前身是司南，主要组成部分是一根装在轴上可以自由转动的磁针。磁针在地磁场作用下能保持在磁子午线的切线方向上，磁针的南极指向地理的北极，人们利用这一性能可以辨别方向。

指南针在使用过程中不断完善，其间有许多创建，如发现并考虑到了地磁偏角现象，实现了磁针与罗盘一体化等。

随着中国对外交往的日益频繁，中国的指南针传到西方，开启了世界计量航海新时代，被世人誉为"水上之友"。

司南的发明及运用

古人把磁石比喻为"慈母",后人则称它为"吸铁石"或"磁铁"。磁铁的用途很广,早在战国时,就已被人用来做一种指示方向的仪器司南了。

司南是用天然磁铁矿石琢成一个勺形的东西,放在一个光滑的盘上,盘上刻着方位,利用磁铁指南的作用,可以辨别方向,是现在所用指南针的始祖。

■ 汉代司南

相传在4000多年前，在北方中原地区，黄帝和蚩尤发生"涿鹿之战"，战斗持续了半年没有分出胜负。

黄帝在这场战斗中应该说能够取胜，因为他的部落是一个比较强大的部落，而且他代表着正义。

但是，每当战斗即将胜利之时，总是有大雾迷漫四周山野，让人辨不出方向，所以总是前功尽弃。黄帝决定派人探个究竟，这雾到底是怎么引起的。

于是派一个重要将领随自己上山，侦察蚩尤部落的动静。

黄帝等人到了山上后，各处山谷里晚霞即将消失，雾悄然弥漫山头，好像一个幽灵，寻找安息之处，缓缓飘来。只见雾海起伏，互相追逐，犹如险恶的海面上的波涛，慢慢封闭了所有景物。

就在黄帝准备命令返营时，身边的大将突然发现了一个奇迹。

涿鹿之战 指的是距今约4600余年前，黄帝部族联合炎帝部族，与东夷集团中的蚩尤部族在今河北省涿鹿县一带所进行的一场大战。战争的目的，是争夺适于牧放和浅耕的中原地带。涿鹿之战对于古代华夏族由野蛮时代向文明时代的转变产生过重大的影响。

■ 轩辕黄帝雕像

■ 指南车

黄帝随着大将手指的方向望去,只见在蚩尤的大营中,蚩尤正坐在祭坛上,徐徐作雾,雾从他的口中吐出,飞出营外,萦绕着山川原野。

黄帝想到这不是自然界之雾,如想破掉雾,必须造出一样东西,使人能够辨别方向,然后才可一举破之。黄帝回营后,立即吩咐能工巧匠造指南车,让指南车认出方向。

在指南车造好后的一个黄昏,黄帝率领部落,大举进攻蚩尤。这时蚩尤作雾已不灵了,黄帝部落在指南车的指引下,大败蚩尤,黄帝大胜。

在这个传说中,指南车之说是否确切,还有待考证。然而,利用磁铁的特性制造指南针,却是中国人最早发明的。指南针的发明可以追溯至周代,距今已有2500年至3000年的历史。

大约在春秋战国时代,中国古人就已经发现了磁石和它的吸铁性。《韩非子·有度篇》记载:

先王立司南以端朝夕。

这里的"先王"是周王,"司南"就是指南针,"端朝夕"是正四方的意思,是指指南针的用途。春秋时齐国著名政治家管仲在他所著的《管子》

黄帝 上古时代一位著名的部落联盟首领,传说是少典与附宝之子,本姓公孙,居轩辕之丘,号轩辕氏,建都于有熊,亦称有熊氏。史载炎帝以姜水成,因有火德之瑞,故号炎帝;黄帝以姬水成,因有土德之瑞,故号黄帝。

一书中有这样记载："上有慈石者，下有铜金。"

"慈石"就是磁石，"铜金"就是一种铁矿。可见至少在2600年前的管仲时期，就已经知道磁石的存在，并已掌握了磁石能够吸铁这一性能了。

磁石有两个特性，一是吸铁性；二是指极性。也就是说磁石有两极，能够指示南北。磁石的吸铁特性战国时代的先民都已发现，而发现磁石的指极性欧洲则比中国晚得多。

磁石能指示南北的特性，不太容易被发现。因为一般情况下磁力小、摩擦力大，磁石两极不能自由旋转到南北向。

中国在战国时期最早发现了磁石的指极性，并利用磁石能指示方向的性能，制成指南工具司南。司南是中国也是世界上最早的指南针。

司南是用天然磁石制成的，样子像一把汤勺，圆底，可以放在平滑的"地盘"上并保持平衡，而且可以自由旋转。当它静止的时候，勺柄就会指向南方。

春秋时期，人们已经能够将硬度5度至7度的软玉和硬玉琢磨成各种形状的器具，因此也能将硬度只有5.5度至6.5度的天然磁石制成司南。

东汉时期思想家王充在他的著作《论衡》中，对

■磁性司南

王充（27—约97），东汉时期唯物主义哲学家。字仲任，会稽上虞（今属浙江）人。年少时就成了孤儿，乡里人都称赞他孝顺。他喜欢博览群书，但是不死记书中的章句。后来到京城，到中央最高学府太学里学习，拜扶风人班彪为师。《论衡》是王充的代表作品，也是中国历史上一部不朽的无神论著作。

司南的形状和用法做了明确的记录。

司南是用整块天然磁石经过琢磨制成勺形,勺柄指南极,并使整个勺的重心恰好落到勺底的正中。勺置于光滑的地盘之中,地盘外方内圆,四周刻有干支四维,合成24向。

这样的设计是古人认真观察了许多自然界有关磁的现象,积累了大量的知识和经验,经过长期的研究才完成的。

据史载,司南出现后,有人到山中去采玉,怕迷失路途,就随身带有司南,以辨方向。

司南的出现是人们对磁体指极性认识的实际应用。但司南也有许多缺陷,天然磁体不易找到,在加工时容易因打击、受热而失磁,所以司南的磁性比较弱。

同时,司南与地盘接触处要非常光滑,否则会因转动摩擦阻力过大,而难于旋转,无法达到预期的指南效果。而且司南有一定的体积和重量,携带很不方便,这可能是司南长期未得到广泛应用的主要原因。

阅读链接

王充是个学识超群的大学问家。

有一天路过街头,见一个道人盘腿而坐,面前放着一尊金佛,黄绫上写着"如来算命"4个字。那道人口里还念念有词。于是他决定戳破这个骗局。

第二天王充带了个泥塑金像找到那个老道,佯笑说:"请试试这个如来菩萨灵不灵。"老道一愣,慌忙拿起那尊小金佛溜了。

原来,老道的佛像是铁制的,金戒尺则一头是铁,一头是磁石。如要佛像点头,便握铁质的一端,使磁石的一端在佛像头部绕动,则头像随尺而动。

指南针的发明与改进

中国指南针的发明经过漫长的岁月。古人在发明了司南之后,不断在进行改进,运用人工磁化方法制成一种新的指南工具指南鱼、指南龟,以及水浮针。

指南针作为一种指向仪器,被广泛应用于军事、测量和日常生活之中。其最大的历史功绩,是用于海上导航,而水浮针则是当时最重要的导航工具。后来人们在此基础上发明了罗盘,即将指南针装入有方位的盘中,非常精确,使航海技术得到提高。

古人在使用新指南工具的同时,还发现了地磁偏角现象,给后人以极大启发。

■ 宋代瓷碗水浮针

■ 古代的司南

据说秦始皇在位时，身边网罗了一批术士来为他寻求长生不老之药。

有一天，一位叫徐福的术士奏本说："在东方的大海上有3座神山，名叫蓬莱、方丈、瀛洲，仙人们都在那里居住。请皇帝让我率领一批男女儿童前往寻求。"

秦始皇很高兴，马上选派了几千名儿童，又为他造了艘大船，让他从现在的山东省日照市附近出海，寻求不老之药。谁知徐福一去不返，不知道他把这些男女少年带到了何方。

几千年过去了，秦始皇早已成为历史的陈迹。但徐福渡海求药的故事并没有被人们忘记。如果情形真是如此的话，那么徐福可以算得上中国航海家中的先驱人物。

事实上，古代先民们面对茫茫海洋，虽然有探险探秘的愿望，但总是无法如愿。

出海困难并非是由于造船技术限制了古人们的越洋交流，更主要的原因是由于当时在海上无法辨别方向，方向不明纵然有可以横渡大洋的船只，也会在海上迷路，最终葬身海底。

因此，指南针的发明可以说是给海船装上了眼睛，为航海业的发展提供了最基本的技术条件。

指南针是中国最早发明的，但它是经过漫长的岁

徐福 秦代著名的方士，是鬼谷子先生的关门弟子。他博学多才，通晓医学、天文、航海等知识，而且同情百姓，故在沿海一带民众中名望颇高。曾被秦始皇派遣，出海采仙药，一去不返。后有徐福在日本的平原、广泽为王之说。

月逐渐发展改进而成的。

司南发明后，古人能够在远行中辨别方向。但司南有局限性，用磁石制造司南，磁极不易找准，而且在琢制的过程中，磁石因受震动而会失去部分磁性。

再加上司南在使用时底盘必须放平，体积比较大，所以在使用时，很难令人满意。因此，古人在发明了司南之后，不断地进行改进。

■ 北宋指南鱼

继司南之后，我们的祖先又制成了一种新的指南工具，即指南鱼。

北宋时期，农业、手工业和商业都有了新的发展。在这个基础上，中国的科学技术获得了辉煌的成就。宋代时候，中国在指南针的制造方面，跟造纸法和印刷术一样，也有很大的发展。

当时有一部官编的军事著作叫《武经总要》，其中记载：行军的时候，如果遇到阴天黑夜，无法辨明方向，就应当让老马在前面带路，或者用指南车和指南鱼辨别方向。

《武经总要》这部书是在1044年以前写成的。这就是说，在那个时候，中国已经有指南鱼，并且把它应用到军事方面去了。

指南鱼是用一块薄薄的钢片做成的，形状很像一

《武经总要》
北宋时期官修的一部军事著作。作者为宋仁宗时的文臣曾公亮和丁度。两人奉皇帝之命用了5年的时间编成。该书是中国第一部规模宏大的官修综合性军事著作，对于研究宋代以前的军事思想非常重要。其中大篇幅介绍了武器的制造，对科学技术史的研究也有重要意义。

磁畴 是指磁性材料内部的一个个小区域，每个区域内部包含大量原子，它们都像一个个小磁铁那样整齐排列，但相邻的不同区域之间原子磁矩排列的方向不同。各个磁畴之间的交界面称为磁畴壁。磁性材料在正常情况下并不对外显示磁性，只有当被磁化后才能对外显示。

条鱼。它有两寸长，五寸宽，鱼的肚皮部分凹下去一些，可以像小船一样浮在水面上。

钢片做成的鱼没有磁性，所以没有指南的作用。如果要它指南，还必须再用人工传磁的办法，使它变成磁铁具有磁性。

关于怎样进行人工传磁，《武经总要》记载：把烧红的铁片放置在子午线的方向上。铁片烧红后，温度高于磁性转变点时的温度，铁片中的无序状态的磁畴便瓦解而成为顺磁体，蘸水淬火后，磁畴又形成，但在地磁场作用下磁畴排列有方向性，故能指南北。

中国古人发明用人造磁铁做指南鱼，这是一个很大的进步。这说明中国古人很早就已具有相当丰富的磁铁知识了。

就在钢片指南鱼发明后不久，又有人发明了用钢针来指南。这种人工磁化的小钢针，可算是世界上最早制成的真正的指南针了。

北宋时期科学家沈括在《梦溪笔谈》中提到一种人工磁化的方法：技术人员用磁石摩擦缝衣针，就能使针带上磁性。

从现在观点来看，这是一种利用天然磁石的磁场作用，使钢针内部磁畴的排列趋于某一方向，从而使钢针显示出磁性。

这种方法比地磁法简

■ 宋代瓷碗水浮针

单,而且磁化效果比地磁法好,摩擦法的发明不但世界最早,而且为有实用价值的磁指向器的出现,创造了条件。

宋代铜盆水浮针

关于磁针的装置方法,沈括主要介绍了4种方法:

一是水浮法,就是将磁针上穿几根灯芯草浮在水面,就可以指示方向。

二是碗唇旋定法,就是将磁针搁在碗口边缘,磁针可以旋转指示方向。

三是指甲旋定法,就把磁针搁在手指甲上面,由于指甲面光滑,磁针可以旋转自如指示方向。

四是缕悬法,就是磁针中部涂一些蜡,粘一根蚕丝,挂在没有风的地方,就可以指示方向了。

沈括还对4种方法进行比较,他指出,水浮法的最大缺点,水面容易晃动影响测量结果。碗唇旋定法和指甲旋定法,由于摩擦力小,转动很灵活,但容易掉落。

沈括比较推崇的是缕悬法,他认为这是比较理想而又切实可行的方法。沈括指出的4种方法,已经归纳了迄今为止指南针装置的两大体系,即水针和旱针。

另外,由于长江黄河流域一带地磁有50度左右的倾角,如水平放置指南鱼,则只有水平方向分量起作用,而以一定角度放入水中,则使鱼磁化的有效磁场强度增大,磁化效果更好。

长江黄河流域一带的地磁倾角,这一现象后来被称为磁偏角。沈括在《梦溪笔谈》第二十四卷中写道,磁针能指南,"然常微偏东,

磁偏角 是指磁针静止时，所指的北方与真正北方的夹角。地球表面任一点的磁子午圈同地理子午圈的夹角。因指南针、磁罗盘是测定磁偏角最简单的装置，所以磁偏角的发现和测定的历史也很早。磁针指北极N向东偏则磁偏角为正，向西偏则磁偏角为负。

不全南也"。

这是世界上现存最早的磁偏角记录。在西方，直至1492年哥伦布在横渡大西洋时才发现磁偏角这一现象，比沈括晚了400多年。

磁偏角是指磁针静止时，所指的北方与真正北方的夹角。各个地方的磁偏角不同，而且，由于磁极也处在运动之中，某一地点磁偏角会随之而改变。

在正常情况下，中国磁偏角最大可达6度，一般情况为两三度。东经25度地区，磁偏角在一两度之间；北纬25度以上地区，磁偏角大于2度；若在西经低纬度地区，磁偏角是5度至20度；西经45度以上，磁偏角为25度至50度。毫无疑问，沈括对磁偏角的发现与认识启发了后人。

南宋学者陈元靓在《事林广记》中介绍了另一类指南鱼和指南龟的制作方法。

这种指南鱼与《武经总要》一书记载的不一样，是用木头刻成鱼形，有手指那么大。木鱼腹中置入一块天然磁铁，磁铁的S极指向鱼头，用蜡封好后，从鱼口插入一根针，就成为指南鱼。将其浮于水面，鱼头指南，这也是水针的一类。

指南龟也是南宋时期流行的一种新装置，将一块天然磁石放置在木刻龟的腹内，在木龟

■ 挂件指南针

腹下方挖一光滑的小孔，对准并放置在直立于木板上的顶端尖滑的竹钉上，这样木龟就被放置在一个固定的、可以自由旋转的支点上了。由于支点处摩擦力很小，木龟可以自由转动指南。

这种木头指南鱼和指南龟，很可能是一些懂得方术的方士创造的，做成以后只是用来变戏法。所以《事林广记》的作者，把它们当作"神仙幻术"了。

当时它并没有用于航海指向，而用于幻术。但是这就是后来出现的旱罗盘的先驱。

人工磁化方法的发明，对指南针的应用和发展起了巨大的作用，在磁学和地磁学的发展史上也是一件大事。

《事林广记》 日用百科全书型的古代民间类书。南宋末年建州崇安人陈元靓撰，经元代和明初人翻刻时增补。全书从礼仪、曲艺、巫蛊、日常生活、医学以及器物等六大方面对中国古代生活进行了介绍。每个方面单独成卷，既有对古代日常生活细节的描述，也介绍了中国古人的宗教思想。

阅读链接

北宋时期科学家沈括的科学成就是多方面的。

他提倡的新历法，与今天的阳历相似；记录了指南针原理及多种制作法，发现地磁偏角的存在，阐述凹面镜成像的原理，对共振等规律加以研究；他对于有效的药方，多有记录，并有多部医学著作；他创立"隙积术"和"会圆术"；他对冲积平原形成、水的侵蚀作用等都有研究，并首先提出石油的命名。

此外，他对当时科学发展和生产技术的情况，如毕昇发明的活字印刷术、金属冶炼的方法等皆详为记录。

指南针与罗盘一体化

要确定方向,除了指南针之外,还需要有方位盘相配合。最初使用指南针时,可能没有固定的方位盘,随着生产生活的需要,出现了磁针和方位盘一体的罗盘。

指南针与罗盘的结合,是中国古代利用磁针的一大进步,使指南针的使用功能更加健全。

■ 古代罗盘

■ 罗盘

在指南针发明以前，中国古人很早就用罗盘来分辨地平方位。

罗盘的发明和应用，是人类对宇宙、社会和人生的奥秘不断探索的结果。罗盘上逐渐增多的圈层和日益复杂的指针系统，代表了人类不断积累的实践经验。

中国古人认为，人的气场受宇宙的气场控制，人与宇宙和谐就是吉，人与宇宙不和谐就是凶。

于是，人们凭着经验把宇宙中各个层次的信息，如天上的星宿、地上以五行为代表的万事万物、天干地支等，全部放在罗盘上。

罗盘是风水师的工具，可以说是风水师的饭碗。尽管风水学中没有提到磁场的概念，但是罗盘上各圈层之间所讲究的方向、方位、间隔的配合，却暗含了磁场的规律。风水师通过磁针的转动，寻找最适合特定人或特定事的方位或时间。

气场 气场的基本单位是气，气只有阴阳两种，而气的本质还是无差别的能量。在日用语中又指有底气或有气质。"气场"是现代心理学和交际学的一个研究对象。它不仅不玄，而且可以从科学角度加以理解，如果方法得当，还可以加以提高和培养。

■ 三合罗盘

在古代，如果一个风水师从业人员，不管是名师也好，或是新入道的风水学徒，如果没有接受师之衣钵，就不具备师承之关键技术秘术，通常不具备嫡传传承资格。

当然，这些经验是否全面和正确还有待于进一步研究，但是罗盘上所标示的信息却蕴含了先民大量古老智慧。

罗盘由三大部分组成，分别是天池、内盘和外盘。每一个部分都有不同的功能和用途。

天池也叫"海底"，就是指南针。罗盘的天池由顶针、磁针、海底线、圆柱形外盒、玻璃盖组成，固定在内盘中央。

圆盒底面的中央有一个尖头的顶针，磁针的底面中央有一凹孔，磁针置放在顶针上。指南针有箭头的那端所指的方位是南，另一端指向北方。

天池的底面上绘有一条红线，称为"海底线"，在北端两侧有两个红点，使用时要使磁针的指北端与海底线重合。

内盘就是紧邻指南针外面那个可以转动的圆盘。内盘面上印有许多同心的圆圈，一个圈就叫一层。各层划分为不同的等份，有的层格子多，有的层格子少，最少的只分成8格，格子最多的一层有384格。每

> **风水师** 是具备风水知识，受人委托断定风水好坏、必要时并予以修改的一种职业。风水师通常也兼具卜卦、看相、择日等技艺，而某些道士、庙祝、中医师等也可能偶以风水营生。又称之"阴阳先生"。现特指专为人看住宅基地和坟地等地理形势的人。

个格子上印有不同的字符。

外盘为正方形，是内盘的托盘，在四边外侧中点各有一小孔，穿入红线成为天心十道，用于读取内盘盘面上的内容。天心十道要求相互垂直，刚买的新罗盘使用前都要对外盘进行校准才能使用。

罗盘有很多种类，层数有的多，有的少。最多的有52层，最少的只有5层。各派风水术都将本派的主要内容列入罗盘上，使中国的罗盘成了中国古代术数的大百科全书。

随着加工业的发展，至唐代，指南针的测量精度发生了质的变化。

唐僖宗期间国师杨筠松将八卦和十二地支两大定位体系合而为一，并将甲、乙、丙、丁、戊、己、庚、辛、壬、癸十天干除了表示中宫位置的戊、己二干外，全部加入地平方位系统，用于表示方位。

于是，地平面周天360度均分为24个等份，叫作"二十四山"，而每山占15度，三山为一卦，每卦占45度。

二十四山从唐代创制后，一直保留至现在。所以，地盘二十四山是杨盘的主要层次之一。

北方三山壬、子、癸，后天属坎卦，先天属坤卦；东北三山丑、艮、寅，后天

> **术数** 又称之为"数术"，是中国古代道教五术中的重要内容。术，指法术，即方式方法；数，指理数、气数，即阴阳五行生克制化的运动规律。术数以阴阳五行的生克制化的理论，来推测自然、社会、人事的"吉凶"，属《周易》研究范畴的一大主流支派。

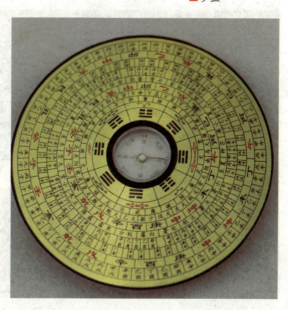

■ 罗盘

堪舆 即风水。堪，地突之意，代表"地形"之词；舆，"承舆"即为研究地形地物之意，着重在地貌的描述。《史记》将堪舆家与五行家并行，本有仰观天象，并俯察山川水利之意，后世专称看风水的人为"堪舆家"，故"堪舆"民间也呼之为"风水"。

属艮卦，先天属震卦；东方三山甲、卯、乙，后天属震卦，先天属离卦；东南三山辰、巽、巳，后天属巽卦，先天属兑卦；南方三山丙、午、丁，后天属离卦，先天属乾卦；西南三山未、坤、申，后天属坤卦，先天属巽卦；西方三山庚、酉、辛，后天属兑卦，先天属坎卦；西北三山戌、乾、亥，后天属乾卦，先天属艮卦。

地盘二十四山盘是杨筠松创制的，杨筠松之前没有完整的二十四山盘，只有八卦盘和十二地支盘。

杨筠松将其重新安排，把八卦、天干、地支完整地分配在平面方位上，是一个划时代的创造。地盘二十四山的挨星盘，即"七十二龙盘"，是杨筠松晚年创制的。

杨筠松通过长期的堪舆实践发现，阴阳五行普遍存在于四面八方，阴阳五行的分布按照八卦五行属性来确定与实际情况不符，原来的方法过于粗糙。他通过反复研究，为十二地支配上天干，用纳音五行来表

■ 风水罗盘

达五行属性，称为"颠倒五行"。

杨筠松作为赣南杨筠松风水术的祖师，不但创造了完整的风水理论，对风水术的工具罗盘也进行了合理的改造。

天盘也是杨筠松创制的。杨筠松在堪舆实践中发现，用地盘纳水有较大的误差，根据天道左旋，地道右旋的原理，创制了天盘双山。罗盘中只有天盘是双山，其他盘是没有双山的。

■ 罗盘

古人认为，龙是从天上来的，属于天系统，为阳；水在地中流，属于地系统，为阴。由于天地左右旋相对运动而产生的位移影响，所以天盘理应右移，故杨筠松将其在地盘的方位上向右旋转移位7.5度。

宋代时引进二十八宿天星五行，增设了人盘，专用于消砂出煞。人盘的二十四山比地盘二十四山逆时针旋转了7.5度。人盘又叫作"赖盘"。

要确定方向除了指南针之外，还需要有方位盘相配合。方位盘依然是24向，但是盘式已经由方形演变成圆形。这样一来只要看一看磁针在方位盘上的位置，就能断定出方位来。

南宋时期，曾三异在《因话录》中记载了有关这

纳音五行 天干有天干的五行，地支有地支的五行，天干与地支配合后会变成新的五行，称为"纳音五行"。原干支五行称为"正五行"，纳音五行叫作"假借五行"，因为它是假借古代五音宫商角徵羽和十二音律而组合成的纳音五行。

■ 小型罗盘

方面的文献:"地螺或有子午正针,或用子午丙壬间缝针。"这是有关罗经盘最早的文献记载。文献中说的"地螺",就是地罗,也就是罗经盘。文献中已经把磁偏角的知识应用到罗盘上。

这种罗盘不仅有子午针,即确定地磁场南北极方向的磁针,还有子午丙壬间缝针,即用日影确定的地理南北极方向。这两个方向之间的夹角,就是磁偏角。

罗盘实际上就是利用指南针定位原理用于测量地平方位的工具,指南针是测量地球表面的磁方位角的基本工具,广泛用于军事、航海、测绘、林业、勘探、建筑等各个领域。

阅读链接

指南针与罗盘结合在一起使用后,给各个领域带来了便利。以航海为例,宋代时,中国与日本列岛、南洋群岛、阿拉伯各国的交往很密切。这些海上交通的扩大,与指南针的应用息息相关。

元代航海中也广泛应用罗盘。明代的《东西洋考》中说:船出河口,进入茫茫大海,波涛连天,毫无岸边标志可循,这时就只好"独特指南针为导引"了。由此可见,罗盘上的小小磁针,对于海上航行是多么重要。

强大战神——黑火药

黑火药是中国古代的四大发明之一。黑火药是在适当的外界能量作用下，自身能进行迅速而有规律的燃烧，同时生成大量高温燃气的物质。火药最初主要用于医药和娱乐表演，后来才用于军事。

自中国的炼丹家发明了火药之后，各种利用火药的军事武器开始陆续出现。火药和火药武器的广泛使用，是世界兵器史上的一个划时代的进步，对人类历史的演进产生了很大影响。在黑火药兵器时代，火炮以其强大的爆破力被誉为"战神"。

炼丹术与火药的诞生

■ 古代炼丹炉

火药,是中国古代的四大发明之一,最初是方士在炼丹过程中发明的。

在很久以前,中国古代的炼丹家们便对组成火药的木炭、硝石、硫黄这3种物质有了一定认识。

古代炼丹家在长期的炼丹中,将硝石、硫黄、雄黄和松脂、油脂、木炭等材料不断地混合、煅烧,这就使火药的发明成了必然。

■ 炼丹古井石刻

黄帝是中华民族的始祖，深受百姓的爱戴。后来由于年事渐高，精力日衰，就想去追求一种长生不老的境界，于是拜仙翁容成子为师，跟随他学道炼丹，求长生不老之术。

容成子对他说："修道炼丹，一定要选择灵山秀水，丹药才能炼成。"

于是黄帝就跟随容成子外出寻找炼丹胜地。

他们跋山涉水，遍历五岳三山，最后选定了黄山。从此以后，他就和容成子同住此山炼丹。他们每天伐木烧炭，采药煮石，不管刮风下雨，从不间断。

丹药必须反复炼9次，才能炼成，这叫"九转还丹"。他们炼了一次又一次，越炼难度越大，但黄帝的决心也越大。经过多年，那闪闪发亮的金丹终于炼成了。黄帝服了一粒，顿觉身轻如燕。

就在这时，黄山的崖隙间，突然流出了一道红泉，热气熏蒸，香气扑鼻。于是容成子让黄帝到这红

容成子 是中国古代传说中的仙人，是指导黄帝学习养生术的老师之一。曾经栖自太姥山炼药，后隐居崆峒山，年200岁。其声名事迹记载于《黄帝内经·素问》《神仙传》《列仙传》《轩辕本纪》等书中。

■ 道教炼丹炉

泉中沐浴。

黄帝在红泉中连浸了七天七夜，全身的老皱皮肤都随水漂去，他完全像换了一个人似的，看上去满面红光，青春再现。

黄帝炼丹成仙只是传说，但中国炼丹之术却由来已久，而恰恰就是炼丹术为火药的发明奠定了基础。

配制成火药需要木炭、硫黄和硝石。其实，中国古人对这三种原料的认识经历了一个漫长的过程。

在新石器时期，人们在烧制陶器时就认识了木炭，把它当作燃料。木炭灰分比木柴少，温度高，是比木柴更好的燃料。商周时期，人们在冶金中广泛使用木炭。

硫黄是天然存在的物质，很早人们就开采利用它了。在生活和生产中经常接触到硫黄，如温泉会释放出硫黄的气味，冶炼金属时，逸出的二氧化硫刺鼻难闻，这些都会给人留下印象。

古人掌握最早的硝石，可能是墙角和屋根下的土硝。硝的化学性质很活泼，能与很多物质发生反应，它的颜色和其他一些盐类区别不大，在使用中容易搞错，在实践中人们掌握了一些识别硝石的方法。

硝石的主要成分是硝酸钾。南北朝时期的陶弘景

《神农本草经》简称为《本草经》或《本经》，是中国现存最早的药物学专著。《神农本草经》成书于东汉时期，并非出自一时一人之手，而是秦汉时期众多的医学家总结、收集、整理当时药物学经验成果的专著，并且是对中国中草药的第一次系统总结。

《草木经集注》中就说过："以火烧之，紫青烟起，云是硝石也。"这和近代用火焰反应鉴别钾盐的方法相似。

硝石和硫黄一度被作为重要的药材。在汉代问世的《神农本草经》中，硝石被列为上品药中的第六位，认为它能治20多种病；硫黄被列为中品药的第三位，也能治10多种病。这样，人们对硝石和硫黄的研究就更为重视。

虽然人们对木炭、硫黄、硝石的性质有了一定的认识，但是硝石、硫黄、木炭按一定比例放在一起制成火药还是炼丹家的功劳。

中国古代黑火药是硝石、硫黄、木炭以及辅料砷化合物、油脂等粉末状均匀混合物，这些成分都是中国炼丹家的常用配料。把这种混合物叫作"药"，也揭示着它和中国医学的渊源关系。

炼丹术起源很早，《战国策》中已有方士向西汉时期开国功臣刘贾献不死之药的记载。汉武帝也奢望"长生久视"，向民间广求丹药，招纳方士，并亲自炼丹。

从此，炼丹成为风气，开始盛行。历代都出现炼丹方士，也就是所谓的炼丹家。炼丹家的目的是寻找长生不老之药，但这样的目的是不可能达到的。

炼丹术流行了1000多年，最后还是一无所获。但是，炼丹术所采用的一些具体方法还是有可取之处的，它显示了化学的原始形态。

炼丹术中很重要的一种方法就是火法炼丹。它直接与火药的发明有关

炼丹用具

出土的炼丹画像砖

> **魏伯阳**（151—?），东汉时期著名炼丹家。为高门望族之子，世袭簪缨，生性好道，不肯仕宦，闲居养性。其事迹最早见于晋葛洪《神仙传》。

> **计然**（前550—前494），又称计倪、计砚、计研，号称渔父，春秋时葵丘濮上人，即现在的河南滑县。博学无所不通，尤善计算。对治理国家的策略极有研究，善于从经济学的角度来谈论治国方略。常游于海泽，越大夫范蠡尊之为师，曾授范蠡七计。

系。所谓"火法"炼丹是一种无水的加热方法，晋代葛洪在《抱朴子》中对火法有所记载。

火法大致包括：煅，就是长时间高温加热；炼，就是干燥物质的加热；灸，就是局部烘烤；熔，就是熔化；抽，就是蒸馏；飞，又叫升，就是升华；优，就是加热使物质变性。

这些方法都是最基本的化学方法，也是炼丹术这种职业能够产生发明的基础。

炼丹家的虔诚和寻找长生不老之药的挫折，使得炼丹家不得不反复实验和寻找新的方法。这样就为火药的发明创造了条件。

在发明火药之前，炼丹术已经得到了一些人造的化学药品，如硫化汞等。这可能是人类最早用化学合成法制成的产品之一。

据宋代类书《太平御览》记载，春秋时期的"范子计然曰：硝石出陇道"，以及"石硫黄出汉中"，可见中国使用硝石和硫黄是很早的。

至汉代，炼丹家已经开始使用硝石。《淮南子·天文训》记载："日夏至而流黄译。"

《说文》也有"留黄"出产的记载等；《神农本草经》中硝和硫黄分别为上品和中品药；《周易参同契》记载："挺除武都，八石弃捐。""鼓铸五石，铜，以之为辅枢……千举必万败。"

上述史载都说明，包括硝石在内的原料，由于其强氧化性使火法反应进行激烈，在当时还没有很好地驯服它，掌握它。

从东汉炼丹理论家魏伯阳到东晋著名炼丹家葛洪，炼丹术方兴未艾，炼丹著作由《周易参同契》中的"火记六百篇"至《抱朴子·内篇·金丹》中的"披涉篇卷，以千计矣"。这一段时间内，有许多炼丹家在进行试验。

硝石炼雄黄，应该得到氧化砷。葛洪记载的三物炼雄黄的成功例子，是引入了松脂、猪大肠等有机物，可使氧化砷还原为砷单质。但仍然要控制温度，超过一定温度，就会起火爆炸。

古代没有温度计，必定有超过的时候，也就是制炼单质砷有成功，也有失败的时候，后一情况正是火药产生的萌芽。后来的火药成分，也是积极利用这一实验现象的结果。

炼丹家虽然掌握了一定的化学方法，但是他们的方向是求长生不老之药，因此火药的发明具有一定的偶然性。炼丹家对于硫黄、砒霜等具有猛毒的金石药，在使用之前，常用烧灼的办法伏一下。

"伏"是降伏的意思，使毒性失去或

灌火药漏斗

减低，这种工序称为"伏火"。

唐代初期的名医兼炼丹家孙思邈在"丹经内伏硫黄法"中记载：硫黄、硝石各二两，研成粉末，放在销银锅或砂罐子里。掘一地坑，放锅子在坑里和地平，四面都用土填实。把没有被虫蛀过的3个皂角逐一点着，然后夹入锅里，把硫黄和硝石起烧焰火。

等烧不起焰火了，再拿木炭来炒，炒到木炭消去1/3就退火，趁还没冷却，取入混合物，这就伏火了。

唐代中期有个名叫清虚子的，在"伏火矾法"中提出了一个伏火的方子："硫二两，硝二两，马兜铃三钱半。右为末，拌匀。掘坑，入药于罐内与地平。将熟火一块，弹子大，下放里内，烟渐起。"

他用马兜铃代替孙思邈方子中的皂角，这两种物质是代替炭起燃烧作用的。

伏火的方子都含有碳素，而且伏硫黄要加硝石，伏硝石要加硫黄。这说明炼丹家有意要使药物引起燃

> **清虚子** 唐代中期炼丹师。在"伏火矾法"中提出新的伏火方子，其中有一种原料是用马兜铃代替了孙思邈方子中的皂角，这两种物质代替炭起燃烧作用的。清虚子的伏火方法是古代炼丹技术的一个创新，同时也是一个进步。

■ 术士炼丹雕塑

烧，以去掉它们的猛毒。

虽然炼丹家知道硫、硝、炭混合点火会发生激烈的反应，并采取措施控制反应速度，但是因药物伏火而引起炼丹房失火的事故时有发生。

唐代的炼丹者已经掌握了一个很重要的经验，就是硫、硝、炭3种物质可以构成一种极易燃烧的药，这种药被称为"着火的药"，即火药。

由于火药的发明来自制丹配药的过程中，在火药发明之后，曾被当作药类。《本草纲目》中就提到火药能治疮癣、杀虫，辟湿气、瘟疫。

古书中记载的硝石

火药没有解决长生不老的问题，但炼丹家对火药原料的研究，最终促成了火药的诞生。

阅读链接

宋代人编写过一部大型类书《太平广记》。类书是辑录各门类或某一门类的资料，并依内容或字、韵分门别类编排供寻检、征引的工具书。其中记载了这样一个故事：

隋代初年，有一个叫杜春子的人去拜访一位炼丹老人。当晚住在那里。这天夜里，杜春子梦中惊醒，看见炼丹炉内有"紫烟穿屋上"，顿时屋子燃烧起来。

原来，他和炼丹老人在配置易燃药物时疏忽，因而引起了火灾，造成很大损失。《太平广记》一书告诫炼丹者要防止这类事故发生。

黑色火药的最初应用

中国发明的火药的最初使用并非在军事上,而是用在节日庆祝时候的娱乐表演上。

火药在娱乐表演上的应用,主要是放爆竹、放烟火,以及杂技演出中的烟火杂技和表演幻术等。举行这些娱乐活动的方式和规模,历史上各个时代都不一样。

火药被引入医学后,成为药物,用于治疗疮癣,以及杀虫,辟湿气、瘟疫。

■ 节日放烟火塑像

■ 节日放火炮雕塑

清乾隆年间，北京圆明园以西有座名叫"山高水长"的楼阁，楼前有宽阔场地，宜于施放烟火。在每年重要传统节日，皇宫文武百官就在这里观赏烟火。

乾隆皇帝观赏烟火的御座设在山高水长楼的第一层。在观赏烟火时，当乾隆皇帝在欢乐声中就座以后，晚会旋即开始。

首先是文艺节目，有乐队合奏、摔跤表演、射击演练、外国艺术家演唱等。

文艺节目结束后，乾隆帝亲自宣布烟火戏开始，各木桩上的合子花引药线同时引燃。顷刻间，只见无数条金蛇风驰电掣，奇妙的焰火光芒耀眼，万朵奇花次第盛开，夜空流光溢彩，如同白昼。

接着，身穿貂皮蟒袍的御前侍卫每人手持合子花，连接燃放，合子内跃出各类人物和花鸟，活灵活现。

当最后一个合子花"万国乐春台"燃烧时，布置

蟒袍 又被称作"花衣"，因袍上绣有蟒纹而得名。蟒袍在明代是官员的朝服，至清代才放宽限制，上自皇子下至未入流者都可以穿，只在颜色、蟒数上有区别限制。蟒袍是装饰性极强的服装，它继承了中国历代服饰追求意境美，体现精神意蕴美的传统，即以服装来装饰人体。

■ 烟火传播到民间

在西厂沿河一线的所有花炮同时点着，顿时万响爆竹齐发，汇成烟花怒放的海洋。

其实，火药在研制发明过程中，它的实际应用先是被用于医疗，然后被用于娱乐和表演，后来才扩展到军事领域。

烟火又称"烟花""焰火""花炮"等。节日放烟火在中国有着悠久的历史传统，在新春、元宵或逢重大喜庆节日时，各式各样的烟花如火树银花、鱼龙夜舞。

世界上最早的烟火记载当属西汉时期《淮南子》中"含雷吐火之术，出于万毕之家"的说法。这便是后来烟花的雏形。这类烟火，火药剂用量非常少，但足以供炫耀表演幻术之用。

在隋代时，烟火的制作方法已经变得更加复杂，

元夕 即元宵节，其时间为农历正月十五，是中国的传统节日。在农历里正月为元月，然而古人称夜晚为"宵"，而正月十五又是一年中第一个月圆之夜，所以称正月十五为元宵节。按中国民间的传统来看，这一天人们观灯、猜灯谜、吃元宵，合家团聚，其乐融融。

成为宫廷娱乐中御用的新鲜玩意儿。后来的宋代人高承在《事物纪原》中认为："火药杂戏，始于隋炀帝。"

唐代是中国封建社会发展的鼎盛时期，在这段时期，真正意义上的火药出现了。

唐代京都长安元夕烟火十分壮观，当时的烟火表演已经形成了一定的规模。不过，由于唐代的火药制作工艺相对落后，烟花并没有普及，而爆竹工业却得到了突飞猛进的发展。

唐代"燃竹驱祟"的方法很普遍。唐代开始有了火药，人们把硝黄填入竹筒中引火燃烧，其爆裂的响声更大，威力更强。

据传，唐代的李畋就是制作硝黄爆竹的创始者，民间称他为"花炮始祖"。唐代人所撰《异闻录》对李畋其人有过记载。

李畋的驱祟办法，不是简单地"用真竹箸火爆

> 李畋（621—?），唐代人。据传，当时灾害连年，瘟疫流行，李畋以小竹筒装硝，导引点燃，以硝烟驱散山岚瘴气，减少了瘟疫的流行，爆竹因而很快推广开来。李畋因此被烟花爆竹业奉为祖师。现在花炮主产区的湖南浏阳、醴陵，江西的上栗、万载均对其进行祭祀缅怀。

■ 孩童燃放爆竹雕塑

放爆竹石刻

之"，而是使用了"硝黄爆竹"，所以才把它当作一件新鲜事而记载下来。硝黄爆竹是爆竹的雏形，这也是"爆竹"一词最初的来历。

根据史学家的考证，从远古至先秦，从汉代至南北朝，再至唐代初期所谓"爆竹"，都还不是用火药为原料制造的，只有到了唐代的李畋时期，用火药为原料的爆竹才开始出现。不过，这还不是纸卷火药的爆竹，而是用真竹填硝黄制作的。

正如清代人翟灏在《通俗篇》中写道：

古时爆竹，皆以真竹着火爆之，故唐人诗也称爆竿。后人卷纸为之，又曰爆仗。

翟灏这段话，言简意赅地表达了中国爆竹发明的来龙去脉。

至北宋时期，烟火文化粗具规模，已经出现了烟火专业作坊和烟火技艺师，烟火技艺经过发展衍化日臻成熟。

艺人们用竹片扎成卷筒，扎成人或物，将纸卷裹烟火药剂，用引线点燃，在地上、水上乃至低空幻化为各种五彩缤纷的形象。这种娱乐方式，是民俗节日、戏曲文化娱乐中不可或缺的部分。

宋代皇帝也很欣赏烟火、爆仗与戏曲融为一体的联袂表演。南宋乾道、淳熙年间，皇宫在重大节日前总要买进爆竹烟火。

每当元月十六之夜，烟火灯彩令汴京成了一座不夜城。繁华景象让人向往而流连忘返。游人能在临安观赏到"烟火、起轮、流星、水爆"等表演。

《后武林旧事》记载有宋孝宗观看海潮放烟火的情景，书上说：宋孝宗观看八月十八的钱塘江大潮，水军演习时，点放5种色彩的烟炮，等到烟花燃烧的烟散去后，江上已经看不到一艘船了。由此可见，当时的烟火表演规模是十分宏大的。

辛弃疾是南宋时期著名词人，他曾经写过一首词《青玉案·元夕》，其中有一句描绘元夕夜灯彩烟火

辛弃疾（1140—1207），南宋时期著名词人。其词抒写力图恢复国家统一的爱国热情，对当时执政者的屈辱求和颇多谴责；也有不少吟咏祖国河山的作品。题材广阔，善于用前人典故入词，其风格沉雄豪迈又不乏细腻柔媚之处。

■ 点爆竹雕塑

■ 孩童燃放爆竹石刻

的名句："东风夜放花千树，更吹落，星如雨。"

这句话把固定的灯彩写成火树，把流动的烟火写成"星雨"。烟火不但吹开地上的灯花，而且还从天上吹落了如雨的彩星，先冲上云霄，而后自空中而落，好似陨星雨。

令人读后充满想象：东风还未催开百花，却先吹放了元宵节的火树银花。

烟火在元代杂剧与诗文中也不乏描写，最有名的数元代书画家赵孟頫《赠放烟火者》一诗，其中有一句"人间巧艺夺天工，炼药燃灯清昼同"，诗人观赏了各色烟火，感到美不胜收，以"巧夺天工"称誉烟火技艺师，确实是恰如其分。

明代烟火文化最丰富，虽然当时的烟火还是以单个施放居多，但烟火名目繁多，而且多以花卉命名。同时，明代烟火技艺的高超发达，在世界工艺史上堪称一大创造发明。

明代官员沈榜曾详尽披露燕城即现在福建省永安市烟火的制作方法："用生铁粉杂硝、磺灰等为玩具，其名不一，有声者曰响炮，高起者曰起火，起火中带炮连声者曰'三级浪'，不响不起旋绕地上者曰'地老鼠'。"

赵孟頫（1254—1322），字子昂，号松雪，松雪道人，又号水晶宫道人，吴兴人。元代著名画家，楷书四大家之一。他博学多才，能诗善文，懂经济，工书法，精绘艺，擅金石，通律吕，解鉴赏。特别是书法和绘画成就最高，开创元代新画风，被称为"元人冠冕"。

明代还发明了更为复杂的烟火戏,即利用火药燃烧的力量推出一些小型木偶运动,甚至还演出一折折故事情节。

后来,明代中叶又创新了合子花,这种烟花方便保管、便于运输,使用灵活,成为清代高档烟花中的主要品种。还出现在水中燃放的,那是制成防水型的各类水鸟形状。

明代的烟火戏技艺为现代火箭复杂程序的设计提供了实用参考模式。现代火箭复杂程度的设计原理,脱胎于明代烟火戏技艺,两者都是利用燃烧速度控制程序。

经过数代人的不懈努力、沿革,至清代,烟火技艺已经更加精妙,几达炉火纯青的境界。

清时已有作坊场所制造各色烟火,竞巧争奇,有盒子、烟火杆子、线穿牡丹、水浇莲、葡萄架、旗火、二踢脚、飞天十响、五鬼闹判官、匣炮、天花灯等种类。还有炮打襄阳、火烧战船等,展示出两军交战拼杀、炮箭交驰的场景,令人惊心动魄,眼花缭乱。

清代宫廷喜庆烟花规模庞大,场面壮观,代表了当时烟火设计、生产、演技的最高水平。

清代民间花炮摊

每年从正月十三至十九，连续几夜燃放，正月十九晚是放烟火的高潮，内廷王公大臣、在京外国贵宾均被特邀观赏。

清代的京城固然是烟火繁盛的地方，但南方的苏州城也毫不逊色。城郊、乡村社庙元宵烟火会，保存了朴实的民俗活动风貌，别有一番节日的热闹和欢喜。老百姓们在这一段时间倾家出动，赶赴社庙烟火会。

春节期间，王公贵族大凡宾客进门、出门，人们都要以鞭炮欢迎欢送，皇帝更是讲究。

民间虽然没有这样在举步之间燃放鞭炮的习俗，但春节期间头一次来家拜年的亲人或朋友，主人家也要鸣放鞭炮，用来表示对客人的尊敬和祝福。尤其是对春节时拜访岳丈的新女婿和外孙、外孙女，鞭炮放得更为热烈、喜庆。

于是，鞭炮把寒冷的冬天煽动得热闹而富有亲情，如温暖的春风沁人心脾，使人倍感惬意。

阅读链接

唐代的李畋天资聪慧，随父练就一身好武艺，曾被多处聘为武术总教习。他的父母去世以后，便搬到了狮形山上，与采药人仲叟为伴。

一天，两人上山采药，偶遇风雨，回家后，仲叟一病不起。乡人言称为山魈邪气实为瘴气作怪，其将危害一方。

李畋十分焦急，突想到父亲曾说燃竹可壮气驱邪，即试之，颇具声色，但爆力不足，他便大胆地在竹节上钻一小孔，将硝药填入，用松油封口引爆，效果极佳。

乡邻们纷纷效仿，一时山中爆声四起，清香扑鼻，瘴气消散，仲叟亦病愈。

火药在军事上的应用

在火药发明之前,攻城守城常用一种抛石机抛掷石头和油脂火球,来消灭敌人;火药发明之后,利用抛石机抛掷火药包以代替石头和油脂火球。

根据史料记载,唐朝末年开始运用于军事,到宋代已经广泛应用于战争,主要有突火枪、火箭、火炮等。

自从火药被用于军事后,对战争的胜负产生了极其深远的影响。

■ "万户飞天"雕塑

万户是明代人,他热爱科学,尤其对火药感兴趣,想利用这种具有巨大能量的东西,将自己送上蓝天,去亲眼观察高空的景象。为此,他做了充分的准备。

1483年的一天,万户手持两个大风筝,坐在一辆捆绑着47支火箭的蛇形飞车上。然后,他命令仆人点燃第一排火箭。

只见一位仆人手举火把,来到万户的面前,心情非常沉痛地说道:"主人,我心里很害怕。"

■ 用于军事的火药

万户问道:"怕什么?"

那仆人接着说:"倘若飞天不成,主人的性命怕是难保。"

万户仰天大笑,说道:"飞天,乃是我中华千年之夙愿。今天,我纵然粉身碎骨,血溅天疆,也要为后世闯出一条探天的道路来。你不必害怕,快来点火!"

仆人们只好服从万户的命令,举起了熊熊燃烧的火把。只听"轰"的一声巨响,飞车周围浓烟滚滚,烈焰翻腾。顷刻间,飞车已经离开地面,徐徐升向半空。

地面上的人群发出欢呼。紧接着,第二排火箭自行点燃了,飞车继续飞升。

突然,横空一声爆响,只见蓝天上万户乘坐的飞车变成了一团火,万户从燃烧着的飞车上跌落下来,手中还紧紧握着两只着了火的巨大风筝,摔在万家山

路振(957—1014),北宋时期史学家。路振年幼聪悟,5岁诵《孝经》《论语》。在母亲严加教诲下,不管隆冬盛暑,从未松懈。路振文词温丽,屡奏赋颂,为人称道。尤长诗咏,内多警句。代表作品有《祭战马文》《伐棘篇》等。

上。这样，勇敢的万户长眠在鲜花盛开的万家山。当然，他进行的飞天事业停止了。

万户乘坐火箭飞天，承载了人类的飞天梦想。他开创的飞天事业，得到了世界的公认。

事实上，火药发明后，经进一步研究和推广，在军事上得到了广泛应用。

据宋代史学家路振的《九国志》记载，唐哀帝时，郑王番率军攻打豫章，即今江西省南昌，"发机飞火"，烧毁该城的龙沙门。这可能是有关用火药攻城的最早记载。

至两宋时期，火药武器发展很快。据《宋史·兵记》记载，970年兵部令史冯继升进献火箭法，这种方法是在箭杆前端缚火药筒，点燃后利用火药燃烧向后喷出的气体的反作用力把箭镞射出，这是世界上最早的喷射火器。

冯继升的祖父是一个炼丹家，冯继升从小就在火药堆中长大，他最初制成类似现在的鞭炮之类的物品，以供玩耍。后来渐渐发现火药的膨胀力足以使房屋炸毁。

经过慢慢地摸索，发明了火箭。这种火箭是把火药绑在箭头上，用引线点着后射向敌人。引起大火而烧杀敌人或粮草等。

冯继升把此方法献给当时的皇帝，皇帝大悦，遂封给冯继升一个专门监督制造火箭的中级官职。冯继升上任后，曾为北宋朝廷立下了汗马功劳，受

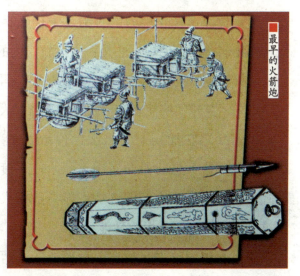

最早的火箭炮

火药发射武器石弹

到皇帝的嘉奖。

宋太祖灭南唐时，曾经使用过用弓弩发射的火箭和用火药抛射的火炮，正式改用装有火药的弹丸来代替石头。

原来古代人打仗，距离近了用刀枪，远了用弓箭，后来还用抛石机，把大石球抛出去，打击距离较远的敌人。

抛石机大约在中国春秋末期就出现了。《范蠡兵法》中记载："飞石重十二斤，为机发射二百步。"

抛石机就是最初的炮，炮就是抛的意思，最早抛的是石头，所以是"石"字旁。至于"火"字旁的"炮"字，本来指一种烹饪的方法，或者一种制药的方法。把这个"炮"字也作为武器的名词来用，那是用了火药以后的事情了。

第一枚以火药作推力的火箭是宋代士兵出身的神卫队长唐福于公元1000年制造的。使用方法是：点燃竹筒内的火药，使其燃烧，产生推力，使火箭飞向敌阵，之后箭上所带的火药再次爆炸燃烧，杀伤敌人。

不久，冀州团练使石普也制成了火箭、火球等火器，并做了表演。

火药兵器在战场上的出现，预示着军事史上将发生一系列的变革，从使用冷兵器阶段向使用火器阶段过渡。火药应用于武器的最初形式，主要是利用火药的燃烧性能。随着火药和火药武器的发展，逐步过渡到利用火药的爆炸性能。

硝石、硫黄、木炭粉末混合而成的火药，被称为"黑火药"或者叫"褐色火药"。这种混合物极易燃烧,而且烧起来相当激烈。

如果火药在密闭的容器内燃烧就会发生爆炸。火药燃烧时能产生大量的气体和热量。原来体积很小的固体的火药,体积突然膨胀,猛增至几千倍,这时容器就会爆炸。这就是火药的爆炸原理。

利用火药燃烧和爆炸的性能可以制造各种各样的火器。北宋时期使用的那些用途不同的火药兵器都是利用黑火药燃烧爆炸的原理制造的。

蒺藜火球、毒药烟球是爆炸威力比较小的火器。至北宋末年,爆炸威力比较大的火器像"霹雳炮""震天雷"也出现了。这类火器主要是用于攻坚或守城。1126年,李纲守开封时,就是用霹雳炮击退金兵围攻的。

北宋与金的战争使火炮进一步得到改进,震天雷是一种铁火器,是铁壳类的爆炸性兵器。元军攻打金的南京时,金兵守城就用了这种武器。

《金史》对震天雷有这样的描述:"火药发作,声如雷震,热力达半亩之上,人与牛皮皆碎并无迹,甲铁皆透。"这样的描述可能有一点夸张,但是这是对火药威力的一个真实写照。

火器的发展有赖于火药的研究和生产。曾公亮主编

> **团练使** 全名"团练守护使",唐代官制,负责一方团练,即自卫队的军事官职。唐代初期团练使有都团练使、州团练使两种,皆负责统领地方自卫队,地位低于节度使。一般都团练使多由观察使来兼任,而州团练使常由刺史来兼任。明代时便废除了。

■ 火药石臼

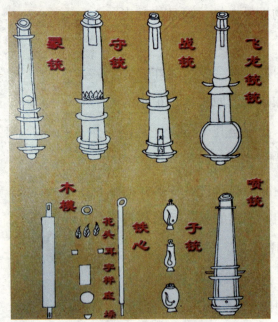

■ 各种火药武器

的《武经总要》是一部军事百科全书，书中记载的火药配方已经相当复杂，火器种类更是名目繁多。

如蒺藜火球，敌人骑兵奔来的时候，就将火球抛在地上。马蹄被刺痛烧伤，马就狂蹦乱跳，骑兵就神慌手乱，以致人仰马翻，自相践踏。此时，我军乘机袭击，必可获胜。

又如毒药烟球，球内除了装有火药，还装有巴豆、砒霜之类的毒药。这种球发射出去，爆炸燃烧，散出毒气，杀伤敌人。

又如铁火炮，火药中掺进细碎而有棱角的铁片，铁片借助火药巨大的爆炸力，四处迸射。这很像现代的手雷、手榴弹。

又如霹雳炮，10多层纸里面装上火药和石灰，火药爆炸，石灰飞扬，可以灼伤敌人的眼睛。

《武经总要》中记录了3个火药配方。火药中加入少量辅助性配料，是为了达到易燃、易爆、放毒和制造烟幕等效果。可见火药是在制造和使用过程中不断改进和发展的。

宋代由于战事不断，对火器的需求日益增加，宋神宗时设置了军器监，统管全国的军器制造。史书上记载了当时的生产规模："同日出弩火药箭七千支，

> 陈规 宋代官员，武器发明家。他为官清廉，乐善好施。另据史料记载，最早研制管形火器，并在实战中运用，效果明显。被后人称为"现代管形火器的鼻祖"。

弓火药箭一万支,蒺藜炮三千支,皮火炮二万支。"

这些都促进了火药和火药兵器的发展。

南宋时期出现了管状火器,1132年陈规发明了火枪。火枪是由长竹竿做成,先把火药装在竹竿内,作战时点燃火药喷向敌军。陈规守安德时就用了"长竹竿火枪二十余条"。

1259年,寿春地区有人制成了突火枪,突火枪是用粗竹筒做的,这种管状火器与火枪不同的是,火枪只能喷射火焰烧人,而突火枪内装有"子窠",火药点燃后产生强大的气体压力,把"子窠"射出去。"子窠"就是原始的子弹。

突火枪开创了管状火器发射弹丸的先声。现代枪炮就是由管状火器逐步发展起来的。所以管状火器的发明是武器史上的又一大飞跃。

突火枪又被称为"突火筒",可能它是由竹筒制造的而得此名。《永乐大典》所引的《行军须知》一书中说道,在宋代守城时曾用过火筒,用以杀伤登上

> **子窠** 古代装在突火枪中的火药弹。外层纸制,里面包火药,接有引线,主要借助火药燃烧产生的气体推射而出,射击敌人。所谓"子窠"是用瓷片、碎铁块、石子之类的东西填充的弹窝,这便是后来管形火器发射弹丸的前身。开日后子弹的先声,是火器史上的一项重要发明。

古代突火枪

城头的敌人。

至元明之际，这种用竹筒制造的原始管状火器改用铜或铁，铸成大炮，称为"火铳"。1332年的铜火铳，是世界上现存最早的有铭文的管状火器实物。

明代在作战火器方面，发明了多种"多发火箭"，如同时发射10支箭的"火弩流星箭"；发射32支箭的"一窝蜂"；最多可发射100支箭的"百虎齐奔箭"等。

■ 海战中的"火龙出水"

明燕王朱棣，即后来的明成祖与建文帝战于白沟河，就曾使用了"一窝蜂"。这是世界上最早的多发齐射火箭，堪称现代多管火箭炮的鼻祖。

尤其值得提出的是，当时水战中使用的一种叫"火龙出水"的火器。据《武备志》记载，这种火器可以在距离水面三四尺高处飞行，远达两三千米。

这种火箭用竹木制成，在龙形的外壳上缚4支大"起火"，腹内藏数支小火箭，大"起火"点燃后推动箭体飞行，"如火龙出于水面。"火药燃尽后点燃腹内小火箭，从龙口射出。击中目标将使敌方"人船俱焚"。

这是世界上最早的二级火箭。

另外，《武备志》还记载了"神火飞鸦"等具有

《武备志》 明代茅元仪辑的大型军事类书，由兵诀评、战略考、阵练制、军资乘、占度载五部分组成。其中存录很多十分珍贵的资料，如《郑和航海图》、杂家阵图阵法和某些兵器，为他书罕载。故该书在军事史上占有较高地位，为后世所推重。清乾隆年间被列为禁书。

一定爆炸和燃烧性能的雏形飞弹。"神火飞鸦"用细竹篾绵纸扎糊成乌鸦形，内装火药，由4支火箭推进。

它是世界上最早的多火药筒并联火箭，它与今天的大型捆绑式运载火箭的工作原理很相近。

世界上首次使用火药兵器的海战发生在宋金之间。1161年9月，完颜亮发兵60万人进攻南宋。在大敌当前的紧急关头，南宋岳飞部将、浙西马步军副总管李宝自告奋勇，愿率所部战船120艘、水军3000人，浮海北上，阻击金国水军。

宋军在战区夜击鼓为号，向金军发起攻击。当时南风正劲，宋军前锋舰队首先向敌发起攻击，放射火箭、火炮，焚烧敌舰。

金军仓促迎战，金军船上的帆采用油绢制成，成了最好的引火物，强劲的南风将金舰队吹挤在一起，风助火势，一时间，烈焰冲天，数百艘金舰被烟火吞没。

至第二天凌晨时，战斗结束，残余逃窜的几十艘金军舰被宋军舰追击50多千米后覆灭。由于海战失败，陆上又受挫，导致金国朝廷内讧，最后完颜亮被杀，金军的南侵以失败告终。

这是火药武器首次运用在海战上，并且发挥了立竿见影的作用。

> **阅读链接**
>
> 据史料记载，最早研制和使用管形火器的是宋代德安知府，即今湖北省安陆的陈规。这种管形火器用长竹竿做成，竹管当枪管。使用前先把火药装在竹筒内，交战中从尾后点火，以燃烧的火药喷向敌人，火药可喷出几丈远。
>
> 1132年，金军南侵，一群散兵游勇攻打德安城，陈规运用他发明的火枪组成一支60多人的火枪队，两三人操持一杆火枪，最终将敌人打得落花流水。
>
> 这种武器是世界军事史上最早的管形火器，陈规也被后人称为"现代管形火器的鼻祖"。

火药传向西亚国家

中国的火药和火器一经发明，便很快传遍了阿拉伯世界。由于火药的威力巨大，火器性能良好，立刻受到阿拉伯国家的重视和青睐。

阿拉伯国家拥有中国先进科技产品，是中西文化相结合的一个范例，同时也成了火药和火器传入欧洲的媒介。

火药和火药武器传入欧洲，"不仅对作战方法本身，而且对统治和奴役的政治关系起了变革的作用"。由此可知，中国的火药推进了世界历史的进程。

■ 海战中的火药武器——火舫

在阿拉伯国家中，北非和中东本来盛产制造火药的重要原料硫黄，但是不知道使用硝。有关硝的知识，是从中国唐代的炼丹术传去的。

对阿拉伯国家来说，硝是中国的特产，所以硝刚刚进入阿拉伯国家后，被阿拉伯人称为"中国雪"，被波斯人称为"中国盐"。因为硝颜色如雪，味咸如盐。

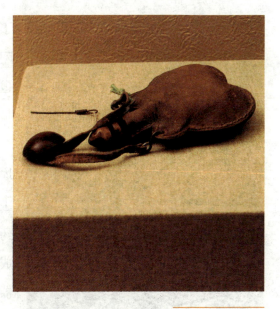
■ 火药皮袋

硝在阿拉伯国家最初用于医药和炼丹术，用来制造火药大约始于13世纪初期，这可以从硝在名称上的变化得知。

曾经到过埃及、北非和两河流域的医生伊本·贝塔尔在其著作《医方汇编》中对硝的注释为："这是埃及老医生所称的中国雪，西方普通人和医生都叫'巴鲁得'，称作'焰硝花'。""巴鲁得"就是现在阿拉伯文字中的火药，在中古时期指的是硝。

硝由"中国盐""中国雪"而变成"巴鲁得"，不但使硝由中国而至波斯、埃及的传播路线一清二楚，而且对硝从中国传入阿拉伯国家后由医药和化学用剂的应用转变为配制火药、制作火器的过程也显现得脉络分明。

这种引起燃烧的硝，是由中国东南沿海经过海路直接传入埃及的。因为当时中国帆船经常往来于亚

> **两河流域** 即美索不达米亚，原义"河间地区"，也称"两河流域"。"美索不达米亚文明"与"两河流域文明"为同义词。广义指底格里斯河与幼发拉底河的中下游地区。狭义的仅指两河之间的地区。两河流域文明为人类最古老的文化摇篮之一，灌溉农业为其文化发展的主要基础。

■火药武器发射场景

丁，这些帆船装备火器，往返于阿拉伯和泉州之间，埃及的侨民也分布在泉州和杭州等地，他们是这种新发明最好的传递者。

根据1249年的阿拉伯文献，埃及阿尤布朝的国务大臣奥姆莱主持了伊斯兰国家第一次制造火药。在阿尤布苏丹时期，埃及完成了将硝用于配制火药、制造火器的初步试验。

这是火药进入阿拉伯国家的第一阶段，时间在1225年至1248年。在这一阶段，烟火和火药的制造方法由南宋经过海路首次传入埃及。

火药传入阿拉伯国家的第二阶段，是在1258年巴格达陷落后，各种火器由元帝国传入阿拉伯国家。

汉纳和法伟在《火炮史》中列举一种阿拉伯文的兵书《马术和军械》，这是由哈桑·拉曼在1285年至1295年间所作。从这本书中可以得知，火药不但源于中国，就连烟火、火器都是从中国传入的。

在本书序言中得知，作者秉承父亲的遗志，参考各种专著后写成此书，书中列举了大量从中国传入的火药配方。如试验花的成分、鸡豆的成分、契丹火轮的成分、契丹花的成分等。

这些火药和焰火的配方与中国北宋时期的官修军事著作《武经总要》中的火炮火药法都很相似，而在时间上已经比中国晚了两个世纪之久。

中国的火箭和火枪也成为阿拉伯国家最早的火器。在《马术和军械》中有一种契丹火枪，枪头叫作"契丹火箭"，这是采用中国金代飞火枪的方法，而用火箭作为燃烧体。

大约在火药和焰火传入阿拉伯国家的后半个世纪，即13世纪的晚期，阿拉伯人已经开始使用小型的管形火器火枪了。具体年代，在1267年至1274年之间，那时蒙古军队围攻襄樊，从伊朗请来回人炮手阿里海牙和亦思马因。

这些穆斯林又将蒙古军队使用的契丹火枪和契丹火箭传给伊斯兰国家，13世纪至14世纪时的西方国家称中国为"契丹"，所以传入的火器冠以契丹的名称。

管形火器传入阿拉伯国家后，由于威力强大，使用方便，因而立刻受到重用和青睐。

13世纪末期和14世纪初期，阿拉伯国家将蒙古人传去的火筒和突火枪加以改进，发展成为两种新型的火器，称为"马达发"。

14世纪初期在希姆埃丁·穆罕默德写的兵书中，对这两种火器都有记载。一种是一只木制的短筒，下有把子，筒内装填火药，在筒口

契丹火箭

■ 古老的火筒

插上一支箭或安放一个石球，点燃引线后，火药立即发作，将箭或石头冲出打击敌人。这一种火器明显是出于宋元两代的火筒。

另一种是一根长筒，先装填火药，再将一个能上下活动的铁饼或铁球装入筒中，筒口插箭，引线点燃后，火药发作，冲动铁饼或铁球，将箭射出，射程较远。长筒火器的原理出自于1259年南宋时期使用的突火枪，不同之处在于突火枪的子窠是纸制的，阿拉伯国家使用的是用铁饼和铁球推动筒口的箭。

中国火药和火器传入阿拉伯国家后，进行广泛传播和应用，对阿拉伯世界文明进程产生了重要影响。

阅读链接

唐宋时期是中国和叙利亚穆斯林友好往来最频繁的历史阶段之一，其间约有百余种中药材通过回商而输出到叙利亚，成了增进叙利亚穆斯林与中国人民友谊的重要物质载体。

伊本·贝塔尔是安达卢西亚穆斯林药物学家、植物学家，他曾以植物学家的身份游历西班牙各地和北非，考察和收集药物学资料。他曾著有《医方汇编》一书，其中对硝的注释，揭示了硝从中国传入阿拉伯国家的过程，对在阿拉伯国家推动中医药学的发展做出了贡献。

辉煌灿烂的
科技成就

科技首创

万物探索与发明发现

衣食之源

农牧渔业

据史籍记载和考古发现，中国农业起源于原始采集狩猎活动中，至今七八千年前，原始农业已经相当发达了。而牧业和渔业是促进中国古代农业发展的重要因素。

中国古人为了开辟新的食物来源，备历艰辛，终于选择出可供种植的谷物，成为本土农作物。中国古代畜牧业也曾有过辉煌的成就，相畜学、阉割术及家禽饲养方面的发明，都是举世瞩目的成就。而钓具发明和制作工艺的改进，同样可以看出中国古代劳动人民的勤劳和智慧。

古代畜牧业的发展

■伯乐雕塑

中国古代畜牧业曾有过辉煌的成就。自古以来,我们的祖先在畜牧和兽医方面,积累了丰富的科学知识和技术经验,有的至今仍有重要价值。

中国各族人民在长期实践中创造出生产技术和管理经验。在这之中,相畜学说的形成和发展,阉割术的发明,以及家禽饲养方面的人工孵化法、填鸭技术、强制换羽法的发明,都是举世瞩目的成就。

秦砖上的牧马画像

传说中,天上管理马匹的神仙叫"伯乐"。在人间,人们把精于鉴别马匹优劣的人,也称为"伯乐"。

第一个被称作伯乐的人本名孙阳,他是春秋时代的人。由于他对马的研究非常出色,人们便忘记了他本来的名字,干脆称他为"伯乐"。

有一次,伯乐看到一匹马吃力地在陡坡上行进,累得呼呼喘气,每迈一步都十分艰难。伯乐对马向来亲近,不由走到跟前。

马见伯乐走近,突然昂起头来瞪大眼睛,大声嘶鸣,好像要对伯乐倾诉什么。伯乐立即从声音中判断出,这是一匹难得的骏马。

伯乐对驾车的人说:"这匹马在疆场上驰骋,任何马都比不过它,但用来拉车,它却不如普通的马。你还是把它卖给我吧!"

驾车人认为伯乐是个大傻瓜,他觉得这匹马太普通了,拉车没气力,吃得太多,骨瘦如柴,毫不犹豫地同意了。

伯乐牵走千里马,直奔楚国,准备献给楚王。走到王宫近前,千里马像明白伯乐的意思,抬起前蹄把地面震得"咯咯"作响,引颈长嘶,声音洪亮,如大钟石磬之声,直上云霄。

楚王听到马嘶声,走出宫外。伯乐指着马说:"大王,我把千里

■ 春秋战国时期的石马

相畜学 在中国是一门古老的科学，起源远在没有文字记载以前。古时根据牲畜的外形来判断牲畜的生理功能特点和生产性能，以此作为识别牲畜好坏和选留种畜的依据，就是古时相畜学说的主要内容。春秋时期完成的《相马经》奠定了中国相畜学说的基础。

马给您带来了，请仔细观看。"

楚王一见伯乐牵的马瘦得不成样子，认为伯乐愚弄他，有点不高兴，说："我相信你会看马，才让你买马，可你买的是什么马呀，这马连走路都很困难，能上战场吗？"

伯乐说："这确实是匹千里马，不过拉了一段时间车，又喂养不精心，所以看起来很瘦。只要精心喂养，不出半个月，一定会恢复体力。"

楚王一听，有点将信将疑，便命马夫尽心尽力把马喂好，果然，马变得精壮神骏。楚王跨马扬鞭，但觉两耳生风，喘息的工夫，已跑出百里之外。

后来，这匹千里马为楚王驰骋沙场，立下不少功劳。楚王对伯乐更加敬重了。

伯乐是中国历史上最有名的相马学家，他总结了过去以及当时相马家的经验，加上他自己在实践中的体会，写成《相马经》，奠定了中国相畜学的基础。

春秋战国时期，由于诸侯兼并战争频繁，军马需要量与日俱增，同时也迫切要求改善军马的质量。

当时也是生产工具改革和生产力迅速提高的一个时期，由于耕牛和铁犁的使用，人们希望使用拉力比较大的耕畜。这种情况，促进了中国古代相畜学说的形成和发展。

春秋战国时期已经有很多著名的相畜学家，最著名的要算春秋时期卫国的宁戚了。他著有《相牛经》，这部书虽早已散佚，但他的宝贵经验一直在民间流传，对后来牛种的改良起过很大作用。

相马的理论和技术，成就更大，有过很多相马学家。比如战国时期赵国的九方皋，对于相马也有独到的见解。由于各人判断良马的角度不同，当时也形成了许多相马的流派。

> **宁戚** 春秋莱棠邑人，就是现在的今山东省青岛平度。早年怀经世济民之才而不得志。齐桓公时拜为大夫。后长期任齐国大司田，辅佐齐桓公，与管仲、鲍叔牙等一起辅佐齐桓公建立了"九和诸侯，一匡天下"的赫赫霸业，使齐桓公成为"春秋五霸"之首。

■ 伯乐相马蜡像

古代兽医用具

汉代已有完整的《相六畜》书和铜质的良马模型。至盛唐时期，更有进一步的发展。古时的相畜学说对于后世家畜品质的提高，起过很大的作用。

阉割术的发明，是中国乃至畜牧兽医科学技术发展史上的一件大事。据考证，商代甲骨文中就已有关于猪的阉割记载。

《周易》记载："豮豕之牙吉。"意思是说阉割了的猪，性格就变得驯顺，虽有犀利的牙，也不足为害。

《礼记》上提到"豕曰刚鬣，豚曰腯肥"，意思是：未阉割的猪皮厚、毛粗，叫"豕"；阉割后的猪，长得膘满臀肥，叫"豚"。

当代民间还流行着小母猪卵巢摘除术，手术过程一般只一两分钟，而且术前不需麻醉，术后不需缝合。手术器械简单，手术部位正确，创口比较小，手术安全，无后遗症，随时随地都能进行手术。

阉割术是古代劳动人民留下的一份宝贵遗产。

《周礼·夏官》记载"校人"的职掌中有"颁马攻特"之说，所谓"攻特"，就是马的阉割，或称"去势"。秦汉时期以前，骟马还不普遍，可能仅施行于凶恶不驯的马匹。

至秦汉之交，因为激烈的战争和骑战的盛行，需要有合乎军马条件的马匹，从此马的阉割术也就盛行了。

人工孵化法、填鸭技术、强制换羽法的发明，是中国在畜牧业领域家禽饲养方面的重要成就。

中国战国时期已经开始养鸭养鹅，养鸡比这更早。家禽人工孵化法究竟什么时候发明，已难于稽考，已知早在先秦时期就在中国应用，一直沿用至今。

在当时，北方大都用土缸或火炕孵蛋，靠烧煤炭升温。南方一般用木桶或谷围孵蛋，以炒热的谷子作为热源。

炒谷的温度大约在38℃至41℃之间，经8小时逐渐降低至35℃，再炒一次。每天共炒谷3次，使木桶里的温度经常保持在37℃左右。种蛋孵化10天后，蛋里胚盘发育中自身产生热，此后就可掺入新的种蛋。

如果木桶里保温良好，这样旧蛋自身发出的热已足以供给新蛋胚盘发育的需要，无须再炒谷了。土法孵化的巧妙处也就在这里。

中国人工孵化法的特点是设备简单，不用温度调节设备，也不需要温度计，却能保持比较稳定的温度，而且孵化数量不受限制，成本很低，孵化率可达95%以上。

北京鸭味美可口，早在明代已为人们所赏识。这是由于发明了填鸭肥育技术、改善了鸭的肉质的缘故。北京鸭在孵出后六七十天就开始填肥。

填鸭肥育需要专门的

古画乳鸭图

填鸭 鸭子生长的一定时期，按时把做成长条的饲料从鸭嘴填进去，减少鸭子的运动量，使其快速增重。采用人工填喂催肥的鸭，肉质细嫩，瘦肉率高。简单的制作方法是将填鸭去内脏，洗净，放入汤锅内煮熟，捞起，然后抹上盐、味精，就可以食用了，口感油而不腻。

技术。每天给两回肥育饲料。在肥育期间，不再在舍外放饲，同时在肥育舍的窗格子上挂上布帘，把屋子弄成半明半暗。

肥育用的饲料是高粱粉、玉米粉、黑麸和黑豆粉。把这些饲料用热汤搓制成棒状的条子，叫作"剂子"，由填鸭的技师即"把师"用手把鸭嘴撑开，一个一个填下。初次试填，每天每只约填7个至9个。如有消化不良的，下次减去一两个；如消化良好，以后逐日递增，最后填20个左右。

这样鸭子在肥育期的2周至4周间，就可增加体重两三千克，肥育完成，可增重至4500～6000克，肉味特别鲜美。

我们的祖先掌握了鸭的生长发育规律，并且发明了人工止卵和强制换羽的方法，使种鸭能依照养鸭人的意愿，要什么时候下蛋就什么时候下蛋，要什么时候换羽毛就什么时候换羽毛，而且缩短了换羽期，增长了产卵期。

夏天，鸭因怕热，生长迟缓，下蛋数量少，质量也差。这时候要人工止卵：先使它停食3天，只给清水，以维持生命。3天后，改喂米糠，就可以自然停止下蛋。

停止下蛋后大约5个星期，一般就会换羽。如果任鸭自然换羽，前后大约要

■ 古代工艺品——鸭子

经过4个月，而且恢复健康也慢，甚至会耽误和影响秋季下蛋。强制换羽，可以把换羽时间缩短到五六十天。

古代陶鸭笼

强制换羽的具体方法，就是减少鸭子的饲料，使它停产而脱羽。脱羽到相当程度，再把尾羽、翅羽分次用手拔尽，这对鸭子并无损伤，而且是有益的。这时添给适量的黑豆，以促进羽毛生长。

拔羽在6月上旬实行，至7月中旬新羽生长一半时，再赶下河去放饲。这时饲料恢复原状，用米糠、黑豆和高粱。至7月下旬，就加喂粟米，配合量和未停止下蛋时一样。几天后就可看到鸭有交尾的。至8月中旬，就又开始下蛋。这种办法可使停止产卵期缩短一半。

阅读链接

伯乐曾经向秦穆公推荐九方皋去找千里马，结果九方皋相中的是一匹墨色的公马。秦穆公听了很不高兴。

伯乐就向秦穆公解释说："九方皋相马的时候，已经经历了一番去粗取精、由表及里的观察过程，他注意的是千里马应该具备的那些条件，而没有浪费自己的精力去注意马的毛色、公母这样无关紧要的细节。九方皋真正是相马的天才，远远超过了我。"

秦穆公听了伯乐的话，将信将疑，把九方皋相中的马取回来一试，果然是天下无双的千里马。

古代钓具的发明

■ 原始骨制鱼镖

钓具是从事钓鱼活动的专用工具。它是人类在长期的钓鱼过程中逐渐发明的,并且随着钓鱼活动的发展而不断地得以改进。

因此,古代钓具的制作突出地反映了古代钓鱼技术的发展水平。

古代钓具主要有网鱼具、钓鱼具两大类。这些钓具的制作工艺,是在历史发展中不断改进与完善的,反映了中国古代劳动人民的勤劳和智慧。

■ 古代渔网和渔具

渔具的出现远早于农具，以后得到发展，种类也随之增多。唐代农学家陆龟蒙首次将渔具分成网罟、筌、梁、猎等10多类。明代《鱼书》分为网类、缝类、杂具、渔筏等若干类。

网渔具是最常用的一种捕捞工具，在捕捞活动中占有重要地位。传说伏羲"做结绳而为网罟，以佃以渔"。新石器时期网渔具即已广泛使用。在辽宁新乐、河南庙底沟以及浙、闽、粤等地原始文化遗存中就出土有大量的网坠和陶器上绘饰的渔网形图案。

先秦及后世有一种渔具，称为"罾"，其"形如仰伞盖，四维而举之"，系敷网类渔具。

宋代词人周密《齐东野语》在记载捕捞海洋马鲛鱼时，提到渔者"帘而取之"。帘即刺网，今闽广仍有如此叫法。它横向垂直设于通道上，阻隔或包围鱼群，使之刺入网目或被缠于网衣上而受擒。

陆龟蒙（？—881），苏州吴县人。唐代的农学家、文学家。他著有《耒耜经》，这是一本农学书；喜爱品茗，耕读之余，则喜好垂钓。与唐代诗人皮日休为友，常在一起游山玩水，饮酒吟诗，世称"皮陆"。

锚碇 锚，钢铁制的停船器具，用铁链连在船上，抛到水底，可以使船停稳；碇，也就是指船停稳不动。锚碇就是用锚定桩，使船锚住或稳定住。在现代的悬索桥和隧道等工程中，常常使用锚碇技术。

清代初期学者屈大均《广东新语》提到索罟、围罟，即围网。索罟眼疏，专捕大鱼；围罟眼密，以取小鱼。这种网适于捕捞密集或合群的中上层鱼类。

古代属于网渔具的还有刺网类。刺网类可分为定置刺网、流刺网、围刺网和拖刺网。依布设的水层不同，又有浮刺网和底刺网之分。

刺网类网具所捕鱼类体型大小比较整齐，不伤害幼鱼，并可捕捞散群鱼，作业范围广阔，是一种进步的重要渔具。清代古籍《渔业历史》中记载了刺网中的溜网，"其网用麻线结成，如平面方格窗棂，长约三丈，阔约两丈……所获以鲥鱼为大宗，用盐腌渍，色白味美"。

■ 新石器时代的渔网坠

定置刺网的网具有着底刺网和浮刺网之不同，前者布设的水层接近海底，后者接近海面。布网以锚碇和木桩固定网位。

围刺网这种作业方法，有一种是用刺网包围鱼群后，敲击木板发出音响以威吓鱼类刺入网目加以捕获；另一种用围网包围鱼群后，再在包围圈内投放刺网捕捞。还有以网包围鱼群集中于岩礁处而捕捞的。

拖刺网是一种双船作业的底拖刺网,广东多地使用此法。

钓渔具也是历史悠久、使用广泛的捕鱼工具。

陕西省半坡、山东省大汶口、黑龙江省新开流、广西壮族自治区南宁、湖北省宜昌等地新石器时期遗址的考古发掘中,就出土有相当数量的鱼钩,其形制有内逆刺、外逆刺、无逆刺和卡钓等,其质地有骨或牙、贝等,制作精致。

铜质鱼钩也已在早商时期的文化遗存中发现;春秋战国时期,随着冶铁业的进步和铁制技术的提高,铁质鱼钩得到了更为广泛的使用。

■ 新石器时代的骨制鱼钩

中国古代钓渔具的形式有手钓类、竿钓类和网钓类。手钓类出现最早。竿钓在《诗经》中已出现。晋代人说到钓车和唐代人说到钓筒这两个重要部件。

钓筒,一般截竹而成,作为鱼漂用,俗称"浮子",使鱼钩在水域中保持一定的深度。宋代竿钓渔具已具备了竿、纶、浮、沉、钩、饵6个部件,在结构上已趋于完备。

纲钓类即绳钓。以长绳作为纲,纲上每隔适当距离系一支线,线上系鱼钩,钩着饵,使鱼吞饵遭捕。

纲钓法最迟在清代中期前已出现,赵学敏《本草

屈大均(1630—1696),广东番禺人。清代初期学者、诗人,与陈恭尹、梁佩兰并称"岭南三大家",有"广东徐霞客"的美称。著作多毁,后人辑有《翁山诗外》《翁山文外》《翁山易外》《广东新语》《四朝成仁录》,合称"屈沱五书"。

《本草纲目拾遗》中已记述其在海洋钓捕带鱼的情况。

箔筌渔具是用竹竿或篾片、藤条、芦秆或树木枝条等所制成,广泛分布于南北各地,其形式和功能也多种多样,有的起源也很早。如笱在原始社会文化遗址中已有发现。罩、罶、椮等在先秦汉代文献中时有记载。箔筌渔具按其结构特点和使用方法大致分为栅箔类、笼箵类两种。

栅箔类是以竹木及其制品编织成栅帘状插在水域中拦捕鱼类的一种渔具。笼箵类以竹篾藤条等编织成小型陷阱、潜藏处所或作盛贮水产品的渔具,以及作为捕捞用的笱、罶、篓、答筲等通常设置在江河缓流处,湖、海近岸浅水场所或杂草边缘,使鱼虾入内。根据捕捞对象的特性,有的在笼内放置芳香物、重膻味的饵料;有的以彩色、阴影等引诱。

杂渔具则是除上述种类之外的许多结构各异、功用不一的渔具,如猎捕刺射用的、抓耙水底用的和窝诱用的渔具等。在钓鱼方面,创造出网罩钓梁筌叉射沪椮等,不管什么水域,都能展现身手。

从历史上看,古代单人钓鱼主要有无钩钓、直钩钓、铁鱼钩、车钓、拖钓和滚钩钓等

> **《本草纲目拾遗》** 中药著作,清代赵学敏撰。全书共10卷,载药921种。本书是继李时珍《本草纲目》后,对药学的再一次总结。清代最重要的本草著作,一直受到海内外学者的重视,对研究《本草纲目》和明代以来药物学的发展,是一部十分重要的参考书。

箔筌渔具

多种方法。

无钩钓的历史至少有5000年。在西安半坡遗址之中曾经出土过骨鱼钩。当然,半坡遗址中出土的也不是最早的钓鱼方法。最早的钓鱼方法应该是无钩钓。

在无钩钓之后,经历过一个直钩钓的阶段。所谓直钩钓是一种鱼卡,它用兽骨磨制,呈棒形,两端尖利,中间钻孔穿线。鱼儿吞之,会卡于口鳃。鱼卡出现于新石器时代。而鱼卡、骨鱼钩与无绳钓也共同存在一段相当长的时间,后来发明了铜器铸造,又与上述3种钓鱼方法共存。

铁鱼钩出现于春秋时期,至西汉时期完成大换代。在钩、线、饵、竿等方面已经掌握了相当先进的技艺。车钓出现于晋代,主要产生于长江流域。先人制一钓车,将长线缠绕于车上,鱼儿上钩膈,用钓车收线取鱼。这种车钓,是线轮的始祖。

滚钩钓是在一根竿上附结许多支线,支线再结大量钓钩,通常用于江海底层大鱼。这种钓法创于南宋时期,盛于明代。

阅读链接

世传渔网是伏羲发明的。

一天,伏羲在河里摸鱼虾,遇到了海龙王。海龙王就出了个难题:只要摸鱼摸虾不用手,就随你去捉。

有一天,他躺在河岸上的大柳树下,想着捉鱼虾的办法。无意中看见身边一棵枯树,树枝上一只蜘蛛在织网,捉蚊子、飞虫吃。伏羲想了想:如果做一个像蜘蛛网一样的东西来捉鱼捉虾,不就行了吗?

伏羲欢喜地跑回家,带着孩子们上山割来葛藤,编起了像蜘蛛网一样的网,拿着网到河里捕鱼虾,一网撒下去,捕的鱼更多。

实用灵便的生活用具

精美的华盖

中国古代人的生活一直是现代人感兴趣的话题。古人的生活条件虽然与现在相差很大，但是事实上，古人发明创造的许多生活用具，大大弥补了物质条件的某些不足，使生活质量得到了不断的提高。

古人的生活用具很多，不可能一一加以叙述。在这之中的伞、筷子、冰箱、钟表、扇子等，古今一直在用，体现了实用性强的特点。

伞最早是中国发明的。据说远在五帝时期，我们的祖先就开始用伞了。

古籍中有这样伞的发明记载："华盖，黄帝所作也。与蚩尤战于涿鹿之野，带有五色云声，金枝玉叶，止于帝上，有花葩之象，故因而作华盖也。"

■ 精美实用的伞

这段话的意思是说，伞是黄帝发明的，在和蚩尤大战于涿鹿时所用。而且"有花葩之象"，是根据花盛开时的倒扣状受到启发做的，因此称为"华盖"。

此外，在《史记·五帝本纪》里也写道："舜乃以雨笠自捍而下。"这也是雨伞在尧舜时代就已发明的证据。

关于伞的发明还有一种说法。据传，春秋时期，中国古代最著名的发明家鲁班，常在野外工作，如果遇到雨雪，就会全身淋湿。

鲁班的妻子云氏想做一种能遮雨的东西。她把竹子劈成许多细条，在细竹条上蒙上兽皮，样子就像一座亭子，收拢似棍，张开如盖。不论怎么说，伞的故乡显然在中国。

在中国古代，伞面是用丝制的，后来伞变成了权势的象征。每当帝王将相出巡的时候，按照等级分别用不同的颜色、大小、数量的罗伞伴行，以此来显示

五帝 中国上古传说中的5位圣明君主。五帝有各种说法：《史记·五帝本纪》《易传》《礼记》《春秋国语》均认为是黄帝、颛顼、喾、尧、舜；《尚书·序》认为是少昊、颛顼、喾、尧、舜；《战国策》认为是黄帝、伏羲、神农、尧、舜。一般多从《史记》说。

威严。直至明代的时候，还规定一般的平民百姓不得用罗伞伴行，只能用纸伞。

中国的伞在唐代的时候传入日本，继而传到西方。英国的第一把雨伞就是由中国带去的。

1747年，有一个英国人到中国来旅行，看见有人打着一把油纸伞在雨中行走，认为雨伞很实用很便利，就带了一把伞回到英国。此后，伞就在全世界普及开了。

筷子也是中国的独创，是中国人发明的一种非常有特色的夹取食物的用具，在世界各国的餐具中独具风采，被誉为中华文明的精华。

在远古的时候，人们吃饭是用手抓的，但是在吃非常热的食物的时候，因为烫手，拿不住食物，所以就必须借助木棍。这样，人们就不知不觉地练出了用棍子夹取食物的本领。

北宋镏金青铜筷子

大约到了原始社会末期，人们就用树枝、竹棍、动物骨骼来做成筷子使用了。夏商时期，象牙筷和玉筷已经问世。春秋战国时期，出现了铜筷和铁筷。至汉魏六朝，各种规格的漆筷也生产出来了。没过多久，又有了金筷、银筷。

筷子不仅用于夹取食物，还有许多寓意。古代的时候，当官的人家为了显示自己的富有，炫耀门第高贵，请人吃饭的时候常用典雅的象牙筷和金筷。帝王之家一般都用银筷，目的是检验食

古代筷子制作

物中有没有毒。

古代民间嫁女的时候，嫁妆里必定少不了筷子，因为有"快生贵子"的意思。古时人死后，冥器里也必定少不了筷子，说是供亡灵在阴间用。

古时的筷子还起着军事上的许多其他物品无法代替的作用：

张良用筷子对刘邦做形象的示意，帮他制定了消灭项羽的策略；刘备还在宴会中故意掉落筷子，在曹操面前表明自己是无能胆小之辈；唐玄宗曾将筷子赐给宰相宋璟，赞扬他的品格像筷子一样耿直；永福公主在自己的婚姻上不服从父皇之命，以折筷表示自己决心已下，宁愿折断也不弯曲。

筷子使用轻巧方便，在1000多年前传到了朝鲜、日本、越南等地，明清时期以后传入马来西亚、新加坡等地。别小看使用筷子这件小事，在人类的文明发展史上，也称得上是一个值得推崇的科学发明。

▄ 古代"冰箱"

冰箱的用途很广泛，为人们带来了许多方便。实际上，中国在古代就已有了"冰箱"。虽然远不如现在的电冰箱高级，但仍可以起到对新鲜食物的保鲜作用。

在古籍《周礼》中就提到过一种用来储存食物的"冰鉴"。这种"冰鉴"其实是一个盒子似的东西，内部是空的。只要把冰放在里面，然后再把食物放在冰的中间，就可以对食物起到防腐保鲜的作用了。这显然就是现今地球上人类使用最早的冰箱。

此外，在古书《吴越春秋》上也曾记载：

勾践之出游也，休息食宿于冰厨。

这里所说的"冰厨"，就是古代人们专门用来储存食物的一间房子，是夏季供应饮食的地方。

明代黄省曾的《鱼经》里曾经说，渔民常将一种鳓鱼"以冰养之"，运到远处，可以保持新鲜，谓之"冰鲜"。可以想象，当时冷藏食物可能比较普遍。

从许多史料可以看出，我们的祖先很早就会利用冰来保持食物的新鲜。因此说，中国是第一个发明冰箱的国家。

眼镜起源于中国，中国考古学家曾多次在明代以

刘秀（前5—57），东汉王朝开国皇帝，历史上著名的政治家、军事家。新莽末年，海内分崩，天下大乱，身为一介布衣却有前朝血统的刘秀在家乡乘势起兵。公元25年，刘秀与更始政权公开决裂，于河北登基称帝，为表刘氏重兴之意，仍以"汉"为其国号，史称"东汉"。

前的坟墓中挖掘出眼镜来，说明在明代以前，中国就已有眼镜了。

考古工作者在江苏扬州地区甘泉山东汉光武帝刘秀之子刘荆之墓中清理出了一批文物，其中居然有一只小巧玲珑的水晶放大镜。这只放大镜是一片圆形的水晶凸透镜，镶嵌在一个指环形的金圈内，能将非常小的东西放大四五倍。

可见在那个时候，中国的造镜技术和工艺已经达到了很高的水平。

多数的考古学家认为，眼镜出现于南宋时期，发明者是狱官史沆。那时，中国眼镜的外形是一个椭圆形的透镜，透镜是用岩石晶体、玫瑰色石英、黄色的玉石和紫晶等材料制成的。当时，人们把佩戴眼镜看作是一种尊严的象征。

因为制作眼镜镜框的玳瑁被认为是一种神圣和珍贵的动物，而透镜的制作材料又是各种非常稀有的宝石，价格异常昂贵。所以，当时人们佩戴眼镜并不是为了增强视力，而为的是能走好运和对别人显示富贵。

正是因为当时人们只重视眼镜的价值而不注意它的实用性，所以在平民百姓当中并不十分流行。

至元代，意大利著名旅行家马可·波罗，曾经在1260年记下了一

景泰蓝眼镜盒

> **张衡**（78—139），字平子，南阳西鄂人，中国东汉时期伟大的天文学家、数学家、发明家、地理学家、制图学家、文学家、学者，在汉朝官至尚书，为中国天文学、机械技术、地震学的发展做出了不可磨灭的贡献。

些中国老年人佩戴眼镜阅读图书的事。由此可见，眼镜在元代已经很普遍了。

电熨斗现在已经进入了许多家庭，成为一种不可或缺的电器。据考古学家从挖掘出的古代文物和大量的史料证明，用以熨衣服的熨斗在中国的汉代时就已出现。

晋代的《杜预集》上就写道："药杵臼、澡盘、熨斗……皆民间之急用也。"由此可以看出，熨斗已经是晋代民间的家庭用具。

据《青铜器小词典》介绍，魏晋时期的熨斗，是用青铜铸成，有的熨斗上还刻有"熨斗直衣"的铭文，可见那时候的中国古代劳动人民就已懂得了熨斗的用途。

■ 清代眼镜

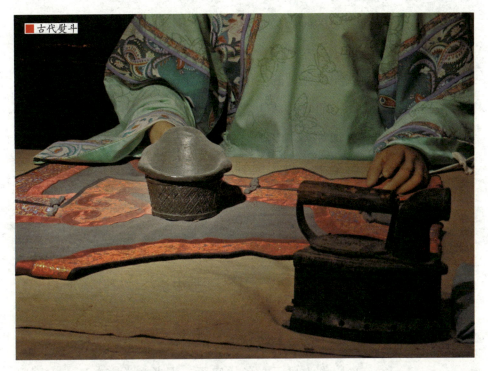

古代熨斗

古代的熨斗不是用电，而是把烧红的木炭放在熨斗里等熨斗底部热得烫手以后再使用，所以又叫作"火斗"。此外，"金斗"也是熨斗的名字之一，是指非常精致的熨斗，不是一般的民间用品，只有贵族才能享用。

中国古代的熨斗比外国发明的电熨斗早了1800余年，是世界上第一个发明并使用熨斗的国家。

钟表是我们日常生活中不可或缺的计时器。钟表的制造，在中国可以追溯至汉代。

汉代科学家张衡结合观测天文的实践发明了天文钟，可以说这是现在发现的世界上最古老的钟了。唐代，中国的制表技术有了巨大的发展。

古籍《新唐书·天文志》中就记载了一行等人制造"水运浑天仪"的故事，这个水运浑天仪是世界上最早的一个能自动报时的仪器。

一行（683—727），俗名张遂。生于唐代时魏州昌乐，即今河南省南乐。谥号"大慧禅师"。唐代杰出天文学家，在世界上首次推算出子午线纬度1度之长，编制了《大衍历》。他也是佛教密宗的领袖，著有密宗权威著作《大日经疏》。

仪器两旁各站有一个木头做的小人，每过一刻钟，小人就敲一下仪器。这种能够自动报时的仪器比欧洲机械钟的发明至少要早600多年。

随着钟表制造业的发展，中国的钟表制造技术更加完备，出现了专门制造钟表的店铺，已经能够制造出各种报时钟、摆钟等。表上的指针也从原来的一针、两针，发展到三针、四针，可以计日、时、分、秒。

扇子，在中国是一种古老的降温工具。晋代经学博士崔豹《古今注》一书中说："舜作五明扇"，"殷高宗有雉尾扇"。古书上所写的这种扇子是长柄的，由侍者手执，为帝王扇风、蔽日。

作为夏天必备的扇子，据考古学家考证，中国扇子的发明至少不会晚于西汉时期。

古代扇子的形状很多，有圆形、长圆、扁圆、梅花、扇形等形状。其扇面的用料又可分为丝绢、羽毛、纸等。至三国时期，中国开始流行在扇面上写字绘画，因而扇子又从一种降温工具转变成为一种艺术品。著名文人王羲之、苏东坡等都有过"题扇""画扇"的动人故事。

■ 水运浑天仪

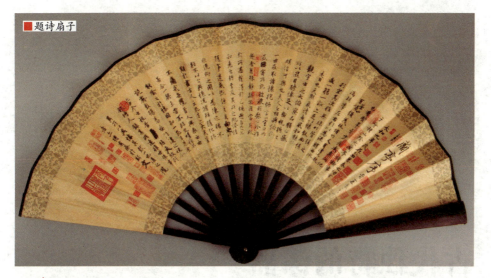

■ 题诗扇子

　　中国古人对扇子除了扇面、扇形非常讲究外，扇柄也十分讲究，仅材料就有许多种，如玉石、牙雕、木雕、竹雕、骨雕等。

　　考古学家在江苏省挖掘出了一座南宋时期的墓地。该墓发现了两把团扇，均是长圆形，以细木杆为扇轴，其扇面是纸质，呈褐色。其中一把扇子的扇柄为玉石。如此完整的宋代扇子的发现，实为中国古代生活史上一件珍贵的实物材料。

阅读链接

　　唐玄宗李隆基曾经在宫内修建了一座可以用来避暑的"凉殿"。此殿除了四周积水到处成帘飞洒外，在里面还安装了许多水力风扇，即使是在很炎热的夏天，坐在里面的人也会感觉到像秋天般凉爽。

　　据说，当时的一个大学士，从炎热的阳光下到亭子里去叩见皇上的时候，由于温差变化太大，竟然被冻病了。

　　在当时的御史大夫的府里，也修建了一座"自雨亭子"。每逢炎热的夏天，御史大夫就躺在亭内消暑。可见古人对夏季降温想出了很多办法。

古代独特的漆器

漆器，是用漆涂在各种器物的表面上所制成的日常器具及工艺品、美术品等。漆有耐潮、耐高温、耐腐蚀等特殊功能，又可以配制出不同色漆，可使漆器光彩照人。

漆器是中国古代在化学工艺及工艺美术方面的重要发明。中国从新石器时代起就认识了漆的性能并用以制器，历经商周时期直至明清时期，中国的漆器工艺不断发展，达到了相当高的水平。

■ 商代漆豆

漆器是中华民族对人类文明的重大贡献。中国的漆工艺可以上溯至遥远的新石器时代，随后有过战国至秦汉的辉煌、宋元时期的鼎盛和明清时期的绚丽，漆器工艺达到了相当高的水平，也留下了大量时代可考、工艺精湛、造型奇特的髹饰珍品。

中国古代劳动人民在制造漆器的时候，往往会加入桐油之类的干性植物油。桐油是人们从桐树的种子里榨出来的。桐油在加热的作用下，会发生化学反应，因而产生一种薄膜。

■ 新石器时代的彩陶罐

中国人民从很早的时候就已经认识了桐油成膜的性能，因而广泛应用，并让它与漆液合用，这在人类化学史上，是一个卓越的创举。

漆液从漆树里分泌出来后，经日晒能够形成黑色发光的漆膜，这是非常容易观察到的。中国古代的劳动人民用自己聪明的大脑和勤劳的双手，把这种自然现象加以人工利用，就制造出了各种颜色的漆。

考古工作者曾在江苏吴江的新石器时代的晚期遗址中挖掘出过一个漆绘黑陶罐。

考古学家通过挖掘还发现，中国古代的劳动人民早在商代，就已经能够制造出非常精美的红色雕花的木漆器，因为考古学家们在安阳殷墟遗址中，出土了

髹饰 髹饰工艺是中国古代在艺术品上采用的一种工艺，用漆漆物。中国民间把以漆饰物的动作也称为"漆"，而把漆树液称作"国漆""大漆""土漆""湿漆""生漆""金漆"。髹饰技法大体分为髹涂、描绘、填嵌、堆饰、刻画、雕镂和雕漆等几类。

殷墟遗址 是商代后期都城遗址，是中国历史上被证实的第一个都城。位于河南省安阳市殷都区小屯村周围，横跨洹河两岸。殷墟王陵遗址与殷墟宫殿宗庙遗址、洹北商城遗址等共同组成了规模宏大、气势恢宏的殷墟遗址。

一个木漆器，上面有红色的漆纹印痕。这个木漆器的印痕是世界上现存最古老的漆器纹饰。

春秋战国时期，中国的漆器技术越来越发达，当时的漆器彩绘中，已有红、黄、蓝、白、黑5种颜色，以及多种复色。

秦汉时期，油漆技术又进入一个新的发展阶段，并且普及于全国各个地区。《史记·滑稽列传》中，有当时关于"荫室"的记载，荫室，就是专门制造漆器的特殊专用房屋。

史料记载，汉代时期，中国漆器主要生产地点是四川的成都和广汉。

西晋时期到南北朝时期，由于佛教的盛行，出现利用夹纻工艺所造的大型佛像，此时的漆工艺被用来为宗教信仰服务，夹纻胎漆器也因而发展。所谓的夹纻是以漆辉和麻布造型作为漆胎，胎骨轻巧而且十分

■ 战国时期"猪头"漆器

明代朱漆戗金经文版

坚牢。

唐、宋、元、明各朝代，中国的漆器技术都有所进展。清代基本是继承了前代的技术，清代后期，漆器远销欧美等国。

唐代经济发达，文化繁荣，种种因素使工艺美术技艺也随之发达，在艺术、技术以及生产上，皆远远超过前期。唐代漆器大放异彩，呈现出华丽的风格，漆器制作技术也往富丽方向发展，金银平脱、螺钿、雕漆等制作费时、价格昂贵的技法在当时极为盛行。

宋代漆器的制胎和髹饰技艺已经十分成熟，当时不仅官方设有专门生产机构，民间制作漆器也很普遍。漆器所制作的器皿，样式多而且善于变化，造型简朴，表现出器物结构比例之美。宋代漆器常常以素色静谧为主。

明代工艺美术跨入新的阶段，官方设厂专制御用的各种漆器，并由著名的漆艺家管理。明代髹饰工艺有很大的革新，结合多种传统技法，两种以上的技法相结合，不同的文饰在不同地更换，开创出千文万华的繁荣局面。

中国古代漆器工艺有描金、螺钿、点螺、金银平脱、雕漆、斑漆、戗金等，这些都是中国独创。

■ 精美的雕漆艺术

雕漆是在堆起的平面漆胎剔刻花纹的技法。中国雕漆始于唐代，历史上以元代嘉兴西塘的最为著名。这一工艺常以木灰、金属为胎，用漆堆上，少则八九十层，多达一两百层，是待半干时描上画稿，施加雕刻的一种髹饰技法。一般以锦纹为地，花纹隐起，精丽华美而富有庄重感。

中国的漆器技术在很早的时候就已经传到了国外，如朝鲜、日本、蒙古、缅甸、印度、柬埔寨等国家，构成了亚洲各国的一门独特手工艺。

在海洋新航线被发现后，中国漆器传到欧洲，曾引起欧洲社会上的轰动，受到那里人民的热烈欢迎。十七八世纪以后，欧洲各国仿制中国的漆器成功。

阅读链接

在古代，漆器不仅作为贡品进贡给皇帝，而且皇帝还把它作为贵重物品赏赐给臣属或馈赠给外国友人。

据文献记载，北魏孝明帝正光年间，柔然主阿那环归国，诏赐以黑漆槊、朱漆弓箭、朱画漆盘等。

唐玄宗、杨贵妃也曾以各种平脱漆器赏赐给节度使安禄山。明成祖朱棣曾将雕漆器物馈赠给外国友人。

明代永乐皇帝先后三次赠日本国王及王妃雕漆礼品达186件之多。

清代乾隆皇帝祝寿时，经英使马戛尔赠送给英王的雕漆器物多至数十件。

传统医道
医疗卫生

中国传统医学是中华民族在长期的医疗、生活实践中，不断积累、反复总结而逐渐形成的具有独特理论风格的医学体系。它传播至全世界，对人类文明和社会进步产生了重大推动作用，被公认为一项"大发明"。

中国传统医学取得了多项世界第一。战国时期名医扁鹊的四诊法，是中国传统医学文化瑰宝；汉代医生华佗发明的麻沸散，是世界医学史上最早的麻醉方剂；中医学在理论体系、诊断和治疗方法，以及外科、免疫、养生等方面的成就独步天下。

传统医学瑰宝四诊法

四诊法是古代战国时期的名医扁鹊根据民间流传的经验和他自己多年的医疗实践，总结出来的诊断疾病的4种基本方法，即望诊、闻诊、问诊和切诊，总称"四诊"，古称"诊法"。

四诊法的基本原理是建立在整体观念和恒动观念的基础上的，是阴阳五行、藏象经络、病因病机等基础理论的具体运用。它自创立以来，得到了不断的发展和完善，是中国传统医学文化的瑰宝。

■ 扁鹊塑像

■ 扁鹊行医雕像

春秋战国时代的民间医生扁鹊，对四诊法的形成与确立，曾经做出了巨大的贡献。

《史记·扁鹊传》记载：有一次扁鹊行医到晋国，正遇上赵简子患重病，已经昏迷5天，不省人事。他的亲人和幕僚非常担心，请扁鹊来给赵简子治病。

扁鹊通过切脉，察觉赵简子的心脏还在轻微跳动，又通过问诊，了解到当时晋国的政治斗争非常激烈，于是断定赵简子是由于在政治斗争中用脑过度，一时昏迷，并没有死。

经过扁鹊精心治疗，3天之内，赵简子的病就好了。这说明，扁鹊非常精通望、闻、问、切四诊法。几千年来，"四诊法"已经成了中医诊病的基本方法。

望诊是根据脏腑经络等理论进行的诊法。人体外

扁鹊（前407—前310），春秋战国时期名医。由于他的医术高超，人们借用上古神话的黄帝时神医"扁鹊"的名号来称呼他。扁鹊奠定了中医学的切脉诊断方法，开启了中医学的先河。相传有名的中医典籍《难经》为扁鹊所著。

部和五脏六腑关系密切,如果人体五脏六腑功能活动有了变化,必然反映到人体外部而表现为神、色、形、态等各方面的变化。所以观察体表和五官形态功能的变化征象,可以推断内脏的变化。

在具体步骤上,望诊可分为望神、望面色、望形态、望头颈五官、望皮肤、望脉络、望排出物等。望诊的重点在望神、望面色和舌诊。因面、舌的各种表现,可在相当程度上反映出脏腑功能变化。

闻诊是医生运用自己的听觉和嗅觉,通过对病人发出的声音和体内排泄物散发的各种气味来推断疾病的诊法。通过听声音,不仅可以诊察与发音有关器官的病变,还可以根据声音的变化,诊察体内各脏腑的变化。

听声音包括:语声、呼吸、咳嗽、呃逆、嗳气等。

嗅气味分为嗅病体和病室的气味两种。其中,病体的气味主要是由于邪毒使人体脏腑、津液产生败气,从体窍和排出物发出;病室的气味由病体及其排泄物散发的,如瘟疫病人会使霉腐臭气充满室内。

问诊是医生采用对话方式,向病人及其知情者查询患者疾病发

扁鹊行医图

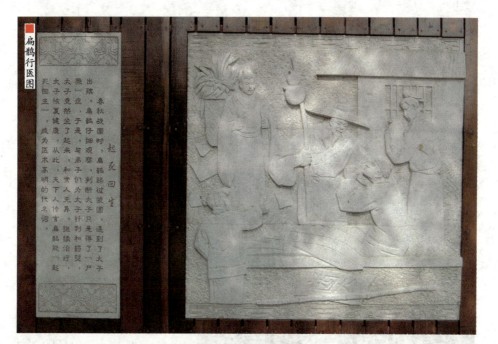

扁鹊行医图

起死回生

春秋战国时,扁鹊路过虢国,遇到了太子出殡。扁鹊仔细观察,判断太子只是得了"尸厥"一症,于是与弟子们为太子针刺和药熨,太子竟然坐了起来,和常人无异,继续治疗二十多天,太子恢复健康。从此,天下人传言扁鹊能"起死回生",成为医术高明的代名词。

生、发展、现在症状、治疗经过等情况的诊法。

问诊主要是对客观难以察知的疾病情况,如在疾病体征缺乏或不明显时,发现可供诊断的病情资料,或提供进一步检查线索;同时,可全面掌握与疾病有关的一切情况,包括病人的日常生活、工作环境、饮食嗜好、婚姻状况等。

问诊的基本内容包括患者的一般情况、主诉、现病史、现在症状、既往病史、个人史、家族史等。其中,现在症状的问诊主要为:问寒热、问睡眠、问情志、问二便等。

切诊是医生用手对患者体表进行触摸、按压的诊法。切诊包括脉诊和按诊两部分。脉诊又称为切脉、诊脉,是通过对脉象变化的体察,了解体内病变的切诊方法。按诊,是用手触摸按压病人体表某些部位,以了解局部异常变化,从而推断病变部位性质和病情轻重等情况的切诊方法。

以上诊断疾病的4种方法彼此之间不是孤立的,是相互联系的。必须将四诊收集到的病情,进行综合分析,去粗取精,去伪存真,才能做出全面的科学判断。

扁鹊所总结出来的"四诊法",完全符合现代科学中的整体方法、系统方法、辨证方法等理论,这不能不令人敬佩。扁鹊也被医学界称为"脉学之宗"。千百年来,中国的"脉学"一直在百家争鸣中前行。

晋代医学家王叔和撰成的《脉经》,是中国现存最早的一部系统论述脉学的专著。此书是对以前脉学的系统总结,共10卷,摘录了《内经》《伤寒论》《金匮要略》及扁鹊、华佗等有关论说,对脉理、脉法进行阐述、分析,并提出了自己的见解。

在《脉经》一书中,王叔和首次把脉象归纳为浮、芤、洪、滑、数、促、弦、紧、沉、伏、革、实、微、涩、缓、迟、结、代、动等24种,对每种脉象的形象、指下感觉等做了具体的描述,并指出了一些相似脉象的区别。

分8组进行了排列比较,初步肯定了左手寸部脉主心与小肠、关部脉主肝与胆,右手寸部脉主肺与大肠、关部脉主脾与胃,两手尺部主肾与膀胱等寸关尺三部脉的定位诊断,为后世中医脉学的发展奠定了重

■ 王叔和塑像

王叔和(201—280),西晋高平人,就是现在的山东省邹城市。魏晋时期的著名医学家、医书编纂家。在中医学发展史上,他做出了两大重要贡献,一是整理《伤寒论》;二是著述《脉经》。后者以较通俗的歌诀形式阐述脉理,紧密联系临床实际,具有一定价值。

要的基础。

1241年，宋代医学家施发著《察病指南》一书，以阐述脉学为主，兼附听声、察色、考味等诊法，是中国现存较早而系统的一部诊断学专著。

《察病指南》以论脉为主，对平脉、病脉以及诊脉原理皆根据古圣贤的遗论，加以补充。尤其值得提出的是，书中以脉搏跳动的现象，创制33种脉象图。此图距今已700多年，是世界现存最早的脉象图。

中国的"脉学"发展至明代，有了新突破。明代医药家李时珍所撰的《濒湖脉学》《奇经八脉考》《脉诀考证》，都是有关"脉学"的论著。

《濒湖脉学》是作者研究"脉学"的心得。他根据各家论脉的精华，列举了27种脉象，全面地叙述有关"脉学"的各种问题。其中同类异脉的鉴别点和各种脉象的相应病证，都编成歌诀，以帮助诵记。

《奇经八脉考》是研究"奇经八脉"的专论。本书不但详叙"奇经八脉"的循行路线，还结合所主病

> 施发（1190—?），浙江永嘉人。南宋时期的医学家。他专心致力医学研究，对疾病诊断理论及技术用力尤勤。所撰《察病指南》以脉诊内容为主，是现存较早的一部诊断学专著，这本书试图把不易掌握的脉象以图形表现出来，是中医史上很有意义的创举。

■ 古代问诊把脉蜡像

中医诊治场景

证，提出相应的治疗。同时也是凭脉诊断疾病的一种依据，对学习和研究"脉学"具有参考价值。

《脉诀考证》集录明代以前各家对"脉学"的不同意见，结合作者自己的见解，探讨"脉学"上的实际问题，对研究"脉学"起到了论证和解决部分存疑问题的作用。

阅读链接

悬丝诊脉指的是古代男女授受不亲，因此就把丝线的一头搭在女病人的手腕上，另一头则由医生掌握，医生必须凭借着从悬丝传来的手感猜测、感觉脉象，诊断疾病。

《封神榜》描述说，商纣王宠妃妲己幻化成美女，淫乱宫闱，祸国殃民。有3只眼睛的闻太师识破了妲己的真面目，再三向纣王进谏，纣王不信。

闻太师说："她是人是妖，我只要一切脉便知分晓。"

纣王说："我的爱妃怎能让你这臣子诊脉？"

闻太师说："可以悬丝诊脉。"他将3个指头接到线上，诊出妲己果真是妖精。

世界最早的麻醉剂

麻沸散是世界医学史上最早的麻醉方剂。是中国汉代医生华佗发明的麻醉方剂,应用全身麻醉进行手术治疗,可以减轻患者的痛苦。这是中国医学史上的创举。

由于腹腔手术的难度非常大。早在东汉三国时期,中国古代著名的医学家华佗就已经能够运用当时的麻醉术对病人进行一些复杂的腹腔手术。华佗被后世尊称为"外科鼻祖"。

■ 华佗画像

■ 古代麻醉治疗

董奉（220—280），字君异，侯官人，就是现在的福建省长乐。医术高明，与南阳张机、谯郡华佗齐名，并称"建安三神医"。他医德高尚，对所治愈病人只要求在其住宅周围种植杏树，以示报答。后世遂以"杏林春暖""誉满杏林"称誉医术高尚的医学家。

东汉末年在中国诞生了3位杰出的医学家，史称"建安三神医"。

其中，董奉隐居庐山，留下了脍炙人口的杏林佳话；张仲景撰写《伤寒杂病论》，理法严谨，被后世誉为"医圣"；而华佗则深入民间，足迹遍于中原大地和江淮平原，在内、外、妇、儿各科的临证诊治中，曾创造了许多医学奇迹，尤其以创麻沸散、行剖腹术闻名于世。

华佗行医，并无师传，主要是精研前代医学典籍，在实践中不断钻研、进取。当时中国医学已取得了一定成就，《黄帝内经》《黄帝八十一难经》《神农本草经》等医学典籍相继问世，望、闻、问、切四诊原则和导引、针灸、药物等诊治手段已基本确立和广泛运用。

与此同时，古代医家，如战国时期的扁鹊，西汉时期的仓公，东汉时期的涪翁、程高等，所留下的不慕荣利富贵、终生以医济世的动人事迹，所有这些不仅为华佗精研医学提供了可能，而且陶冶了他的情操。

关于华佗行医的记载有很多，如《三国志》：华佗曾在徐州地区漫游求学，通晓几种经书。他性情爽朗刚强，淡于功名利禄，曾先后拒绝太尉黄琬征召他出任做官和谢绝沛相陈珪举他当孝廉的请求，只愿做一个平凡的民间医生，以自己的医术来解除病人的痛苦。

华佗本是士人，一身书生风骨。数度婉拒为官的荐举，宁愿手捏金箍铃，乐于接近群众，足迹遍及江苏、山东、安徽、河南等地，在疾苦的民间奔走。行医客旅中，起死回生无数。

经过数十年的医疗实践，华佗的医术已达到炉火纯青。他熟练地掌握了养生、方药、针灸和手术等治疗手段，精通内、外、妇、儿各科，诊断精确，方法简捷，疗效神速，被誉为"神医"。

张仲景（约150或154—约215或219），名机，字仲景。生于东汉时期南阳郡涅阳县，即今河南省镇平县。东汉时期伟大的医学家。世界医史伟人，被奉为"医圣"。其所著《伤寒杂病论》，是中医史上第一部理、法、方、药具备的经典，是中国医学史上影响最大的著作之一。

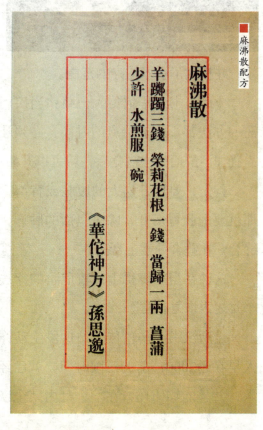

麻沸散配方

麻沸散
羊踯躅三錢 榮莉花根一錢 當歸一兩 菖蒲少許 水煎服一碗
《華佗神方》孫思邈

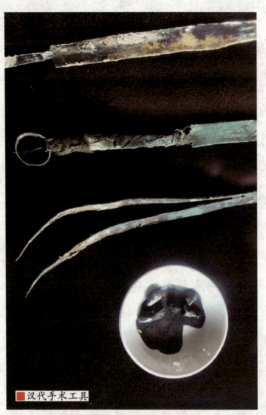

■汉代手术工具

华佗在行医过程中创制的麻沸散，在他的诸多医术中独树一帜。他在多年的医疗实践中，继承了原来先秦时期用酒作为麻药的经验，创造了用酒服麻沸散的办法。

在华佗之前，就有人使用酒作为麻药，不过真正用于动手术治病的却没有。

华佗总结了这方面的经验，又观察了人醉酒时的沉睡状态，发明了酒服麻沸散的麻醉术，正式用于医学，从而大大提高了外科手术的技术和疗效，并扩大了手术治疗的范围。

《后汉书·华佗传》记载：当疾病聚集在人体内部，用针灸和服药的办法都不能够治愈的时候，必须让病人先用酒冲服麻醉药，等病人犹如酒醉而失去痛觉后，就可以开始动手术。

首先，要切开病人的腹腔或背部，把肿瘤切除。如果病在肠胃，那就要把肠胃切开，除去里面的肿瘤，然后清洗干净，把切断的肠胃缝合，在缝合处敷上膏药。

这种在当时算得上比较危险的疗法，却能够在四五天内愈合，一个月之内恢复正常。

《后汉书·华佗传》的这段生动详细的描写，使我们知道了中国人早在近2000年前的三国时期，就已经能够做腹腔肠胃肿瘤的切除手术，并且能够使伤口在一个月内完全恢复。这是世界施行最早的腹腔大手术。

华佗能够非常顺利地进行这样高明而且成效卓著的外科手术，显然是和他通过多年积累创制的麻醉术分不开的。

当华佗施用麻沸散做外科手术时，西方外科医生还在用木棍击昏病人进行手术。据记载，麻沸散比1805年日本冈青州发明的麻醉药早1600余年。

可见麻沸散意义非常重大。可惜的是，关于麻沸散的药物组成，现在已完全失传。后人推测可能有曼陀罗花一类药物。

据现代的科学家研究，麻沸散可能和睡圣散、草乌散、蒙汗药类似。古籍《扁鹊心书》记有用睡圣散作为麻醉药，它的主要药物就是曼陀罗花。

研究证明，曼陀罗花可以作为手术的麻醉药。实践证明，这种天然的麻醉药不仅效果可靠、使用安全，而且有抗休克、抗感染的优越性，这是其他现代西方的麻醉药所不能比的。

曼陀罗花 又叫"曼荼罗""满达""曼扎""曼达""醉心花""狗核桃"等，多野生在田间、沟旁、道边、河岸、山坡等地方，原产印度。中国南方各省均有分布。喜温暖、向阳及排水良好的砂质土壤。

■ 汉代药壶

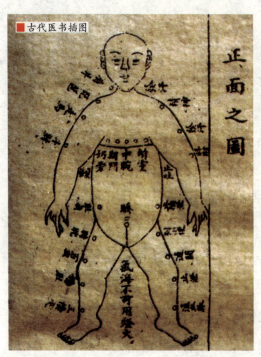

古代医书插图

华佗不但精通方药，而且在针术和灸法上的造诣也十分令人钦佩。他每次在使用灸法的时候，只取一两个穴位，灸七八桩，病就好了。

用针刺治疗时，也只针一两个穴位，告诉病人针感会达到什么地方，然后针感到了他说过的地方后，病人就说"已到"，他就拔出针来，病也就立即好了。

如果有病邪郁结在体内，针药都不能直接达到，他就采用外科手术的方法祛除病患。他所使用的"麻沸散"是世界史上最早的麻醉剂。

总之，华佗采用酒服麻沸散施行腹部手术，开创了全身麻醉手术的先例。这种全身麻醉手术，在中国医学史上是空前的，在世界医学史上也是罕见的创举。

阅读链接

自从有了麻醉法，华佗的外科手术更加高明，治好的病人也更多。他在当时已能做肿瘤摘除和胃肠缝合一类的外科手术。

一次，有个推车的病人，曲着脚，大喊肚子痛。不久，气息微弱，喊痛的声音也渐渐小了。

华佗切他的脉，按他的肚子，断定病人患的是肠痈。因病势凶险，华佗立即给病人用酒冲服麻沸散，待麻醉后，又给他开了刀。这个病人经过治疗，一个月左右病就好了。华佗的外科手术，得到历代医家的推崇。

古代医学的杰出成就

中医学是中国古代科技领域的杰出成就，它由中国独创，产生于中国古代社会，是中国古代科学技术的杰出代表。中医学对人类文明和社会进步起到了重大的推动作用。

古代独创的医学成就是多方面的，包括独特的理论体系，卓有成效的诊断方法和治疗方法，还有在外科、免疫、养生保健及专业著作方面的成就，在人类历史上留下了辉煌的篇章。

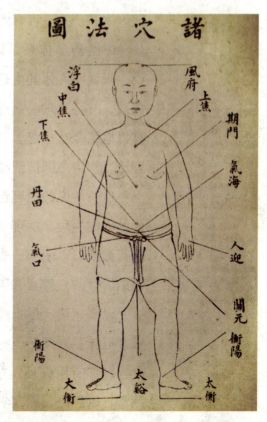
■ 古代医书上的针灸穴位图

■ 安医学图浮雕

中医中药在几千年的历史长河中,确立了独特的理论体系,并一直有效地指导着中医药的诊疗实践。

中医药学体系是以中国古代盛行的阴阳五行学说,来说明人体的生理现象和病理变化,阐明其间的关系,并将生理、病理、诊断、用药、治疗、预防等有机地结合在一起,形成了一个整体的观念和独特的理论,作为中国传统医药学的基础。

这一学说的内容包括以脏腑、经络、气血、津液为基础的生理、病理学;以望、闻、问、切"四诊"进行诊断,以阴阳、表里、虚实、寒热"八纲"进行归纳治疗的一整套临床诊断和辨证施治的治疗学。

以寒、热、温、凉"四气"和酸、甘、苦、辛、咸"五味"来概括药物性能的药物学。

以"君臣佐使""七情和合"进行药物配伍的方剂学;以经络、腧穴学说为主要内容的针灸治疗学。

阴阳五行学说 是中国古代朴素的唯物论和自发的辩证法思想,它认为世界是物质的,物质世界是在阴阳两气作用的推动下滋生、发展和变化;并认为木、火、土、金、水5种最基本的物质是构成世界不可或缺的元素。这种学说对古代的天文学、气象学、化学、算学、音乐和医学有着深远的影响。

此外还有推拿、气功、导引等独特的治疗方法。

中医药学体系经历代不断发展和完善,得到了中国最早的一部重要医学文献《黄帝内经》,总结了秦汉战国及春秋以前许多医家的经验和医学成就,体现了周秦时期的医学特点,确立了中医学独特的理论体系,成为中医发展的基础。

在诊断方法上,"脉诊"是中医药学上一项独特的诊断方法。据《史记》记载,战国时的扁鹊已能通过脉诊确定病人的病情,然后对症下药,反映了当时已掌握了"脉诊"的方法。从此,"脉诊"成为中医药学的一个重要组成部分。

中国的"脉诊"很早就传到国外,除邻近的日本、朝鲜等国外,大约在10世纪时已传至阿拉伯,17世纪时传至欧洲,对世界医学的发展有着一定的影响。

在治疗方法上,针灸是中国独创性的一种治疗方法,其特点是在病人身体的一定部位用针刺入,或用火的温热烧灼局部位置,以达到治病的目的。

这一疗法大约起源于新石器时代,古人就已经有了用砭石治病的经验,以后发展为针灸。周代以后逐渐形成为一项专门的治疗方法。

在长沙马王堆汉墓出土的周代古医籍中,有《足臂十一脉灸经》《阴阳十一脉灸经》等帛书,反映了当时经络学说已基本确立。

针灸医术雕刻

帛书 中国古代写在绢帛上的文书。已出土楚帛书和汉帛书。帛书又名缯书，是以白色丝帛为书写材料，其起源可以追溯至春秋时期，现存实物以子弹库楚墓中出土的帛书为最早。帛是白色的丝织品，汉代总称丝织品为帛或缯，或合称缯帛，所以帛书也叫"缯书"。

《内经》和《难经》中详细记载了人身十二正经、奇经八脉和全身脉络、腧穴以及它们的分布循行与针疗、刺法、刺禁、炙法、炙禁等具体内容，并高度评价了经络的"决死生，处百病，调虚实"的重要作用，对中国医学和世界医学的发展做出了独特的贡献。

针灸疗法早在汉唐时就传到日本、朝鲜等国，宋元时期后又相继传到阿拉伯和欧洲，震撼了国际医学界，影响了世界医学的发展。故外国学者多称誉中国为"针灸的中国"。

在外科学方面，中医坚持了整体的观念，不仅重视体表疾患的局部表现，更重视患者机体的内在变化；不仅重视手术、手法的治疗，更重视机体抗病能力的增强。

这一思想，在骨科治疗中体现得更为突出。因此，在治疗过程中不仅注意了局部的处理，而且强调适当的活动和功能锻炼，同时配合活血化瘀和调理脏腑功能的药物，收到了良好的疗效。

在11世纪时，中国解剖学是比较先进的。在西方医学中，人体解剖学一般发展得比较晚，欧洲在16世纪以前多为对动物的解剖，很少有对人体

■ 针灸铜人

解剖的研究，故中国的人体解剖学较国外至少要早16个世纪。

中医对人体血液循环也有最早的认识。对人体封闭式血液循环及其与心、肺的密切关系，早在《内经》中已有较细致的描述，还对动、静脉血液的性质进行了鉴别。其中有关人体血液循环的精辟论述，较西方医学对此的描述要早约2000年。

麻醉药物的发明，是中医外科的又一重大成就。东汉名医华佗，用麻沸散进行全身麻醉下的剖腹手术，在世界上属于首创。

■ 葛洪画像

中国是免疫学的发祥地，免疫思想很早就已萌发。东晋道教学者、著名炼丹家、医药学家葛洪所著的《肘后方》中记有"疗狾犬咬人方"，即当人被狂犬咬伤后，把咬人的狂犬杀掉，取狂犬的脑子敷贴于伤口上，以防治狂犬病。

大约在17世纪末，中国的人痘接种法传到俄国，继之又传入整个欧洲，对保护儿童的健康做出了重大的贡献。1796年英国医生琴纳发明牛痘接种法后，方逐渐代替了人痘接种法。

早在上古时期，人类就饱受天花危害。1世纪

《内经》 全称《黄帝内经》，是中国现存最早的一部医书，成书年代约为战国时期。本书从阴阳、脏腑、经络、病机、诊法、治则、针灸等各方面，对人体的生理活动、病理变化以及诊断治疗方法作了较为全面而系统的论述，奠定了中医学理论体系的基础。

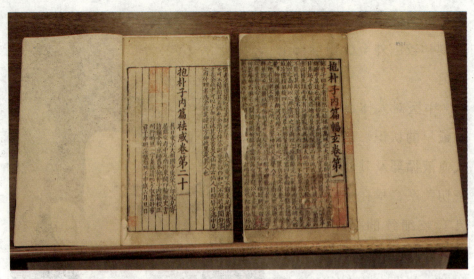

■ 葛洪著作

朱纯嘏（1634—1718），江西新建县人。清代医学家。对痘疹之症研读尤深。于古人之胎毒说有了发展，认为系时令之气入于命门，后盛痘气或疹气而成痘或疹，二者有别，曾为宫廷种痘，有效防止天花蔓延，后曾赴内蒙古地区种痘，颇有成果。所著《痘疹定论》，系有关痘疹之重要著作之一。

时，天花传到了中国，几千年来人们受尽天花的折磨。因此，中国古代医家就创造了预防天花病的"人痘接种法"。

清代张琰《种痘新书》记载："自唐开元年间，江南赵氏始传鼻苗种痘之法。"这是预防天花的最早记载。

据清代朱纯嘏《痘疹定论》记载：相传宋真宗的丞相王旦，原本儿女满堂，可均死于天花。后来老丞相又得一个儿子，取名王素，活泼可爱，天资聪颖，是丞相的命根子。

丞相担心他再遭厄运，染上天花，便请来峨眉山道医为其种痘。小王素种痘后7日发热，痘出甚好，13日结痂。并且再未患天花，活了六七十岁。

17世纪末，人痘接种法已推广到全国，技术也逐渐完善，并先后传到了俄国和土耳其。当时的英国驻土耳其大使夫人蒙塔古因患天花而留下麻脸，十分的痛苦。

她在君士坦丁堡看到当地孩子的种痘效果很好,就在1717年给自己的儿子也种了人痘,后来,她随丈夫回到英国,便把中国这种人痘接种法传到了英国。

英国国王知道这件事情以后,还特地表彰了蒙塔古夫人。

不久,中国的人痘接种法又由英国传到了欧洲各国和印度,直至世界各地。

1776年初,美国独立战争时期,美军首领乔治·华盛顿在军队面临天花威胁、兵源枯竭危及全军之际,毅然决定对驻地费城天花流行区的大陆军全部接种人痘苗,避免了大陆军实际上的瓦解,从而使美国的独立战争取得了最终的胜利。

中国古代中医学著作可谓卷帙浩繁,并取得了举世瞩目的成就。

世界上的第一部药学专著,是东汉时期完成的《神农本草经》。这本书现虽已失传,但其丰富的内容仍被保留在以后历代编修的本草书录中,并被列为中国医学四大经典著作之一。

这部药学经典,较欧洲可与之比美的药学书至少要早16个世纪。

世界上的第一部临床医学专书,是东汉时期张仲景的《伤寒杂病论》,阐述了中医辨证施治理论。它不仅一直指导着中国医学家

> **道医** 是指道教医学,是一种宗教医学。作为宗教与科学互动的产物,它是道教徒围绕其宗教信仰、教义和目的,为了解决其生与死这类宗教基本问题,在与传统医学相互交融过程中逐步发展起来的一种特殊医学体系,是一门带有鲜明道教色彩的中华传统医学流派。

■ "痘诊神仙" 塑像

■《伤寒杂病论》

的临证治疗，而且还流传到国外，影响深远，是世界上第一部经验总结性的临床医学巨著。

世界上最早的炼丹文献，是东汉时期魏伯阳著的《周易参同契》，这不仅是世界上最古老的炼丹文献，也是近代化学的前驱。世界上的科学家们也公认炼丹术起源于中国。

第一部脉象诊断专著，是西晋时期王叔和所著的《脉经》，其特点在于正确描述和区分各种脉象，并将脉、证、治三者结合进行分析，故对世界医学影响很大。

早在582年，中国的脉诊学就传到朝鲜、日本等国，700年后为阿拉伯医学所吸收，并于10世纪被中东医圣阿维森纳在他的名著《医典》中引述。

现存最早的外科专著，是南齐医家龚庆宣著述的《刘涓子鬼遗方》。这本书扼要总结治疗金疮、痈疽、疮疖和其他皮肤病等方面的经验，收列内、外治法处方约140多个，并最早创造了用水银外治皮肤病的方法。中国运用水银软膏较国外至少要早6个多世纪。

中国现存最早的伤科专著，是唐代蔺道人著述的《仙授理伤续断秘方》。重点叙述了关于骨折的处理步骤和治疗方法，包括手技复位、牵引、扩创、固定

龚庆宣 南北朝时齐梁间外科医家。他在前人实践的基础上，于475到520年间总结并著述了《刘涓子鬼遗方》。并最早创造了用水银外治皮肤病的方法。

等内容。

提出了对一般骨折复位后用衬垫固定,并指出要注意关节活动;对开放性骨折,则主张快刀扩创,避免感染;对肩关节脱臼,已能采用"椅背复位法",这也是世界整骨学的首创。

半个世纪以后,元代危亦林使用悬吊复位法治疗脊椎骨折也是世界上的创举,英国达维氏直至1947年才提出此法,较危氏法晚600年。

世界药学史上的伟大著作,是明代李时珍的《本草纲目》。此书载药1892种、药方1.1万余条、插图1160幅,在当时可说是集中国中药之大成,不仅汇集了以往各药学著作的精华,也对过去某些药书记述错误及不真实的数据和结论做了一些纠正和批判。

据知,16世纪的欧洲,尚无能名之为植物学的著作,直至1657年波兰用拉丁文译出本书后,才推动了欧洲植物学的发展。在《本草纲目》成书后近200年,林纳才达到相同的水平。

由于《本草纲目》的辉煌成就,该书被称誉为"东方医学巨典",先后被译成多种外文出版,是研究植物

蔺道人（约790—850），唐代医僧。因尝治愈坠地折颈者,其医术遂广为人知,求医者甚众。道者厌其烦,以其秘方授予彭翁,其术遂行于世。此方为后人刊刻,书名为《仙授理伤续断秘方》,为中医现存最早之骨伤科专书,现有多种刊本行世。

■ 李时珍铜像

学、动物学和矿物学的重要参考数据。李时珍亦被列为世界著名科学家之一。

世界上的第一部药典,是唐代李勣等人对《本草经集注》详加订注的《新修本草》,该书增药114种,分为玉石、草、木、兽、禽、虫、鱼、果、菜、米谷及有名未用等11类,凡20卷,后世称为《唐本草》。

这是中国也是世界上第一部由国家编撰颁布的药典。它比世界上有名的《纽伦堡药典》要早883年。《新修本草》书成800多年后,在日本始出现传抄本。

世界上第一部系统的法医学专著,是宋代宋慈所著的《洗冤集录》,在法医学史上占有重要的地位。

除了以上所举的一些事例外,在中国医学还有诸如种痘、司法检验及营养疗法等领域的创见和成就,也列居世界之显位。故有人说:中国除了"四大发明"外,中医药应是对世界的第五大贡献。从医学发展史和现状看,这种说法一点也不夸张。

阅读链接

张仲景在长沙为官时,有一年当地瘟疫流行,很多人耳朵都冻烂了。他叫弟子在南阳东关的一块空地上搭起医棚,在冬至那天向穷人舍药治伤。

张仲景的药名叫"祛寒娇耳汤",其做法是用羊肉、辣椒和一些祛寒药材在锅里煮熬,煮好后捞出来切碎,用面皮包成耳朵状的"娇耳",下锅煮熟后分给病人。每人两只娇耳,一碗汤。

人们吃下后浑身发热,血液通畅,两耳变暖,吃了一段时间,烂耳朵就好了。人们称这种食物为"饺耳""饺子"或"扁食"。

交通运输

车水马龙

中国是疆域广大、海陆空辽阔的国家，有着发展水陆空交通的优越条件。

几千年来，生活在神州大地的中华民族，不仅写下了陆路交通的悠久历史，开创了水路交通的光辉历程，而且开辟了载人航天的新天地，用他们的勤奋和才智谱写出世界交通史上最壮丽的篇章。

中国古代陆路交通工具方面发明的车、马和轿，水路交通工具方面发明的独木舟、木板船及后来的宏舸巨舰，载人航天方面发明的奇肱飞车，无不体现了中国古人的聪明才智。

陆路交通工具的发明

中国古代陆路交通工具主要是车、马、轿。《史记》中的"陆行乘车,水行乘船,泥行乘橇,山行乘樏",是对古代几种主要交通工具性能的总结。

春秋战国时期,畜力坐骑和人、畜力运输工具,已在境内广泛使用。舆轿是一种独特的代步工具。舆轿经历朝历代的发展,先后出现了"肩舆""步辇""轿子""礼舆"等。

■ 陶制牛车模型

■ 古代独轮车

中国是世界上最早发明和使用车的国家之一，相传在黄帝时已知造车。夏代还设有"车正"的职官，专司车旅交通、车辆制造。

轮是车上最重要的部件，《考工记》中说"察车自轮始"，因此，轮转工具的出现和使用是车子问世的先决条件。

古人运送物品，最初主要靠背负肩扛或手提臂抱，进而采用绳曳法。后来利用所谓橇载法，进而把圆木垫在木橇之下，借其滚动而移动木橇。

这种圆木与木橇的结合，可以说是车的雏形，装在木橇下的圆木可以视为一对装在车轴上的最原始的特殊形式的"车轮"。

利用车轮滚动而行，减少了车与地面的摩擦，省人力，又可多载重物，还可以长途运输。而当这个发明轮子被安装上轴时，人们就开始利用轮子把一个物体从一个地方移到另一个地方。

车的问世，标志着古代交通工具的发展进入了一个新的里程。中国所能见到的最早的车形象和实物均属商代晚期。继商车之后，西周、春秋战国时期的车实物在考古中也多有发现。

《考工记》是春秋时期记述官营手工业各工种规范和制造工艺的文献。今天所见《考工记》，是作为《周礼》的一部分。是中国目前所见年代最早的手工业技术文献。书中保留有先秦大量的手工业生产技术、工艺美术资料。

> **马镫** 是一对挂在马鞍两边的脚踏，供骑马人在上马时和骑乘时用来踏脚。马镫是一项具有划时代意义的发明。如出土文物魏陶马俑，虽然不很精美但却是中国马镫发明与使用历史中的一件重要文物。是5世纪前期拓跋鲜卑人所建北魏王朝使用马镫的实物见证。

比如：西汉时期的双辕车和东汉的独轮车；两晋南北朝时期至唐代的牛车；两宋时期的太平车与平头车；明清时期的骡车。

驾马车的工具分为鞍具和挽具。鞍是鞍辔的统称，挽具则是指套在牲畜身上用以拉车的器具。

鞍具与挽具在汉代以后多有变化，或增或减，或同为一物而异名，或同为一名而异物。如清代轿车的鞁挽具就极为复杂，有夹板儿鞍子、套包、搭攀、后鞦、套靷、滚肚、嚼子、前靷、缰绳等。

马是人在陆路上的代步工具之一。中国古代单骑的马具也和马车的鞍具挽具一样，经历了一个漫长的发展过程。一套完备的马具，是由络头、衔、镳、缰绳、鞍具、镫、胸带和鞦带几部分所组成。

马镫，是马具中至关重要的一个部件。马镫的产生和使用，标志着骑乘用马具的完备。

■ 陶制马车模型

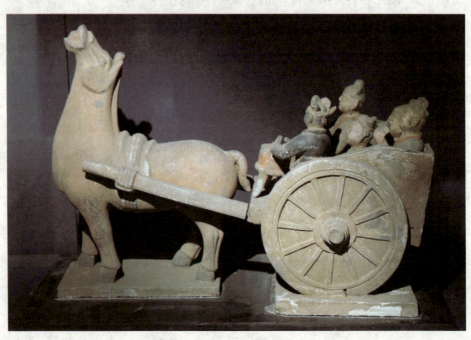

舆轿也是代步工具。《史记》曾记载，大禹治水"山行乘樏"，樏就是轿。这是古文献中对舆轿类的最早记载，只是远古的事，荒邈难稽，人们已无从考证夏代舆轿的形制。

明代轿子

至今，人们所能见到的最早的舆轿实物属春秋战国时期。1978年从河南省固始侯古堆一座春秋战国时期的古墓陪葬坑中，发掘出3乘木质舆轿，由底座、边框、立柱、栏杆、顶盖、轿杆和抬杠等部分组成。

在中国历史上出现的舆轿，有魏晋南北朝时期的"肩舆"或"平肩舆"，盛唐之世的"步辇""步舆""檐子""异床"，宋代的"显轿"与"暖轿"，清代的"礼舆""步舆""轻步舆"和"便舆"等。

阅读链接

用车作战的方法到唐代已完全过时了。756年安禄山攻长安时，文部尚书房琯亲率中军为前锋，在咸阳县陈涛斜（一名陈陶泽）与安禄山之军队进行了一场战斗。

房琯是个读书人，做了宰相，他看到《春秋》上讲的都是车战，便用牛车2000乘，马步夹之，仿效古人与敌作战。敌方顺风扬尘鼓噪，牛都惊骇，又点燃柴草，结果战败。

远在长安的杜甫听到这个消息后，心情沉痛地写下了这样的诗句"孟冬十郡良家子，血作陈陶泽中水。野旷天清无战声，四方义军同日死"。

水路交通工具的发明

长期与自然界的抗争不断增添了人们的智慧，自然现象的反复出现也给人以一定的启迪。古人终于认识到某些物体具有浮性，自然漂浮物成为人们创造舟船工具的最早诱因。

从独木舟到木板船是中国古代造船史上的一次重大飞跃。在此基础上，此后的各种宏舸巨舰、楼船方舟也陆续产生。

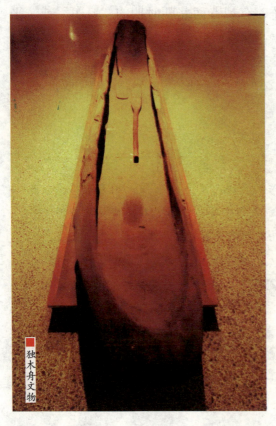

独木舟文物

■ 原始独木舟

中国古人对单根竹木浮力的认识是逐步加深的。由于单根竹木浮在水中易滚动而且面积窄小，运载力有限，于是，古人就将数根并扎，以利于平稳漂浮和运载量的增加，这样可载物又可载人。

古人创制的最早的水上交通工具筏子，是一种用树干或竹子并排扎在一起的扁平状物体。筏子，古时也称为"桴""泭"或"箄"。

继编木为筏之后，《周易·系辞》中说"刳木为舟"。"刳"是割开、挖空的意思，"舟"是指古代船舶的直系祖先独木舟。

有了舟，人们尚不能在水中随意行驶，还必须有推动独木舟行进的工具。《周易·系辞》中说"剡木为楫"，即是指古人制桨的方法，"剡"的意思是削。削木头做成桨，以推进舟的行驶。人们才可较随意地在水面上活动。

独木舟具体出现的时代尚不能断定。1977 年在浙江省余姚河姆渡遗址中，出土一柄用整木"剡"成的木桨，表明最迟在大约7000年前，中

浮力 物理学名词。一般指物体浸泡在液体或气体中产生的托力。船能在水面上漂浮，就是因为浮力的作用。浮力的作用点称为"浮心"。浮心显然与所排开液体体积的形心重合。

■ 隋代双体独木舟

国已开始使用独木舟。同时也说明，中国发明和使用舟船的历史较车马出现的时代要早数千年之久。

中国古代独木舟的形制，大致有三种：一种头尾均呈方形，不起翘，接近平底；一种呈头尖尾方形，舟头起翘；一种头尾均呈尖形，两头起翘。

独木舟的优点就在于一个"独"字，舟身浑然一体，严整无缝，不易漏水，不会松散，而且制作工艺简单，所以沿用的历史很长。直至今日，在中国西南少数民族地区，独木舟还被用作渡河工具。

筏子与独木舟的相继出现，是人类开拓水域交通迈出的第一步。有了它们，人类的活动范围便从陆地扩大到水上，人类从此可以跨江渡河，大大缩短了地域上的阻隔。

在独木舟的基础上，人们开始直接用木板造船，创制出新型的船，这就是木板船。

早期的木板船是由一块底板和两块侧板组成的最简单的"三板船"。全船仅由三块板构成，底板两端经火烘烤向上翘起，两侧舷板合入底板，然后用铁钉连接，板缝用刨出的竹纤维堵塞，最后涂以油漆。

舟船的出现原本是人类为了满足载货、运输和生产的需要，但在奴隶制社会的夏、商、周时期，舟船和马车一样，也成为战争工具。

战舰是从民用船只发展起来的，但由于战舰既要装备进攻武器，又要防御敌舰攻击，所以其结构和性能均比民用船只要优越得多。因此可以说，战舰是当时造船技术水平的最高体现。

秦汉时期的船只类型多，规模大，而且行船的动力系统、系泊设施基本完备。

从文献记载看，当时水军的战舰种类繁多，有"艅艎""三翼""突冒""戈船"等。

"艅艎"又称"余皇"，船头装饰鹢首，专供国君乘坐，因此又称"王舟"。战时则作为指挥旗舰。"三翼"指大翼、中翼、小翼，即3种同类型轻捷战舰的合称。"突冒"是一种冲突敌阵的小型战船。"戈船"是一种船上安有戈矛的战船。

魏晋南北朝时期至隋唐五代，中国船舶制造有两个方面值得提出来，一是沙船的出现；二是设置水密舱。

系泊设施 有狭义和广义之分。狭义的含义是，供船舶停靠并通过它来对船舶完成石油、天然气、水或其他管道系统传送货物装卸作业的锚泊浮式结构。广义的含义是，使浮体约束于海上某位置的结构。

■ 高桥沙船模型

崇明岛 地处长江口，是中国第三大岛，被誉为"长江门户、东海瀛洲"，是世界上最大的河口冲积岛，世界上最大的沙岛。唐代曾在此造沙船。唐武德年间，在东布洲，即今吕四一带南面水中涨出两个沙洲。两洲隔水35余千米，时名东沙、西沙，这就是岛的前身。

沙船是中国古代四大航海船形之一。它是在古代平底船基础上发展起来的一种船形。据专家考证，沙船始造于唐代的崇明岛，首尾俱方，增强了抗纵摇的阻力。成为唐宋元明清各代内河、近海、远洋船舶中的主要船型之一。

将船舱用隔舱板隔成数间，并予以密封，这种被隔开的舱称为"水密舱"。

水密舱的出现也是中国对世界造船技术的一大贡献。世界其他国家直至18世纪末，才吸收了中国这一先进技术，开始在船上设置水密舱。

宋元时期的造船较之前代又有改进，更为完善。海船在中部两舷侧悬置竹梱，称"竹橐"。其作用是消浪和减缓船只左右摇摆，以增强航行的稳定性。同时它也是吃水限度的标志。

大船都有大小两个主舵，舵可升降，根据水的深浅交替使用。这种平衡舵的舵面呈扁阔状，以增大舵面面积，提高舵控制航向的能力。而且又因一部分舵

■ 古代造船雕塑

面积分布在舵柱的前方，可以缩短舵压力中心对舵轴的距离，减少转舵力矩，操纵更加灵便。

宋元时已开始使用仪器导航。此外，这一时期还出现了导航标志，以指示船舶安全进港。

明代是中国造船史上的第三次高峰，最能反映明代造船技术水平和能力的，当属郑和所乘坐的宝船。大型宝船长约150米，宽约60米。

郑和下西洋宝船模型

据推测，郑和每次出洋的船舶数量当在100艘以上，其中大型宝船在40多艘至60艘之间，另外还有马船、粮船、坐船、战船等大小辅助船只。

明代造船不仅数量多、规模大，而且船舶的种类也很多。有运输船、海船、战船等。如此种类众多的船舶，其船形除沙船和福船船形以外，还有广船与鸟船船形。

阅读链接

在古代，各种交通工具的利用以及规模、形制等方面仍有一系列制度上的规定。比如明代规定，在京三品以上者方可乘轿。不过在实际生活中，违礼逾制常常存在。

在明代长篇世情小说《金瓶梅》中，我们看到，西门庆外出一般骑马，他家以及其他一些有势力之家的妇女无论有无职衔，基本一律乘轿。若出远门，则或骑马，或乘轿，比如西门庆曾赴东京陛见，"一路天寒坐轿，天暖乘马"。

空中载人工具的发明

自古以来,行走于地上的人类一直向往着能像鸟儿一样在天空翱翔,所以才有了"嫦娥奔月"的神话传说,同时人类也不懈地进行着飞天的探索与尝试。中国古代载人飞行器也同样走在世界前列。

且不说中国古代的"四大发明"如何惠及世界泽被后世,单单在载人飞行器方面的大胆探索,就足以令世界对古老的中国惊异和敬仰。

■ 大禹雕塑

据传说，远在3500年前的商汤时期，古人就已经发明制造了借助风力飞行的载人飞行器"奇肱飞车"。

据《山海经·海外西经》中的记载的奇肱国，国中男子善机巧，曾经制作出一种能借助风力载人在天空远距离飞行的装置。

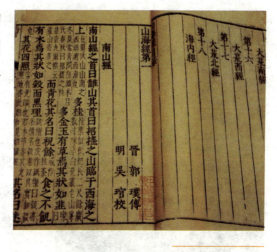

■ 古本《山海经》

传说大禹就曾乘坐过这种飞车。大禹等人从男子国往南，就到了奇肱国。即从今天的重庆乘"奇肱飞车"穿过湖北省西北部直达河南省中部，其间有1000千米航程，飞车4天就能到达。

"奇肱飞车"可以说是最早的飞机，但因为是无动力的，乘坐它只能借风而行。

类似的文字也见于晋文学家张华《博物志·外国》记载："奇肱民善为拭扛，以杀百禽。能为飞车，从风远行。"

《山海经·海外西经》和张华的资料来源出自何典，奇肱飞车的构造如何，其借助风力飞行的装置是风帆还是螺旋桨，现在已经无从考证不得而知了。

但是它的出现不仅远在黄帝的指南车之后，而且还有"善为拭扛"的当时机械制作技术作为背景，所以它的出现应该是没有违背科学发展逻辑的。

如果说《山海经》《博物志》上所载商汤时期的"奇肱飞车"语焉不详，不足采信，那么晋代葛洪

奇肱国 古国称谓又称"鱼人国""夜郎国"。在四川省南部和云南、贵州省的一部分。奇肱国建筑在山坡上，当地风终年不停吹，因此国内四处放置许多小型的风车，成为奇肱国的特点。奇肱族人精于工艺技术，常为了便利自己的生活而造出相当多的机关来。

葛洪石像

《抱朴子》所载飞车就不得不令人信服了。

随着机械技术的进一步发展,魏晋时期人们利用空气的反作用力原理制成"登峻涉险远行不极之道"的飞行器具,使之发展成为一种较为便利具有实用价值的飞行交通工具了。

葛洪在《抱朴子》中记载:

> 或用枣心木为飞车,以牛革结环剑,以引其机。或存念做五蛇六龙三牛,交罡而乘之,上升四十里,名为太清。太清之中,其气甚罡,能胜人也。师言鸢飞转高,则但直舒两翅,了不复扇摇之而自进者,渐乘罡气故也。

这段话不仅言之凿凿地记载了飞车的结构分为用枣心木制成的飞行装置和用牛革制成的动力装置环节两个部分,而且还记载了"太清之中,其气甚罡"的空气动力学知识。所谓罡风或罡气就是高空中强烈的风或气流。古代儿童的竹蜻蜓玩具,可以作为古人能够制作螺旋桨飞行装置的旁证。

按照《抱朴子》所载飞车结构,用古代已有的机械技术完全可以复制出一部载人飞行器。元明清时期以来,民间能工巧匠制造飞行器的就更多了。

古时的火箭是将火药装在纸筒里,然后点燃发射出去,起初只是用于过年过节放烟火时使用，是我们祖先首先发明的。第一个想到利用火箭飞天的人，是明代的士大夫万户。

目前，只有火箭才能把人送上太空。以此为标准，最早尝试飞天的应是明代的万户飞天。万户考虑到加上风筝上升的力量飞向前方，这很少有人想到。西方学者考证，万户是"世界上第一个想利用火箭飞行的人"。

据清代著名学者毛祥麟撰《墨余录》记载，元顺帝年间，平江漆工王某，富有巧思，能造奇器，曾制造一架"飞车"，两旁有翼，内设机轮，转动则升降自如。

上面装置一袋，随风所向，启口吸之，使风力自后而前，鼓翼如挂帆，度山越岭，轻若飞燕，一时可行200千米，越高飞速越快。实令观者为之惊叹"真奇制"。

这种带有风袋的飞机，利用自后而前的风力实现飞行，应该也是如同"奇肱飞车"一般从风远行，可能还不能实现自由驾驶。

据明末清初布衣诗人徐崧《香山小志》记载：清代初期吴县能工巧匠徐正明，从少年时就"性敏，志专一"，他设计、制造的车辆，灵巧牢固，在乡里颇有声誉。

吴县是江南鱼米之乡，地处太湖之滨，河湖港汊，纵横交错，交通不便。有一天，徐正明偶读古代典籍《山海经》，得知商汤时期有"奇肱飞车"，受到启迪，立志制造一架"飞车"飞越湖渠港汊，方便交通。徐正明经过一年苦思冥想，完成了"飞车"的设计草图。接着，他便"按图操斫，有不合者削之，虽百易不悔"。

经过10年锲而不舍的苦心钻研，他终于制造出一架"栲栳椅式"的"飞车"。这架"飞车"构思精绝，"下有机关，齿牙错合，人坐椅中，以两足击板上下之，机转风旋，疾驰而去"，"离地尺余，飞渡港汊"，令乡人为之叹绝。

徐正明制造的"飞车"试飞成功后，决心进一步改进，提高飞行高度。但是徐家贫困日甚，"妻、子啼号"，孤身无援。在贫病交加、生活重压下，他"不幸早殁"。更为遗憾的是，徐妻因丈夫将毕生心血花在"飞车"的研制上，不禁伤心落泪，竟将它"斧斫火燎"化为灰烬了。

徐正明的这架"栲栳椅式"的"飞车"，被《香山小志》详细地记载下来，从中可以了解到这架飞车是依靠人力驱动连杆、齿轮、进而带动"机转"，产生"风旋"。这很有可能是一架人力旋翼机。

事实上，中国古代科学技术水平长期以来远远领先于世界各国。从载人飞天的飞车的发明，恰恰表现了中华民族先辈的勇敢探索精神和杰出智慧。

阅读链接

文献记载，在一个月明如盘的夜晚，万户带着人来到一座高山上。他们将一只形同巨鸟的"飞鸟"放在山头上，"鸟头"正对着明月。

万户拿起风筝坐在鸟背上的驾驶座位椅子上。他自己先点燃鸟尾引线，一瞬间，火箭尾部喷火，"飞鸟"离开山头向前冲去。接着万户的两只脚下也喷出火焰，"飞鸟"随即又冲向半空。

后来，人们在远处的山脚下发现了万户的尸体和"飞鸟"的残骸。这个故事后来被记载为"万户飞天"。

军事武器

披坚执锐

中国古代兵器在祖国悠久的历史长河中，积累下一部璀璨耀目的史册。每一页都凝聚着中国古代劳动人民勤劳、智慧的结晶，每一篇都叙说着石斧铜戟、金戈铁马的赫赫战绩。

弓箭和弩是中国古代冷兵器中的重要发明，前者既是生产工具又是武器，后者则是盛极一时的新式武器。中国是世界上最早发明火药的国家，距今已有2000多年的历史。火药被发明后，很快用来制造热兵器，包括火铳、地雷等，这些武器，在战争中发挥了重要作用。

古代冷兵器发明创造

弓箭文物

冷兵器一般指不利用火药、炸药等热能打击系统、热动力机械系统和现代技术杀伤手段，在战斗中直接杀伤敌人，保护自己的武器装备。

中国古代冷兵器中的弓箭和弩，是中国古代劳动人民了不起的发明。

在历史上，弓箭具有生产工具和武器的双重作用，弩则是盛极一时的新武器。

■ 后羿射日雕塑

弓箭,是中国古人常用的一种工具和兵器。弓箭的最早发明者在中国,这是毫无疑问的。

但发明者究竟是谁,是什么时候制造出弓箭来的,古书上的说法不一,有的说是伏羲创造出的弓箭,也有的说弓箭是黄帝发明的,还有的古书说是后羿发明了弓箭等。

其实,据考古学家考证,这些说法都不准确,因为从挖掘出的文物来看,科学家们认为,弓箭问世的时间,比这些传说中的人物还要早得多,在中国可以追溯至两三万年前的旧石器时期。

从各种古籍和出土的文物上可以看出,人类发明的最早的弓箭样子很简陋,是用一根树枝或者一根竹子,把它弯起来就是弓箭的弓体,用植物的藤或者动物的筋做弦。

这种最原始的半月形的弓箭,由于弓体已经弯曲

后羿 后羿是尧时候的人。神话说,帝尧之时,天上有10个太阳同时出,把土地都烤焦了,人们热得喘不过气来。人间的灾难惊动了天上的神,天帝命令善于射箭的后羿下到人间,协助去除人民的苦难。后羿立即开始了射日的战斗,顷刻间10个太阳被射去了9个。

> **金文** 是指铸刻在殷周青铜器上的铭文，也叫"钟鼎文"。因为周以前把铜也叫"金"，所以铜器上的铭文就叫作"金文"或"吉金文字"；又因为这类铜器以钟鼎上的字数最多，所以过去又叫作"钟鼎文"。金文应用的年代，上自商代的早期，下至秦灭六国，约1200多年。

到了很大的程度，所以发射出来的力量很小。

后来，人们不断总结经验，把弓体改为"弓"形，使弓箭的中间部分凹进去，不上弦时弓体不会有很大的变化，这样就可以储备更多更大的势能，增大弓箭的杀伤力。

科学家们从金文、甲骨文的"弓"字来源于返曲弓的形状推测，可见它的发明和使用比它的文字出现还要早。

特别值得一提的是，考古学家们在山西省的旧石器时代后期的遗址里发现了那时打制的石箭头，可以想象中国制造弓箭的历史有多么久远！

至东周时期，中国的弓箭制造有了很大的提高。

弓箭结构解说图

很长的时间之内，弓箭都是兵家、猎户手中的重要武器。

弓箭在使用时需要一手持弓箭，一手拉弦，因此影响了射箭的准确度。

为了克服这些不足，中国古代人借鉴用于杀死猎物的原始弓形夹子，产生了制造弩的最初想法，即在弓臂上安上定向装置和机械发射体系，命中率和发射力大大提高。就这样，比弓的性能更加优越的弩诞生了。

由此看来，弩就是装有臂

■ 古代的青铜弩机

的弓。它作为中国古代的一种常规武器，显然是由弓演化发展而来。

弓箭的使用在中国至少已有两三万年的历史，弩作为中国军队的常规武器则有2000多年的历史。从保存下来的有关弩的详细描述看，最早的弩是一种青铜手枪式，其顶部的设计属于周朝早期。

据《事物纪原》记载，弩是战国时期楚国冯蒙的弟子琴公子发明的，"即弩之始，出于楚琴氏之也"。

在长沙楚墓出土的文物中，就有制造得相当精巧的弩机。它外面有一个匣，匣内前方有挂弦的钩，钩的后面有照门，照门上刻有定距离的分划，其作用类似现代步枪上的标尺。

匣的下面有扳机与钩相连，使用时，将弓弦向后拉起挂在钩上，瞄准目标后扣动扳机，箭即射出，命中目标。弩的发明是射击兵器的一大进步。

中国古籍中关于弩的记载很丰富。《吕氏春秋》

照门 是枪的瞄准装置的一部分。通常位于表尺上，与准星相互构成瞄准基线，用以瞄准。缺口式照门有方形、三角形、半圆形数种。觇孔式照门一般为圆形孔。它们各有优缺点。

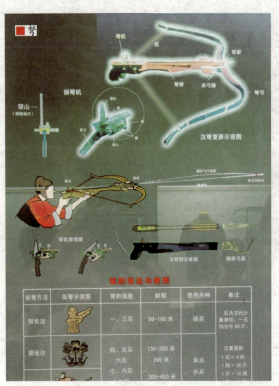

记述了青铜触发装置的精确性,它是中国人在发展弩方面取得的成就中给人印象最深刻的。

青铜触发盒嵌入托中,在它的上面有一个槽,放弓箭或弩箭。弩的触发装置是一个复杂的设备,它的壳,包括在两个长柄上的3个滑动块,每件都是用青铜精铸而成的,机械加工达到令人难以想象的精确度。

战国时弩机的种类就比较多了。如夹弩、庾弩是轻型弩,发射速度快,通常用于攻守城垒;唐弩、大弩是强弩,射程远,通常用于野战。

据《战国策》记载,韩国强弓劲弩很出名,有多种弩皆能射600步远。《荀子》也载有魏国武卒"有12石之弩"等事例。

弩的发明、制作和使用,在战争中发挥了巨大作用。公元前341年,齐、魏两军在马陵展开大战,即著名的"马陵之战"。孙膑指挥齐军埋伏在马陵道两侧,仅弩手就有近万名。当庞涓率魏军经过此地时,万弩齐发,魏军惨败,庞涓自杀身亡。

弩的数量也很可观。公元前209年,秦二世有5万名弩射手。公元前177年,汉文帝手下的弩射手数

马陵之战 指战国时期,魏国为了补偿在桂陵之战时的损失,进攻弱小的韩国,使其向齐国求救而引发的一场齐魏战争。时间是公元前341年。齐国大获全胜,并援救了赵、韩两国,使得其威望上升,国力迅速发展,成为当时数一数二的强大国家,称霸一方。

目与秦相差不多。但这并非意味着在当时只有几万副弩。

据《史记》记载，约在公元前157年，汉太子刘启掌管有几十万副弩的军火库。这就是说，2000多年前，中国人已经有了成批生产复杂机械装置的能力。

有学者认为，中国弩的触发装置"几乎和现代步枪的枪栓装置一样复杂"。

汉代弩的制造有了进一步发展，并逐步标准化、多样化，不但有用臂拉开的擘张弩，还有用脚踏开的蹶张弩，但通常用的是6石弩。

汉代格栅瞄准器的发明并很快用于弩上，进一步提高了弩的命中率。这些格栅瞄准器在世界上是最早的，和现代的照相机和高射炮中的有关机械装置类似。

三国时期，诸葛亮还曾设计制造了一种新式连

> **刘启**（前188—前141），汉文帝刘恒的长子。西汉第六位皇帝，谥"孝景皇帝"。他继承和发展了其父汉文帝的事业，勤俭治国，发展生产，与父亲一起开创了"文景之治"；又为儿子刘彻的"汉武盛世"奠定了基础，完成了从文帝到汉武帝的过渡。

■ 弓弩手塑像

连弩 又称"诸葛弩",相传为诸葛亮所制,可连续发射弩箭。但由于连弩用箭没有箭羽,使铁箭在远距离飞行时会失去平衡而翻滚,而且木制箭杆的制作要求精度高,人工制作难度大,不易大量制造使用。明代以后,由于火器迅速发展,弩便不再受重视。

弩,称为"元戎""以铁为矢",每次可同时发射10支弩箭。

弩是分工制作的,已发现的大多数弩的触发装置上都有制作者刻的名字和制造日期。弩的致命效用的原因之一是广泛采用毒箭。而且由于瞄准好的弩箭能够很容易地穿透两层金属头盔,所以没有人能抵挡得住。

在以后的各朝代中,弩作为一种重要的兵器仍备受青睐,并得以进一步的改进和提高。

北宋时期,有人敬献给皇帝的一种弩,可以刺穿140步开外的榆木。还有一种石弩,它可用连在一起的两张弓组成,需几个人同时拉弦,可一齐射出几支弩箭,杀伤力很大。

宋代的手握弩可射500米远,在马背上时可达330米远。

连发弩克服了装箭的困难,可以快速连射。弩箭

▶双弓弩

连射弩

盒安装在弩托里的箭槽的上方,当一支弩箭发射后,另一支马上掉到它的位置上来,这样就能快速重复发射。100个持连发弩的人,在15秒内可射出2000支箭。

连发弩的射程比较短,最大射程200步,有效射程80步。

连发弩在明神宗时已广为流传,有不少样品至今仍保存在博物馆中。自明代以后,随着火药大规模的应用在战场上,热兵器逐渐取代了弩的地位。

阅读链接

在三国鼎立期间,蜀汉的军事科技是三国之冠。由于蜀汉一直处于劣势,形势逼迫蜀汉必须要造出精良、先进的武器以抵御、战胜较强大的敌人。很多种武器跟工具都是基于这些原因而被发明制造出来的,如诸葛亮发明的"元戎弩"就是一例。

除此之外,蜀汉还有一种"侧竹弓弩"。当时的东吴人很喜欢蜀汉的侧竹弓弩,但不会制作,后来当知道俘获的蜀汉将领中有人会制作后,就立即令他们制作。可见,侧竹弓弩也是蜀汉拥有的先进武器之一。

古代热兵器发明创造

火药是中国古代的伟大发明之一。火药用于军事行动,从此揭开了古代兵器发展史上热兵器的新篇章。

火药发明以后,最迟到10世纪时,中国已经开始用火药来制造热兵器,包括炸弹、火焰喷射器、葫芦飞雷、火铳、地雷等。这些武器,在当时的战争中发挥了巨大的作用。

如民族英雄戚继光就是利用明朝发达先进的造船技术和火药兵器,水陆并进,南征北战数十年,基本解除了外敌对中国沿海的骚扰。

■ 古代的火罐炸弹

震天雷

南宋称"铁火炮",是世界上最早的金属炸弹。震天雷用生铁铸成,有罐子式、葫芦式、圆体式和合碗式等四种。其中罐子式震天雷,口小身粗,厚二寸,内装火药,上安引信。用时由抛石机发射,或由上向下投掷。据《金史》记载:"火药发作,声如雷震,热力达半亩以上,人与牛皮皆碎迸无迹,铁甲皆透"。

唐末宋初开始出现了火药火箭和火药火炮。宋真宗时的神卫水军队长唐福和冀州团练使石普,曾先后在皇宫里做了火箭、火球等新式火药武器,受到宋真宗的嘉奖。

从此,火药成为宋军必备装备。北宋朝廷在首都汴京建立了火药作坊,是专门制造火药和火器的官营手工业作坊。

金世宗大定年间,阳曲北面的郑村有个以捉狐狸为业的人,名字叫铁李,他制造了一种陶质的下粗上细的"火罐炸弹",把火药装入罐内,在上面的细口处安装上引信。这种"火罐炸弹"并不如现在的炸弹的杀伤作用,仅是制造轰鸣声。

猎人在捕野兽时点燃引信,"火罐炸弹"爆炸发出巨大声响,把野兽吓得四处乱窜,有的就会跑入猎人预设的网中。这种"火罐炸弹",就是现代金属炸弹的雏形。

■ 古代的热兵器——震天雷

宋真宗(968—1022)本名赵恒,宋朝第三位皇帝,是宋太宗的第三子。他爱好文学,善书法。著名谚语"书中自有黄金屋,书中自有颜如玉"即出自他,其目的在于鼓励读书人读书科举,参政治国,使得宋朝能够广招贤士治理好天下。

震天雷是北宋后期发展的火药武器，身粗口小内盛火药，外壳以生铁包裹，上安引信，使用时根据目标远近，决定引线的长短。引爆后能将生铁外壳炸成碎片，并打穿铁甲。这是世界上最早的金属炸弹。震天雷用生铁铸造。有四种样式：罐子式、葫芦式、圆体式和合碗式。其中罐子式震天雷，口小身粗，厚约7厘米，内装火药，上安引信。用时由抛石机发射，或由上向下投掷，杀伤人马。

1221年，金兵围攻蕲州时，大量使用了震天雷。1213年河中府之战，以及1232年南京战役中，金兵在进攻过程中都使用了震天雷。从陶罐炸弹到金属炸弹的研制，中国的发明都走在世界的最前列。

现代的战争中，火焰喷射器在战场上大显身手，有着震撼人心的力量。如果把火焰喷射器看作是一种战争中能不断喷射火焰的武器，那么它是中国人发明的。

中国是最早使用石油的国家，早在汉代，人们便发现了石油的可燃性。

原始手榴弹——竹火鹞

开始时，人们只是用石油点灯，认识到用石油"燃灯极明"。在实际应用中，进而了解到石油的其他特性，把它作润滑剂、黏合剂、防腐剂等，甚至将它入药。

石油的主要用途，最初还是作为质地优良的燃料。由于它性能优良，人们考虑将它用于战争。而火焰喷射器所使用的优质燃料，正是石油及石油产品。

据史书记载，石油产品在中国第一次用于火焰喷射器，是在

■ 原始火焰喷射器
——猛火油柜

904年。北宋史学家路振的《九国志》中描述了在一次交战中，一方放出"飞火机"，最后烧毁了对方的城门。

1044年，火焰喷射器在宋代的军队中已形成标准化。宋代军事家曾公亮在所著的一部当时的军事百科全书《武经总要》中提到，如果敌人来攻城，这些武器就放在防御土墙上，或放在简易外围工事里，这样，大批的攻城者就攻不进来。

书中有关于火焰喷射器的设计细节的插图。这具火焰喷射器的主体油箱由黄铜制成，有4条支撑腿，它以汽油为燃料。在它的上面有4支竖管和水平的圆柱体相连，而且它们均连在主体上。圆柱体的头部和尾部较大，中间的直径较小，在尾端有一个大小如小米粒的孔。在头部有个直径约5厘米的孔，在机体侧面有一个配有盖子的小注油管。

此书对火焰的燃烧进行了描述：油从燃烧室中流出，油一喷出，即成火焰。

《九国志》 北宋路振编撰的，采用的是纪传体，把9个割据政权诸王放在"世家"里，把其他文臣将放在"列传"里，"沿古史家体也"。是研究中国马楚文化必不可少的参考资料。

原始地雷

中国古代的彝族人民在长期生产劳动的实践中，发明出了世界上第一枚手榴弹，这就是"葫芦飞雷"。

由于彝族人民生活在云南省的哀牢山地区，而且这里出产天然的火硝、硫黄、木炭，又种植葫芦，这为彝族人民创造葫芦飞雷提供了良好的物质条件。当时彝族人发明葫芦飞雷并不是用于打仗的，而是用来狩猎的。这种"手榴弹"的导火线是只有当地才生长的一种引火草制作的。

现在，手榴弹已经成为世界军器中的重要一员，而中国古代彝族人民发明的"葫芦飞雷"，则为手掷军器的发展打开了新的大门。

南宋后期，由于火药的性能已有很大提高，人们可在大竹筒内以火药为能源发射弹丸，并掌握了铜铁管铸造技术，从而使元代具备了制造金属管形射击火器的技术基础，中国火药兵器便在此时实现了新的革新和发展，出现了具有现代枪械意义雏形的新式兵器火铳。

火铳的制作和应用原理，是将火药装填在管形金属器具内，利用火药点燃后产生的气体爆炸力推出弹丸。它具有比以往任何兵器大得多的杀伤力，实际上正是后代枪械的最初形态。

中国的火铳创制于元代，元代在统一全国的战争中，先后获得了金代和南宋时期有关火药兵器的工艺技术，立国后即集中各地工匠到元大都研制新兵器，特别是改进了管形火器的结构和性能，使之成为射程更远，杀伤力更大，而且更便于携带使用的新式火器，即火铳。

目前存世并已知纪年最早的元代火铳，是收藏于中国历史博物馆的1332年产的铜铳。

这个珍藏的铳体粗短，重6940克。前为铳管，中为药室，后为铳尾。铳管呈直筒状，长0.35米，近铳口处外张成大侈口喇叭形，铳口径0.105米。药室较铳膛为粗，室壁向外弧凸。

铳尾较短，有向后的銎孔，孔径0.077米，小于铳口径。铳尾部两侧各有一个约2厘米的方孔。方孔中心位置，正好和铳身轴线在同一平面上，可以推知原来用金属的栓从两孔中穿连，然后固定在木架上。

这个金属栓还能够起耳轴的作用，使铜铳在木架上可调节高低俯仰，以调整射击角度。

火铳这种新式兵器自元代问世之后，由于青铜铸造的管壁能耐较大膛压，可装填较多的火药和较重的弹丸而具有相当的威力。

又因它使用寿命长，能反复装填发射，故在发明不久便成为军队的重要武器装备。至元代末年，火铳已被政府军甚至农民起义军所使用。

元末明初，明太祖朱元璋在重新统一中国的战争中，较多地使用了火铳作战，不但用于陆战攻坚，也

明太祖朱元璋（1328—1398），明朝开国皇帝，谥号"开天行道肇纪立极大圣至神仁文义武俊德成功高皇帝"，庙号太祖。他在位期间，结束了元代民族等级制度，努力恢复生产，整治贪官，其统治时期被称为"洪武之治"。

朱棣（1360—1424），明朝第三位皇帝。他五次亲征蒙古，巩固北部边防，维护中国版图的统一与完整。多次派郑和下西洋，加强中外友好往来。他在位期间经济繁荣、国力强盛，史称"永乐盛世"。

明代火铳

用于水战之中。

通过实战应用，对火铳的结构和性能有了新的认识和改进，至开国之初的洪武年间，铜火铳的制造达到了鼎盛时期，结构更趋合理，形成了比较规范的形制，数量也大大增加。

洪武初年，火铳由各卫所制造，至明成祖朱棣称帝后，为加强中央集权和对武备的控制，将火铳重新改由朝廷统一监制。从洪武初年开始，终明一代，军队普遍装备和使用各式火铳。

至明永乐时，更创立专习枪炮的神机营，成为中国最早专用火器的新兵种。

地雷是现代战争中最常用的一种武器。最早发明和使用它的国家是中国。据史料记载，1130年，宋军曾经使用"火药炮"给攻打陕州的金军以重大创伤。比较准确的历史记载和"地雷"一词的出现，是在明代。地雷出现在战场上，最早可以追溯至宋元时期，最迟不晚于明代中期。至明末时期，就已经有了"地雷炸营""炸炮""无敌地雷炮"等多种地雷武器。

在使用方法上也发明了踏式和拉火式两种。可见，当时地雷已经在全军中普遍使用起来了。

阅读链接

火药是中国的四大发明之一。火药，顾名思义就是"着火的药"。它的起源与炼丹术有着密切的关系，是古代炼丹师在炼丹时无意配置出来的。

火药在古代战争中有多种用法：最早是用投石车把点燃的火药包抛射出去，后来用弓箭把燃烧的火药包射出去。至宋代，火药的使用越来越高级，就先后发明了火箭、火炮、霹雳炮、震天雷等杀伤力强的武器，元代时又出现了铜铸火铳。

火药威力无比，也很有药用价值，它是中国的骄傲，也是世界的骄傲。

攻守城器械的发明创造

城池自从出现，一直是国家政治、经济、文化的中心，人口密集，地位显要，是历代战争的必争之地。在中国古代，不论大小城市，几乎都建有坚实的城墙，城外还挖有宽而深的城壕。城战是古代战争最主要的组成部分，随着武器的进步，城防设施的不断完善，发明创造了许多攻守城器械。而攻城和守城器械的应用，无不显示出智谋和武力的硬战。

■ 仿古制作的投石机

■ 古代战车

临冲吕公车 所谓"临冲",即指古代的两种大型战车。而"吕公",指姜尚姜太公,因其受封于吕地,所以尊为"吕公",相传此车便是由他发明的。实际上,临冲吕公车最早成型应该追溯到宋代,明代才有较多应用。

在中国古代,城池是封闭式的堡垒,不仅有牢固厚实高大的城墙和严密的城门,而且城墙每隔一定距离还修筑墩、台楼等设施,城墙外又设城壕、护城河及各种障碍器材。可以说层层设防,森严壁垒。

围绕着攻城与守城,各种攻守器械在实战中被广泛应用。在中国古代,攻城器械包括攀登工具、挖掘工具,以及破坏城墙和城门的工具。汉代以来主要发明创造的攻城器械有:飞桥、云梯、巢车、轒车、临冲吕公车等。

飞桥是保障攻城部队通过城外护城河的一种器材,又叫"壕桥"。这种飞桥制作简单,用两根长圆木,上面钉上木板,为搬运方便,下面安上两个木轮。如果壕沟较宽,还可将两个飞桥用转轴连接起来,做成折叠式飞桥。搬运时将一节折放在后面的桥床上，使用时将前节放下，搭在河沟对岸，就是一座简易的壕桥。

云梯是一种攀登城墙的工具。一般由车轮、梯身、钩3部分组成。梯身可以上下仰俯，靠人力扛抬倚架到城墙壁上。梯顶端有钩，用来钩援城垣。梯身下装有车轮，可以移动。

相传云梯是春秋时期的巧匠鲁班发明的，其实早在夏商周时就有了，当时取名叫"钩援"。春秋时的鲁班只是加以改进罢了。

传说在战国初年的时候，楚国的国君楚惠王想重新恢复楚国的霸权。他扩大军队，要去攻打宋国。楚惠王重用了一个当时最有本领的工匠。他是鲁国人，名叫公输般，也就是后来人们称的鲁班。

鲁班 真实姓名古籍记载有公输班、公输盘及公输般等，也有尊称公输子。春秋末叶著名工匠。由于在中国流传着许多他对建筑及木工等行业贡献的传说，认为是他设计的工具及建造法则被沿用至今，所以鲁班被后世奉为工匠祖师。

■ 云梯

■ 墨子（前468—前376），名翟。战国时期著名思想家、教育家、科学家、军事家，墨家学派创始人。墨子创立的墨家学说，在先秦时期影响很大，与儒家并称为"显学"。他著有《墨子》一书传世，提出了"兼爱""非攻""尚贤""尚同""天志""明鬼""非命""非乐""节葬""节用"等观点。

公输般被楚惠王请了去，当了楚国的大夫。他替楚王设计了一种攻城的工具，比楼车还要高，看起来简直是高得可以碰到云端似的，所以叫作云梯。

楚惠王一面叫公输般赶紧制造云梯，一面准备向宋国进攻。楚国制造云梯的消息一传扬出去，列国诸侯都有点担心。特别是宋国，听到楚国要来进攻，更加觉得大祸临头。

楚国想进攻宋国的事，也引起了一些人的反对。反对最厉害的是墨子。墨子是墨家学派的创始人，他反对铺张浪费，主张节约。他要他的门徒穿短衣草鞋，参加劳动，以吃苦为高尚的事。如果不刻苦，就是违背他的主张。

墨子还反对那种为了争城夺地而使百姓遭到灾难的混战。当他听到楚国要利用云梯去侵略宋国时，就急急忙忙地亲自跑到楚国去，跑得脚底起了泡，出了血，他就把自己的衣服撕下一块裹着脚走。

墨子就这样奔走了十天十夜，他到了楚国的都城郢都。他先去见公输般，劝他不要帮助楚惠王攻打宋国。

公输般说："不行啊，我已经答应楚王了。"

墨子就要求公输般带他去见楚惠王，公输般答应了。在楚惠王面前，墨子很诚恳地说：“楚国土地很大，方圆五千里，地大物博；宋国土地不过五百里，土地并不好，物产也不丰富。大王为什么有了华贵的车马，还要去偷人家的破车呢？为什么要扔了自己绣花绸袍，去偷人家一件旧短褂子呢？”

楚惠王虽然觉得墨子说得有道理，但是不肯放弃攻找宋国的打算。公输般也认为用云梯攻城很有把握。墨子便直截了当地说：“你能攻，我能守，你也占不了便宜。”

墨子就解下身上系着的皮带，在地上围着当作城墙，再拿几块小木板当作攻城的工具，叫公输般来演习一下，比一比本领。

公输般采用一种方法攻城，墨子就用一种方法守城。一个用云梯攻城，一个就用火箭烧云梯；一个用撞车撞城门，一个就用滚木礌石砸撞车；一个用地

楚惠王（？—前432），芈姓，熊氏，名章。春秋晚期、战国初期的楚国君主。楚惠王即位后，他重用子西、子期、子闾等人，改革政治，与民休息，发展生产，使楚国国势得以复苏，再度步上争霸行列。他在位时期，吴王夫差击败越王勾践，成为一方强霸。惠王九年，乘吴国被越国打败之际，惠王率兵攻吴，使楚国长期受制于吴的局面，即告结束。

■ 望楼车

■ 西安古城楼上的云梯

道，一个用烟熏。

公输般用了九套攻法，把攻城的方法都使完了，可是墨子还有好些守城的高招没有使出来。

公输般呆住了，但是心里还不服，说："我想出了办法来对付你，不过现在不说。"

墨子微微一笑说道："我知道你想怎样来对付我，不过我也不会说。"

楚惠王听两人说话像打哑谜一样，弄得莫名其妙，问墨子说："你们究竟在说什么？"

墨子说："公输般的意思很清楚，不过是想把我杀掉，以为杀了我，宋国就没有人帮他们守城了。其实他打错了主意。我来楚国之前，早已派了禽滑釐等三百个徒弟守住宋城，他们每一个人都学会了我的守城办法。即使把我杀了，楚国也是占不到便宜的。"

楚惠王听了墨子一番话，又亲自看到墨子守城的本领，知道要打胜宋国没有希望，只好说："先生的话说得对，我决定不进攻宋国了。"

这说明，云梯的运用，无论是攻防，都处在魔高一尺、道高一丈的彼此制衡的发展变化中。到了唐代，云梯比战国时期就有了很大改进。

此时的云梯，底架以木为床，下置六轮，梯身以一定角度固定装置于底盘上，并在主梯之外增设一具可以活动的"副梯"，顶端装有一对辘轳。登城时，云梯可以沿墙壁自由上下移动，不再需要人抬肩扛。

到了宋代，云梯的结构又有了更大改进。据北宋曾公亮的《武经总要》记载，宋代云梯的主梯也分为两段，并采用了折叠式结构，中间以转轴连接。这种形制有点像当时通行的折叠式飞桥。同时，副梯也出现了多种形式，使登城接敌行动更加简便迅速。

为了保障推梯人的安全，宋代云梯吸取了唐代云梯的改进经验，将云梯底部设计为四面有屏蔽的车型，用生牛皮加固外面，人员在棚内推车接近敌城墙时，可有效地抵御敌矢石的伤害。

巢车是一种专供观察敌情用的瞭望车。车底部装有轮子可以推动，车上

> **曾公亮**（998—1078），北宋著名政治家、军事家、军火家、思想家。封兖国公，鲁国公，卒赠太师、中书令，配享英宗庙廷，赐谥宣靖。曾公亮与丁度承旨编撰《武经总要》，为中国古代第一部官方编纂的军事科学百科全书。

■ 战争时用的云梯

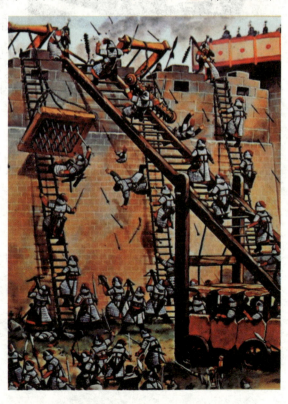

古代巢车

用坚木竖起两根长柱，柱子顶端设一辘轳轴，用绳索系一小板屋于辘轳上。板屋高3米，四面开有12个瞭望孔，外面蒙有生牛皮，以防敌人矢石破坏。屋内可容两人，通过辘轳车升高数丈，攻城时可观察城内敌兵情况。

宋代出现了一种将望楼固定在高杆上的"望楼车"。这种车以坚木为杆，高近1米，顶端置板层，内容纳1人执白旗瞭望敌人动静，用简单的旗语同下面的将士通报敌情。

在使用中，将旗卷起表示无敌人，开旗则敌人来；旗杆平伸则敌人近，旗杆垂直则敌到；敌人退却将旗杆慢慢举起，敌人已退走又将旗卷起。

望楼车，车底有轮可来回推动；竖杆上有脚踏橛，可供哨兵上下攀登；竖杆旁用粗绳索斜拉固定；望楼本身下装转轴，可四面旋转观察。这种望楼车比巢车高大，观察视野开阔。后来随着观察器材的不断改进，置有固定的瞭望塔，观察敌情。

轒车也是一种古代攻城战的重要工具，用以掩蔽攻城人员掘城墙、挖地道时免遭敌人矢石、纵火、木檑伤害。轒车是一种攻城作业车，车下有四轮，车上设一屋顶形木架，蒙有生牛皮，外涂泥浆，人员在其掩蔽下作业，也可用它运土填沟等。

攻城作业车种类很多，还有一种平顶木牛车，但车顶是平的，石块落下容易破坏车棚，因此在南北朝时，改为等边三角形车顶，改名"尖头木驴车"。这种车可以更有效地避免敌人石矢的破坏。

为了掩护攻城人员运土和输送器材，宋代出现了一种组合式攻城作业车，叫"头车"。这种车搭挂战棚，前面还有挡箭用的屏风牌，是将战车、战棚等组合在一起的攻城作业系列车。

头车长宽各7尺，高七八尺，车顶用两层皮笆中间夹1尺多厚的干草掩盖，以防敌人炮石破坏。车顶上方有一方孔，供车内人员上下，车顶前面有一天窗，窗前设一屏风牌，以供观察和射箭之用；车两侧悬挂皮牌，外面涂上泥浆，防止敌人纵火焚烧。

"战棚"接在"头车"后面，其形制与头车略同。在战棚后方敌人矢石所不能及的地方，设一机关，用大绳和战棚相连，以绞动头车和战棚。在头车前面，有时设一屏风牌，上面开有箭窗，挡牌两侧有侧板和掩手，外蒙生牛皮。

使用头车攻城时，将屏风牌、头车和战棚连在一起，推至城脚下，然后去掉屏风牌，使头车和城墙密接，人员在头车掩护下挖掘

> **箭** 又名矢，是一种借助于弓、弩，靠机械力发射的具有锋刃的远射兵器。因其弹射方法不同，分为弓箭、弩箭和摔箭。箭的历史是伴随着弓的产生，远在石器时代，箭就作为人们狩猎的工具。传说黄帝战蚩尤于涿鹿，纯用弓矢以制胜，这是有弓矢之最早者。

■ 古代瞭望车

古代战车

地道。战棚在头车和绞车之间，用绞车绞动使其往返运土。

这种将战车、战棚等组合一体的攻城作业车，是宋代军事工程师的一大创举。

临冲吕公车是古代一种巨型攻城战车，车身高数丈，长数十丈，车内分5层，每层有梯子可供上下，车中可载几百名武士，配有机弩毒矢、枪戟刀矛等兵器和破坏城墙设施的器械。

进攻时，众人将车推到城脚，车顶可与城墙齐，兵士们通过天桥冲到城上与敌人拼杀，车下面用撞木等工具破坏城墙。

这种庞然大物似的兵车在战斗中并不常见，它形体笨重，受地形限制，很难发挥威力，但它的突然出现，往往对守城兵士有一种巨大的威慑力，从而乱其

弩 是古代的一种冷兵器，出现应不晚于商周时期，春秋时期弩成为一种常见的兵器。弩也被称作"窝弓""十字弓"。它是一种装有臂的弓，主要由弩臂、弩弓、弓弦和弩机等部分组成。虽然弩的装填时间比弓长很多，但是它比弓的射程远，杀伤力强，命中率高，对使用者的要求也比较低，是古代一种大威力的远距离杀伤武器。

阵脚。

除以上所述的攻城器械以外,还有其他一些用来破坏城墙、城门的器械,如搭车、钩撞车、火车、鹅鹘车等。在古代攻城战役中,大多是各种攻城器械并用,各显其能。

中国古代的守城器械,包括防御敌人爬城,防御敌人破坏城门、城墙,以及防御敌人挖掘地道等种类。其主要器械有:撞车、叉竿、飞钩、夜叉擂、地听、礌石和滚木等。

撞车是用来撞击云梯的一种工具。在车架上系一根撞杆,杆的前端镶上铁叶,当敌人的云梯靠近城墙时,推动撞杆将其撞毁或撞倒。

1134年,宋、金在仙人关大战时,金人用云梯攻击宋军垒壁,宋军杨政用撞杆击毁金人的云梯,迫使

戟 是一种中国古代独有的兵器。实际上戟是戈和矛的合成体,它既有直刃又有横刃,呈"十"字或"卜"字形,因此戟具有钩、啄、刺、割等多种用途,所以杀伤能力胜过戈和矛。戟在商代就已出现,西周时也有用于作战的,但是不普遍。到了春秋时期,戟已成为常用兵器之一。

攻城战车

敌兵败退。

叉竿又叫"抵篙叉竿",这种工具既可抵御敌人利用飞梯爬城,又可用来击杀爬城之敌。当敌人飞梯靠近城墙时,利用叉竿前端的横刃抵住飞梯并将其推倒,或等敌人爬至半墙腰时,用叉竿向下顺梯用力推剁,竿前的横刃足可断敌手臂。

飞钩又叫"铁鸱脚",其形如锚,有4个尖锐的爪钩,用铁链系之,再续接绳索。待敌兵附在城脚下,准备登梯攀城时,出其不意,猛投敌群中,一次可钩杀数人。

夜叉擂又名"留客住"。这种武器是用直径1尺,长1丈多的湿榆木为滚柱,周围密钉"逆须钉",钉头露出木面5寸,滚木两端安设直径2尺的轮子,系以铁索,连接在绞车上。当敌兵聚集城脚时,投入敌群中,绞动绞车,可起到碾压敌人的作用。

杨政(1098—1157),南宋抗金名将。他戎马一生,抗金保宋,浴血苦战,屡败金兵,为保卫南宋和东南地区人民生命财产安全做出了重大贡献。

■ 古代战车

■ 用来攻城门的战车

地听是一种听察敌人挖掘地道的侦察工具。最早应用于战国时期的城防战中。

《墨子·备穴篇》记载,当守城者发现敌军开掘地道,从地下进攻时,立即在城内墙脚下深井中放置一口特制的薄缸,缸口蒙一层薄牛皮,令听力聪敏的人伏在缸上,监听敌方动静。

这种探测方法有一定科学道理,因为敌方开凿地道的声响从地下传播的速度快,声波衰减小,容易与缸体产生共振,可据此探沿敌所在方位及距离远近。据说可以在离城500步内听到敌人挖掘地道的声音。

礌石和滚木是守城用的石块和原木。在古代战争中,城墙上通常备有一些普通的石块、原木,在敌兵攀登城墙时,抛掷下去击打敌人,这些石块和原木又被称为"礌石""滚木"。

除了以上这些守城器械外,还有木女头、塞门刀

《备穴》是中国古籍《墨子》里记载的一篇文章,见于《墨子》第六十一篇。《墨子》是古代劳力者之哲学,现在一般认为是墨子的弟子及再传弟子关于墨子言行的记录。后来的通行本《墨子》只有53篇,佚失了18篇,其中8篇只有篇目而无原文。关于《墨子》的佚失情况,一种说法是从汉代开始的,另一种说法是南宋时佚失了10篇,其余的8篇是南宋以后佚失的。

■战争攻城塑像

车等，用来阻塞被敌人破坏了的城墙和城门。

长期的攻守博弈，让中国古代的城池斗争充满了智慧。明代后期，由于枪炮等火器在攻守城战中的大量使用，上述许多笨重的攻守城器械便逐渐在战场上消失了。

阅读链接

1621年，明熹宗派朱燮元守备成都，平息四川永宁宣抚使奢崇明的叛乱。

有一天，城外忽然喊声大起，守军发现远处一个庞然大物，在许多牛的拉扯中向城边接近，车顶上一人披发仗剑，装神弄鬼，车中数百名武士，百张强弩待发，车两翼有云楼，可俯瞰城中。

战车趋近时，霎时毒矢飞出，城上守兵惊慌失措。朱燮元沉着地告诉官兵这就是吕公车，并令架设巨型石炮，以千钧石弹轰击车体，又用大炮击牛，牛回身奔跑，吕公车顿时乱了阵脚，自顾不暇。

辉煌灿烂的
科技成就

天文回望

天文历史与天文科技

天演之变

天象记载

中国是世界上天文学起步最早、发展最快的国家之一。几千年来积累了大量宝贵的天文资料，受到各国天文学家的注意。就文献数量来说，天文学可与数学并列，仅次于农学和医学，是中国古代最发达的四门自然科学之一。

从中国古代的天象记载可以看出，中国古人是全世界最坚毅、最精确的天文观测者。比如世界上最初发现的彗星，其近似轨道就是根据中国的观测推算出来的，彗星的记载，也是中国古人自己最先根据历代史书的记载进行汇编的。

古代天文学的发展

■ 天文台下的神兽

天文最开始是在古代祭祀里出现的。古代尤其是上古时期，科学不发达，对大自然没有足够的了解，绝大部分的人认为是有超自然的力量存在的，所以出现了神灵崇拜，而天文学是伴随着这样的背景出现的。

在长期的发展过程中，中国古代天文学屡有革新的优良历法、令人惊羡的发明创造、卓有见识的宇宙观等，在世界天文学发展史上，占据重要的地位。

■ 二十四节气圭

任何一个民族，在其历史发展的最初阶段，都要经历物候授时过程。也许在文字产生以前，我们的祖先就知道利用植物的生长和动物的行踪情况来判断季节，这是早期农业生产所必备的知识。

物候虽然与太阳运动有关，但由于气候的变幻莫测，不同年份相同的物候特征常常错位几天或者10多天，比起后来的观象授时要粗糙多了。

《尚书·尧典》描述：

> 远古的人们以日出正东和初昏时鸟星位于南方子午线标志仲春，以太阳最高和初昏时大火位于南方子午线标志仲夏，以日落正西和初昏时虚星位于南方子午线标志仲秋，以太阳最低和初昏时昴星位于南方子午线标志仲冬。

观象授时 观测天象以确定时间。早在4300年前，中国古人就已经能"观象授时"，并确定了阴历二十四节气中的"春分、秋分、夏至、冬至"等重要节气。在有规律地调配年、月、日的历法产生以前，中国古代漫长的岁月都是观象授时的时代。

历元 作为时间参考标准的一个特定瞬时。在天文学上,历元是为指定天球坐标或轨道参数而规定的某一特定时刻。对天球坐标来说,其他时刻天体的位置可以依据岁差和天体的自行而计算出。由于岁差和章动以及自行的影响,各种天体的天球坐标都随时变化。

物候授时与观象授时都属于被动授时,当人们对天文规律有更多的了解,尤其是掌握了回归年长度以后,就能够预先推断季节,历法便应运而生了。

在春秋战国时期,曾流行过黄帝、颛顼、夏、商、周、鲁6种历法,是当时各诸侯国借用颁布的历法。它们的回归年长度都是365日,但历元不同,岁首有异。

在春秋战国500多年间,政权的更迭比较频繁,星占家们各事其主,大行其道,引起了王侯对恒星观测的重视。中国古代天文学从而形成了历法和天文两条主线。

西汉至五代时期是中国古代天文学的发展、完善时期。从西汉时期的《太初历》至唐代的《符天历》,中国历法在编排日历以外,又增添了节气、朔望、置闰、交食和计时等多项专门内容,体系越加完

■ 古代的节气图

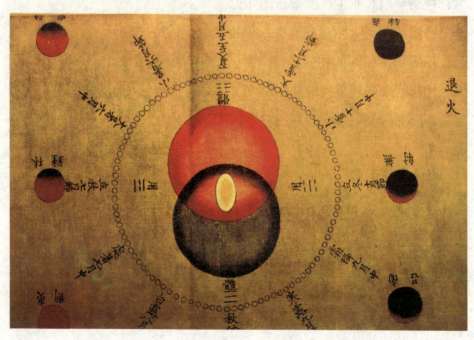

善，数据越加精密，并不断发明新的观测手段和计算方法。

比如，十六国时期后秦学者姜岌，以月食位置来准确地推算太阳位置；隋代天文学家刘焯在《皇极历》中，用等间距二次差内插法来处理日、月运动的不均匀性；唐代天文学家一行的《大衍历》，显示了中国古代历法已完全成熟，它记载在《新唐书·历志》，按内容分为7篇，其结构被后世历法所效仿。

继西汉时期民间天文学家落下闳研究成果以后，浑仪的功能随着环的增加而增加，至唐代天文学家李淳风研究时，已能用一架浑仪同时测出天体的赤道坐标、黄道坐标和白道坐标。

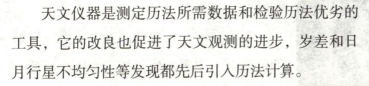
唐代天文学家一行塑像

天文仪器是测定历法所需数据和检验历法优劣的工具，它的改良也促进了天文观测的进步，岁差和日月行星不均匀性等发现都先后引入历法计算。

除了不断提高恒星位置测量精度外，天文官员们还特别留心记录奇异天象发生的位置和时间，其实后者才是朝廷帝王更为关心的内容。这个传统成为中国古代天文学的一大特色。

中国古代3种主要的宇宙观，起源于春秋战国时期的"百家争鸣"。秦代以后的1000多年中，在它们的基础上又派生出许多支系，后来浑天说以其解释天象的优势，取代了盖天说而上升为主导观念。

赤道坐标 一种"天文坐标"。以赤经和赤纬两个坐标表示天球上任一天体的位置。由春分点的赤经圈与通过该天体的赤经圈在北天极所成的角度，或在天赤道上所夹的弧长，称为该天体的赤经计量方向自春分点起沿着与天球周日运动相反的方向量度，以时、分、秒表示。

《郑和航海图》 该图以南京为起点，最远至非洲东岸的慢八撒。图中标明了航线所经亚非各国的方位、航道远近、深度，以及航行的方向牵星高度；对何处有礁石或浅滩，也都一一注明。该图在世界地图学、地理学史和航海史上占有重要的地位。

魏晋南北朝时期，天文学仍有所发展。南北朝时期的科学家祖冲之完成的《大明历》是一部精确度很高的历法，如它计算的每个交点月日数已经接近现代观测结果。

隋唐时期，又重新编订历法，并对恒星位置进行重新测定。一行、南宫说等天文学家进行了世界上最早对子午线长度的实测。人们根据天文观测结果，绘制了一幅幅星图，反映了中国古代在星象观测上的高超水平。

宋代和元代为中国天文学发展的鼎盛时期。这期间颁行的历法最多，数据最精；同时，大型仪器最多，恒星观测也最勤。

宋元时期颁行的历法达25部。它们各有特色，其中元代天文学家郭守敬等人编制的授时历性能最优，连续使用了360年，达到中国古代历法的巅峰。

■ 明代天文学家徐光启塑像

明清时期，在引进西方天文历法知识的基础上，中国古代传统天文历法得到了新的发展，取得了不少新的成就。

明代科学家徐光启组织明代"历局"工作人员编制了完备的恒星图，并采用新的测算法，更精密地预测日食和月食；他主持编译的《崇祯历书》是中国天文历法中的宝贵遗产。

明末清初历算学家王锡阐著有《晓庵新法》等10多种天文学著作，促进了中国

《郑和航海图》

古代历算学的发展。

王锡阐精通中西历法，首创日月食的初亏和复圆方位角的计算方法；其计算昼夜长短和月球、行星的视直径等方法，有许多和现在球面天文学中的方法完全相同；所创金星凌日的计算方法，达到十分精确的程度，在当时世界上是独一无二的。

这一时期，天文知识的发展在航海中得到广泛应用，这是由明代前期郑和船队7次下西洋的伟大航行所促成的。

在《郑和航海图》中，从苏门答腊往西途中所经过的地点，共有64处当地所见北辰星和华盖星地平高度的记录，这是航海中利用了天文定位法的明证。在《郑和航海图》中，还有4幅附图，称为"过洋牵星图"，它以图示的方法标出船队经印度洋某些地区时所见若干星辰的方位和高度角，这就更具体和形象地表明当时人们由测量星辰的地平坐标以确定船位的天文方法。

阅读链接

郑和船队在航海中，使用了成熟的一整套"过洋牵星"的航海术，对天文导航科学做出了重大贡献。

使用时，观测者左手执牵星板一端向前伸直，使牵星板与海平面垂直，让板的下缘与海平面重合，上缘对着所观测的星辰，这样便能测出星体离海平面的高度。

在测量高度时，可随星体高低的不同，以几块大小不等的牵星板和一块长2寸、四角皆缺的象牙块替换调整使用，直至所选之板上边缘和所测星体相切，由此确定这个星体的高度。

古代天文学的思想成就

天文学思想是对天文学家的思维逻辑和研究方法长期起主导作用的一种意识。中国古代天文学思想,同儒家思想,以及与之互相渗透的佛教、道教思想都有着密切的联系。

中国古代天文学的思想成就,体现在星占术的理论和方法、独特的赤道坐标系统、宇宙结构的探讨、阴阳五行学说与天文历法的关系、干支理论等方面,从而形成了具有鲜明特色的中国古代天文学思想体系。

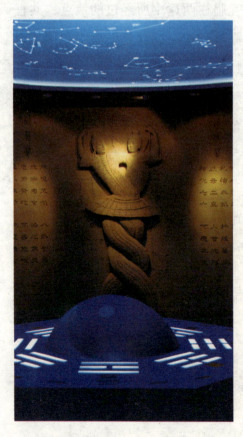
■伏羲女娲时的太极八卦

中国古代星占涉及日占和月占、行星占、恒星占、彗星占，以及天文分野占。它们一同构成了中国古代星占理论，在中国古代社会有着重要的影响。

中国星占术有三大理论支柱，这就是天人感应论、阴阳五行说和分野说。

天人感应论认为天象与人事密切相关，正如《易经》里所说的"天垂象，见吉凶"，"观乎天文以察时变"。

阴阳五行说把阴阳和五行两类朴素自然观与天象变化和"天命论"联系起来，以为天象的变化乃阴阳作用而生，王朝更替相应于五德循环。

分野说是将天区与地域建立联系，发生于某一天区的天象对应于某一地域的事变。

这些理论和方法的建立，决定了中国星占术的政治意味和宫廷星占性质，也造就了中国古代天文学的

> **五德** 指五行的属性，即土德、木德、金德、水德、火德。五德之说源于五行理论，春秋时代的邹衍将天下分为五方，用金、木、水、火、土五行相克的原理来揭示历史朝代更迭的规律，开了将五行纳入政治领域之先河。后世的历代帝王之革命皆沿用五德之说。

■ 中国古代的阴阳变化图腾

夸父逐日石

官办性质，从而有巨大的财力和物力保证，促使天象观察和天文仪器研制得以发展。

在具有原始意味的天神崇拜和唯心主义的星占术流行的时代，甚至在占主导地位的时候，反天命论的一些唯物主义思想也在发展。

不少思想家提出了反天命、反天人感应的观点，指导人们探求天体本身的规律，研讨与神无关的客观的宇宙。那些美丽的神话传说，如"开天辟地""后羿射日""夸父追日""嫦娥奔月"等，都反映了人们力图征服自然改造自然的向往和追求。

日月星占是中国古代比较典型的星占，它们所涉及的范围很广。例如，太阳上出现黑子、日珥、日晕，太阳无光，二日重见等。

另外，古人对日食的发生也很重视，天文学家都在受命进行严密监视。日食出现的方位、在星空中的位置、食分的大小和日全食发生后周围的状况，都是人们所关注的大事。

《晋书·天文志》在记载日食与人间社会的关系时，认为食即有凶，常常是臣下纵权篡逆，兵革水旱的应兆。

古人认为，既然发生了日食，这便是凶险不祥的征兆，天子和大臣不能眼看着人们受灾殃，国家破败，故想出各种补救的措施，以便回转天心。天子要思过修德，大臣们要进行禳救活动。

《乙巳占》记载的禳救的办法是这样的：当发生日食的时候，天子穿着素色的衣服，避居在偏殿里面，内外严格戒严。皇家的天文官员则在天文台上密切地监视太阳的变化。

当看到了日食时，众人便敲鼓驱逐阴气。听到鼓声的大臣们，都裹着赤色的头巾，身佩宝剑，用以帮助阳气，使太阳恢复光明。有些较开明的皇帝还颁罪己诏，以表示思过修德。

月占的情况与日占大同小异，由于月食经常可以看到，故后人就较少加以重视了。不过，月食发生时，占星家比较看重月食发生在恒星间的方位，关注其分野所发生的变化。

行星占又称为"五星占"。五星的星占在所有的星占中占有极重要的位置。除掉日月以外，在太阳系

禳救 又称"禳灾"，指行使法术解除面临的灾难。禳原为古代祭祀名，以后发展成门类繁多的体系，大凡生活中遇到的一切天灾人祸等均在禳解范围之内。如自然灾害方面有禳星、禳年等，社会生活方面有禳官事、禳时疫等。甚至日常发生噩梦、禽兽入室等事，皆有专门禳解之法。

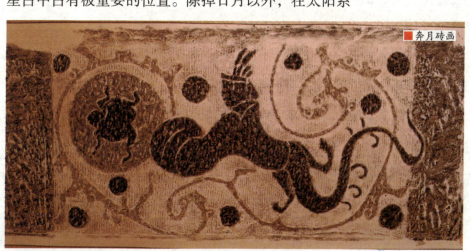

奔月砖画

星图仪

内人们用肉眼所见能做有规律的周期运动的,就只有五大行星。自春秋战国至明代,五星一直是占星家重要的占卜对象。

由于中国古代五行思想十分流行,五星也就自然地与五行观念相附会,连5颗星的名字也与五行的名称一致。

行星占包括的范围极广,有行星的位置推算和预报,有行星的凌犯观测,有行星的颜色、大小、光芒、顺逆等的观测。古人以为,五大行星各有各的特性,它们在天空的出现,各预示着一种社会治乱的情况。

例如:木星为兴旺的星,故木星运行至某国所对应的方位该国就会得到天助,外人不能去征伐它,如果征伐它,必遭失败之祸;火星为贼星,它的出现,象征着动乱、贼盗、病丧、饥饿等,故火星运行到某国所对应的方位,该国人民就要遭灾殃。

金星是兵马的象征,它所居之国象征着兵灾、人民流散和改朝换代;水星是杀伐之星,它所居之国必有杀伐战斗发生;土星是吉祥之星,土星所居之国必有所收获。

恒星也有独立的占法，大致可分为二十八宿占和中官占、外官占。占星家不停地对各种星座进行细致的观察，观看其有无变动。一有动向，便预示着人间社会的一种变化。

占星家认为，尾星是主水的，又是主君臣的，当尾星明亮时，皇帝就有喜事，五谷丰收，不明时，皇帝就有忧虑，五谷歉收。如果尾星摇动，就会出现君臣不和的现象。

中国古代占星术认为，地上各州郡邦国和天上一定的区域相对应，在该天区发生的天象预兆各对应地方的吉凶。这种天区与地域对应的法则，便是分野理论。

有关分野的观念，起源很早。《周礼·春官·宗伯》就有"以星土辨九州之地"，以观"天下之妖祥"的记载。就已经开始将天上不同的星宿，与地上不同的州、国一一对应起来了。

天上的分区，大致是以二十八宿配十二星次，地上则配以国家或地区。

古籍中天文地理分野的记载很多，比如在《汉书·地理志》中，记载春秋战国时期天文地理分野是：魏地，觜角、参之分野；周地，柳、七星、张之分野；韩地，角、亢、氐之分野；赵地，昴、毕之分野；燕地，尾、箕分野；齐地，虚、危之分野；鲁地，奎、娄之分野；宋地，房、心之

被人格化的金星

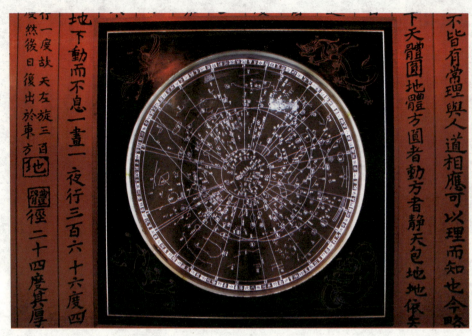

■ 古代星系图

地平坐标系 以地面上一点为天球中心，以该点的地平圈为基本平面的天球坐标系。比如我们看到流星的运行速度都很快，要想记录它们的位置时，就是记下某瞬间该卫星或流星的地平经度（即方位）和地平纬度（即高度），这就是我们所要讨论的地平坐标系。

分野；卫地，营室、东壁之分野；楚地，翼、轸之分野；吴地，斗分野；粤地，牵牛、婺女之分野。事实上，天地对应关系的分组，并没有一个固定的模式。比如《史记·天官书》中对恒星分野只列出8个国家，除地域与恒星对应外，还记载了五星与国家的对应关系。

在天与地的对应关系建立以后，占星就有了一个基础。这样，当天上某个区域或星宿出现异常天象时，它所反映出的火灾、水灾、兵灾、瘟疫等，就有一个相应的地域可以预言。

世界上不同的民族、不同的国家，都选用不同的方法去认识天空现象。这不同的方法认识的结果，是产生了世界学术界公认的3种天球坐标系，即中国的赤道坐标系统，阿拉伯的地平坐标系统，希腊的黄道坐标系统。

3种天球坐标系与生俱来的差异，决定了它们在实地观测中空间取向上的差异。这种差异体现出了赤道坐标系的独特性，同时也体现了中国古代天文学的独特性。

中国古代天文学的赤道坐标系，是用于对整个天地的划分，赤经、赤纬是不变的，依据天极、赤道划分的南北东西也是固定的。它不同于阿拉伯系统所使用的那种地平坐标系，因为它是以观测者为中心来确定天顶和天底，地平经度与地平纬度随观测者所在地不同而不同，依据天顶、天底、地平圈划分的南北东西也是随之变化的。

赤道坐标系以天极为中心来划分东南西北4个方位，是将整圈赤道等分为4等；以天顶为中心来划分东南西北4个方位，划分的是以观测者为中心的东南西北4个方位。

比如殷商时主要活动地域是河南一带，如果以被古人视为"地中"的阳城为中心来划分方位，划分的就是中华大地的东西南北中。

依据赤道坐标系的十二辰而制定的"十二支"历法为例，如果将"十二支"认作"地平十二支"，就会在地平坐标系内探询十二支的空间取向。比如以阳城为中心来划分

> **十二支** 也称"地支"，包括子、丑、寅、卯、辰、巳、午、未、申、酉、戌、亥。天干地支是古人计时的方法，而现在大多只用来计农历年份和生肖了。天干指的是甲、乙、丙、丁、戊、己、庚、辛、壬、癸，也称"十干"。

■ 星宿球形仪

张衡发明的浑天仪

12个方位，在中华大地的东、西、南、北、中地域探询十二支的时空依据。

中华大地的东、西、南、北、中是无法确定出360度的，只有赤道坐标系所界定的整个天地的十二时辰才是十二支的真正归宿。

现今天文学中以英国格林尼治本初子午线为基准的一天24小时划分，与中国古代历法的一天十二时辰直接对应；现代天文学的赤道大圆360度与中国古代天文学的二十八宿如出一辙。现代南北两个半球的划分是依据赤道一分为二的。这些都体现出现代天文学是对中国古代天文学赤道坐标系的传承，并证实了中国古代赤道坐标系是用于对整个天地的划分。

中国古代独特的赤道坐标系统的实在性和科学性，蕴含着古代先哲们对时间、空间与物质世界科学认知的思想精华，对认识宇宙具有重大意义。关于宇宙的结构，自古就引起人们的思考，涌现了许多讨论天地结构的学说。其中最重要的就是形成于汉代的盖天说、浑天说和宣夜说。

盖天说是中国最古老的讨论天地结构的体系。早期的盖天说认为，天就像一个扣着的大锅覆盖着棋盘一样的大地。后来盖天家又主张，天像圆形的斗笠，地像扣着的盘子，两者都是中间高四周低的拱形。这种盖天说既能克服"天圆地方"说的缺点，也能解释很多具有争议的天象。

浑天说在中国天文学史上占有重要的地位，对中国古代天文仪器的设计与制造产生了重大的影响，如浑仪和浑象的结构就和浑天说有着密切的联系，对天文学的有关理论问题的解释也产生了重大影响。

汉代科学家张衡在《浑天仪注》一文中写道：

■ 张衡塑像

> 浑天如鸡子，天体圆如弹丸。地如鸡子中黄，孤居于内，天大而地小……天之包地犹壳之裹黄。

意思是说，天就像一个鸡蛋，大地像其中的蛋黄，天包着地如同蛋壳包着蛋黄一样。这是对浑天说的经典论述之一。

盖天说和浑天说中的日月星辰都有一个可供附着的天壳，盖天说的附着在天盖上，浑天说的附着在像蛋壳一样的天球上，都不用担心会掉下来。

后来人们观测到日月星辰的运动各自不同，有的

浑象 是古代一种表现天体运动的演示仪器，类似现代的天球仪，是一种可绕轴转动的刻画有星宿、赤道、黄道、恒隐圈、恒显圈等的圆球，浑象主要用于象征天球的运动，表演天象的变化。浑象与浑仪合称为浑天仪。

> **杵** 指中国古代舂米或捶衣的木棒。杵和臼都是中国远古使用的捣谷工具。原指一头粗一头细的圆木棒,现已成为使用频率很高的校园流行语,多用来指某人比较傻或脑袋不灵光,使用广泛且灵活。

快、有的慢,有的甚至在一段时间中停滞不前,根本就不像附着在一个东西上。所以就又产生了一种新的理论,这就是宣夜说。

宣夜说主张,天是无边无涯的气体,没有任何形质,我们之所以看天有一种苍苍然的感觉,是因为它离我们太遥远了。日月星辰自然地飘浮在空气中,不需要任何依托,因此它们各自遵循自己的运动规律。宣夜说打破了天的边界,为我们展示了一个无边无际的广阔的宇宙空间。

在恒星命名和天空区划方面,各种思想意识的影响就更加明显。古代星名中有一部分是生产生活用具和一些物质名词,如斗、箕、毕、杵、臼、斛、仓、廪、津、龟、鳖、鱼、狗、人、子、孙等,这可能是早期的产物。

■ 古代星象图

大量的古星名是人间社会里各种官阶、人物、国家的名称,可能是随着奴隶制和封建制的建立和完善,以及诸侯割据的局面而逐渐形成的。

天空区划的三垣二十八宿,其二十八宿的名称与三垣名称显然是两种体系,它们所占天区的位置也不同。这都反映了不同的思想意识的影响。

在中国古代天文学思想

中，应该提及的是古代天文学家探求原理的思想。中国古代科学家很早就努力探索天体运动的原理了。如沈括对不是每次朔都发生食的解释，郭守敬对日月运动追求三次差四次差的改正，明清时期学者对中西会通的研究，都体现了探求原理的思想。在近代科学诞生之前，对于东西方古代天文学家来说，没有近代科学和万有引力定律的理论武装，要探求天体运动的原理都不会成功的。但中国古代历法中，许多表格及计算方法都可以找到几何学上的解释。这一点足见中国古人的才智。此外，中国古代天文学家对许多天象都有深刻的思考并力图予以解释。

■沈括雕像

战国末期楚国辞赋家屈原在《天问》中提出了天地如何起源，月亮为何圆缺，昼夜怎样形成等大量问题；盖天说和浑天说都努力设法解释昼夜、四季、天体周日和周年视运动的成因，对日月不均匀运动也曾以感召向背的理由给予解释。尽管他们是不成功的或缺乏科学根据的，但不能因为不成功而否定他们的努力。探索原理的思想几千年来一直在指导中国古代科学家们的工作。中国古代的天文历法，就是在阴阳五行学说的协助下发展起来的。中国古代有很多与"气"有关的概念，如节气、气候、气化、气势、气

屈原（约前340—前278），战国时期楚国诗人，他是中国古代浪漫主义诗歌的奠基者。主要作品有《离骚》《九歌》等。他创造的"楚辞"文体在文学史上独树一帜，与《诗经》并称"风骚"二体，并且对后世诗歌创作产生了积极影响。

■ 浑天仪

质、运气等。如果仔细分析这些概念就会发现,气是有属性的,在宇宙间没有无属性的中性的气存在。

气由阳气和阴气组成。后世将阴阳作为哲学概念应用得十分广泛,但追本求源,阴阳的观念最早只是起源于历法和季节的变化。

古人以为,气候的变化是由于阴阳二气的作用,阳气代表热,阴气代表冷。宇宙间阴阳二气相互作用,发生交替的变化,便反映在一年四季的变化上。

夏季较炎热时,属于纯阳。冬季较寒冷时,属于纯阴。阳气和阴气互为消长,春季阳气则增长,而阴气则衰弱。

当阳气达到极盛时就是夏至,由此发生逆转,阴气渐升,阳气下降;当阴气达到极盛时就是冬至,这时再次发生逆转,阳气上升,阴气下降,完成了一个周期的交替变化。

阴气 与"阳气"相对。事物或运动中具有内里的、向下的、抑制的、重浊的、形质性的等具有阴属性的一面。就脏腑功能来说,则五脏之气为阴气;就营卫之气来说,则营气为阴气。余可类推。

五行是指木、火、土、金、水5种物质。在中国古代，人们对于五行的看法与后世哲学上的五行几乎完全不同。

古人认为，五行就是一年或一个收获季节中的5个时节。这一说法在上古文献中记载更直接。

古人用直观的5种物质的名称给5种太阳行度命名，就如以十二生肖给日期命名一样，符合古人朴素的思想观念。

五行之间的生克制化，同样具有天文学意义。五行相生，又叫"生数序五行"，其含义是后一个行是由前一个行生出来的，以至于逐个相生，形成一个循环系列，周而复始。五行相生是五行观念中使用最普遍，发展最成熟的一种排列方式。

按照《春秋繁露·五行之义》的说法，木是五行的开始，水是五行的终了，土是五行的中间。木生火，火生土，土生金，金生水，水又生木。木居东方而主春气，火居南方而主夏气，金居西方而主秋气，水居北方而主冬气。所以木主生而金主杀，火主热而水主寒。

这是上古各类文献中，有关生数五行定义的通常说法，可见古人设立五行，开始时并不是为了

夏至 是二十四节气中最早被确定的一个节气。公元前7世纪，先人采用土圭测日影确定了夏至。夏至这天，太阳直射地面的位置到达一年的最北端，几乎直射北回归线，此时，北半球的白昼达最长，且越往北越长。夏至，不仅是一个重要的节气，还是中国民间重要的传统节日。夏至是中国最古老的节日之一，有一种观点认为传统节日中的端午节就是源自夏至节。

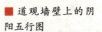

■ 道观墙壁上的阴阳五行图

王莽（前45—23），字巨君，新都哀侯王曼次子、西汉孝元皇后王政君之侄、王永之弟。中国历史上新朝的建立者，即新太祖，也称"建兴帝"或"新帝"，公元8—23年在位。公元8年12月，王莽代汉建新，建元"始建国"，宣布推行新政，史称"王莽改制"。王莽共在位16年。

解决哲学问题，而是借助5种物质的名称来作为一年中5个季节的名称。木行就是一年中开始的第一个季节，相当于春季；火行为第二个季节，相当于夏季；土行为第三季，介于夏秋之间；金行为第四个季节，相当于秋季；水行为第五个季节，相当于冬季。

干支理论是中国古代思想家的一大杰出贡献，尽管当时对天体运行及其结构缺乏科学的了解，但已经在天文学、哲学领域有了相当深入的研究，并取得了后世无法企及的成就。

天干地支，简称"干支"，又称"干枝"。天干的数目有10位，它们依次是：甲、乙、丙、丁、戊、己、庚、辛、壬、癸。地支的数目有12位，它们依次是：子、丑、寅、卯、辰、巳、午、未、申、酉、戌、亥。天干地支在中国古代主要用于纪年、纪月、纪日和纪时等。

十二生肖星宿太极图

天干指南针

干支纪年萌芽于西汉时期，始行于王莽，通行于东汉后期。公元85年，朝廷下令在全国推行干支纪年。干支纪年，一个周期的第一年为"甲子"，第二年为"乙丑"，依此类推，60年一个周期；一个周期完了重复使用，周而复始，循环下去。

如1644年为农历甲申年，60年后的1704年同为农历甲申年，300年后的1944年仍为农历甲申年；1864年为农历甲子年，60年后的1924年同为农历甲子年；1865年为农历乙丑年，1925、1985年同为农历乙丑年，以此类推。

干支纪年是以立春作为一年的开始，是为岁首，不是以农历正月初一作为一年的开始。

干支纪月时，每个地支对应二十四节气自某节气至下一个节气，以交节时间决定起始的一个月期间，不是农历某月初一至月底。

若遇甲或乙的年份，正月大致是丙寅；遇上乙或庚之年，正月大致为戊寅；丙或辛之年正月大致为庚寅，丁或壬之年正月大致为壬寅，戊或癸之年正月大致为甲寅。

依照正月之干支，其余月份按干支推算。60个月合5年一个周期；一个周期完了重复使用，周而复始，循环下去。

干支纪日，60日大致合两个月一个周期；一个周期完了重复使用，周而复始，循环下去。干支纪日比起记载某月某日，其优势是非常容易计算历史事件的日期间隔，以及是否有闰月存在。

由于农历每个月29日或30日不定，而且有没有闰月也不知道，因此，如果日期跨月，则计算将会非常困难。至于某月某日和干支的对应，则可以查万年历。

干支纪时，60时辰合5日一个周期；一个周期完了重复使用，周而复始，循环下去。

干支纪时必须注意的是，子时分为0时至1时的早子时，以及23时至24时的晚子时。晚子时又称"子夜"或"夜子"。

天干地支除了可以纪月日时外，在它的主要序数功能被一、二、三、四等数字取代之后，人们仍然用它们作为一般的序数字。

尤其是甲乙丙丁，不仅用于罗列分类的文章材料，还可以用于日常生活中对事物的评级与分类。

阅读链接

相传在远古时候，共工和颛顼两人为了争夺天下而战。共工失败后，一气之下跑到了大地的西北角，撞倒了那里的不周山。不周山原是8根擎天柱之一，撞倒之后，西北方的天就塌了，东南方的地也陷了下去。于是，天上的日月星辰都滑向西北方，地上的流水泥沙都流向了东南方。

古人对自然现象的成因不能理解，往往会借助想象，创造出各种神话传说，表达他们对自然界发生的各种现象的揣测。这则神话生动地反映了古人对于天地结构的推测。

古代天象珍贵记录

古代天象是指古代对天空发生的各种自然现象的泛称。包括太阳出没、行星运动、日月变化、彗星、流星、流星雨、陨星、日食、月食、激光、新星、超新星、月掩星、太阳黑子等。

中国古代天象记录，是中国古代天文学留给我们的一份珍贵遗产。尤其是关于太阳黑子、彗星、流星雨和客星的记载，内容丰富，系统性强，在科学上显示出重要的价值。同时也反映了中国古代天文学者勤于观察、精于记录的工作作风。

■ 原始望远镜

羲仲 上古人物。根据《史记·五帝本纪》《尚书·尧典》记载，羲仲是尧的大臣。尧命他居住在郁夷旸谷，就是现在的山东省日照市。观察日出、日中，观察朱雀七宿，来确定春分。以方便春天的播种。

我们的祖先极其重视对天象的观察和记录，据《尚书·尧典》记载，帝尧曾经安排羲仲、羲叔、和仲、和叔恭谨地遵循上天的意旨行事，观察日月星辰的运行规律，了解掌握人们和鸟兽的生活情况，根据季节变化安排相应事务。

尧推算岁时，制定历法，还创造性地提出设置"闰月"，来调整月份和季节。

从这里我们也不难看出，在传说中的尧时已经有了专职的天文官，从事观象授时。史载尧生于公元前2214年，去世于公元前2097年，享年117岁。他为中国古代天文事业做出了重要贡献。

从尧帝时期开始，中国古代就勤于观察天象，勤于记录。在长期的观察中，古人对太阳黑子、彗星、流星雨、客星，以及天气气象的记载，为我们留下

■ 古观象台模型

了宝贵的古代天文学遗产，使我们看到了古代的天空，也感受到古代的天气气象。

黑子，在太阳表面表现为发黑的区域，由于物质的激烈运动，经常处于变化之中。有的存在不到一天，有的可达一个月以上，个别长达半年。这种现象，我们祖先也都精心观察，并且反映在记录上。

■《淮南子》中的天文记载

现今世界公认的最早的黑子记事，是约成书于公元前140年的《淮南子·精神训》中，就有"日中有踆乌"的叙述。"踆乌"也就是黑子的形象。

比《淮南子·精神训》的记载稍后的，还有《汉书·五行志》引西汉学者京房《易传》记载："公元前43年4月……日黑居仄，大如弹丸。"这表明太阳边侧有黑子呈倾斜形状，大小和弹丸差不多。

太阳黑子不但有存在时间，也有消长过程中的不同形态。最初出现在太阳边缘的只是圆形黑点，随后逐渐增大，以致成为分裂开的两大黑子群，中间杂有无数小黑子。这种现象，也为古代观测者所注意到。

《宋史·天文志》记有："1112年4月辛卯，日中有黑子，乍二乍三，如栗大。"这一记载，就是属于极大黑子群的写照。

踆乌 古代传说中太阳里的三足乌。中国古代天文学家勤于观测，精于观测，对太阳的细微变化都进行了详细的描述。他们最早发现了太阳黑子现象，就是太阳光球层上出现的黑斑。"踆乌"，原来就是太阳黑子的形象。

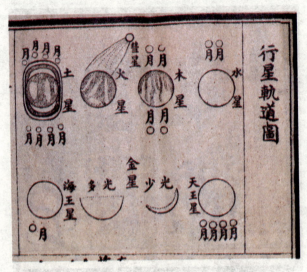

■ 彗星图

据统计，从汉代至明代的1600多年间，中国一些古籍中记载了黑子的形状和消长过程为106次。

中国很早就有彗星记事，并给彗星以孛星、长星、蓬星等名称。彗星记录始见于《春秋》记载："鲁文公十四年（前613）七月，有星孛入于北斗。"这是世界上最早的一次哈雷彗星记录。

《史记·六国表》记载："秦厉共公十年彗星见。"秦厉共公十年就是周贞定王二年，也就是公元前467年。这是哈雷彗星的又一次出现。

哈雷彗星绕太阳运行平均周期是76年，出现的时候形态庞然，明亮易见。从春秋战国时期至清代末期的2000多年，共出现并记录的有31次。

其中以《汉书·五行志》，也就是公元前12年的记载最详细。书中以生动而又简洁的语言，把气势雄壮的彗星运行路线、视行快慢以及出现时间，描绘得栩栩如生。

其他的每次哈雷彗星出现的记录，也相当明晰精确，分见于历代天文志等史书。

中国古代的彗星记事，并不限于哈雷彗星。据初步统计，从古代至1910年，记录不少于500次，这充

彗星 靠近太阳时能够较长时间大量挥发气体和尘埃的一种小天体。是太阳系中小天体之一类。当它靠近太阳时即为可见。太阳的热使彗星物质蒸发，在冰核周围形成朦胧的彗首和一条稀薄物质流构成的彗尾。中国古代对彗星的记载在世界上是最早的。

分证明古人观测的辛勤。

我们的祖先非常重视彗星,有些虽然不免于占卜,但是观测勤劳,记录不断,使后人得以查询。欧洲学者常常借助中国典籍来推算彗星的行径和周期,以探索它们的回归等问题。中国前人辛劳记录的功绩不可泯灭。

流星雨的发现和记载,也是中国最早,在《竹书纪年》中就有"夏帝癸十五年,夜中星陨如雨"的记载。其最详细的记录见于春秋时期的《左传》:"鲁庄公七年夏四月辛卯夜,恒星不见,夜中星陨如雨。"鲁庄公七年是公元前687年,这是世界上天琴座流星雨的最早记录。

中国古代关于流星雨的记录,大约有180次之多。其中天琴座流星雨记录大约有9次,英仙座流星雨大约12次,狮子座流星雨记录有7次。这些记录,对于研究流星群轨道的演变,也是重要的资料。

流星雨的出现,场面相当动人,中国古记录也很精彩。

据《宋书·天文志》记载,南北朝时期宋孝武帝"大明五年……三月,月掩轩辕……有流星数千万,或长或短,或大或小,并西行,至晓而止"。这次流星发生在公元461年。当然,这里的所谓"数千万"并非确数,而是"为数极多"的泛称。

流星雨 是在夜空中有许多的流星从天空中一个所谓的辐射点发射出来的天文现象。是宇宙中被称为流星体的碎片,在平行的轨道上运行时以极高速度进入地球大气层的流束。流星雨这一天文现象,曾经被中国古代天文领域所关注。

■ 古籍中有关流星石的记载

■ 广西南丹铁陨石

流星体坠落到地面便成为陨石或陨铁，这一事实，中国也有记载。《史记·天官书》中就有"星陨至地，则石也"的解释。至北宋时期，沈括更发现以铁为主要成分的陨石，其"色如铁，重亦如之"。

在中国现在保存的最古年代的陨铁是四川省隆川陨铁，大约是在明代陨落的，1716年掘出，重58.5千克。现在保存在成都地质学院。

有些星原来很暗弱，是人目所看不见的。但是却在某个时候它的亮度突然增强几千至几百万倍，叫作"新星"；有的增强到一亿至几亿倍，叫作"超新星"。

以后慢慢减弱，在几年或十几年后才恢复原来亮度，好像是在星空做客似的，因此给这样的星起了个"客星"的名字。

在中国古代，彗星也偶尔列为客星；但是对客星记录进行分析整理之后，凡称"客星"的，绝大多数

> **陨铁** 含铁量大的陨星称为"陨铁"。陨石可分为铁陨石也叫"陨铁"、石铁陨石也叫"陨铁石"、石陨石也叫"陨石"。陨铁由北宋科学家记录在《梦溪笔谈》中，并做了较为详尽的描述，是中国古代天文学珍贵的史料。

是指新星和超新星。

中国殷代甲骨文中,就有新星的记载。见于典籍的系统记录是从汉代开始的。《汉书·天文志》中有:"元光元年六月,客星见于房。"房就是二十八宿里面的房宿,相当于现在天蝎星座的头部。汉武帝元光元年是公元前134年,这是中外历史上有记录的第一颗新星。

自殷代至1700年为止,中国共记录了大约90颗新星和超新星。其中最引人注意的是1054年出现在金牛座天关星附近的超新星,两年以后变暗。

1572年出现在仙后座的超新星,最亮的时候在当时的中午肉眼都可以看见。

《明实录》记载:

> 隆庆六年十月初三日丙辰,客星见东北方,如弹丸……历十九日壬申夜,其星赤黄色,大如盏,光芒四出……十月以来,客星当日而见。

中国的这个记录,当时在世界上处于领先水平。

中国历代古籍中还有天气、气象的记载。

夏代已经推断出春分、秋分、夏至、冬至。东夷石刻连云港将军崖岩画中有与社石相关的正南北线。

商代关注不同天气的不同现象。甲骨文中有关于

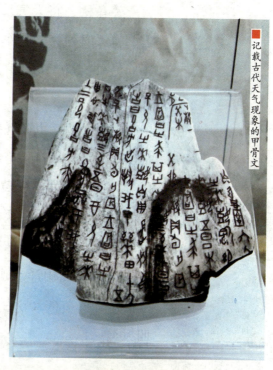

记载古代天气现象的甲骨文

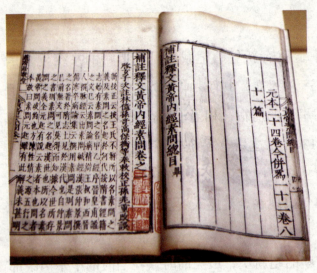

■《黄帝内经》中有关气象的记载

风、云、虹、雨、雪、雷等天气现象的记载和描述。

西周时期用土圭定方位,并且知道各种气象状况反常与否,均会对农牧业生产造成影响。《诗经·豳风·七月》,记载了天气和气候谚语,有关于物候的现象和知识;《夏小正》是中国最早的物候学著作。

春秋时期,秦国医学家医和开始将天气因素看作疾病的外因;曾参用阴阳学说解释风、雷、雾、雨、露、霰等天气现象的成因。

《春秋》将天气反常列入史事记载;《孙子兵法》将天时列为影响军事胜负的5个重要因素之一;《周易·说卦传》指出"天地水火风雷山泽"八卦代表自然物。

战国时期,重视气象条件在作战中的运用。庄周提出风的形成来自于空气流动的影响,并提到日光和风可以使水蒸发。《黄帝内经·素问》详细说明了气候、季节等与养生和疾病治疗间的关系。

秦代形成相关的法律制度,各地必须向朝廷汇报雨情,以及受雨泽或遭遇气象灾害的天地面积。在《吕氏春秋》将云分为"山云、水云、旱云、雨云"四大类。

医和 春秋时期秦国名医。医和用诊病手段得到的不仅是病人所患疾病的信息,而且还有病人的命程,甚至病人身边良臣的命程的准确信息。他不单是在"医",而且同时在"卜",在"算",在"相"。史书上就总是把"医""卜""星""相"列在一起。

汉代列出了与现代名称相同的二十四节气名，并且出现了测定风向及其他天气情况的仪器。西汉时期著名的唯心主义哲学家和经学大师董仲舒指出了雨滴的大小疏密与风的吹碰程度有关。

东汉哲学家王充《论衡》，指出雷电的形成与太阳热力、季节有关，雷为爆炸所起；东汉学者应劭《风俗通义》，提出梅雨、信风等名称。

三国时期，进一步掌握了节气与太阳运行的关系。数学家赵君卿注的《周髀算经》，介绍了"七衡六间图"，从理论上说明了二十四节气与太阳运行的关系。

两晋时期，"相风木鸟"及测定风向的仪器盛行。东晋哲学家姜岌指出贴近地面的浮动的云气在星体上升时，能使星间视距变小，并使晨夕日色发红。晋代名人周处的《风土记》提出梅雨概念。

南北朝时不仅了解了气候对农业生产的影响，还开始探索利用不同的气候条件促进农业生产。

北魏贾思勰《齐民要术》，充分探讨了气象对农业的影响，并提出了用熏烟防霜及用积雪杀虫保墒的办法；北魏《正光历》，将七十二候列入历书；南朝梁宗懔《荆楚岁

> **保墒** 保持水分不蒸发，不渗漏，例如播种后地要压实，是为了减少孔隙，让上层密实的土保住下层土壤的水分。一般通过深耕、细耙、勤锄等手段来尽量减少土壤水分的无效蒸发，使尽可能多的水分来满足作物的生长。从古至今，保墒与天气变化都有直接的关系。

■ 玑衡抚辰仪

对流性天气 主要是指雷暴、冰雹、龙卷风等天气。对流性天气十分激烈，容易成灾害。其影响范围较小，持续时间较短，所以通常是一种局部灾害性天气。对流性天气现象在中国古代天文史料中多有记载，是了解气候变化规律的重要参考资料。

时记》，提出冬季"九九"为一年里最冷的时期。

隋唐及五代时期，医学家王冰根据地域对中国的气候进行了区域划分，这是世界上最早提出气温水平梯度概念的。隋代著作郎杜台卿《玉烛宝典》，摘录了隋以前各书所载节气、政令、农事、风土、典故等，保存了不少农业气象佚文；唐代天文学家李淳风《乙巳占》，记载测风仪的构造、安装及用法。

宋代对于气象的认识更为丰富和详细，在雨雪的预测及测算方面更为精确。

北宋地理学家沈括的《梦溪笔谈》中，涉及有关气象的如峨眉宝光、闪电、雷斧、虹、登州海市、羊角旋风、竹化石、瓦霜作画、雹之形状、行舟之法、垂直气候带、天气预报等；南宋绍兴秦九韶《数书九章》，列有4道测雨雪的算式，说明如何测算平地雨雪的深度。

■《黄帝内经》有关天气变化的内容

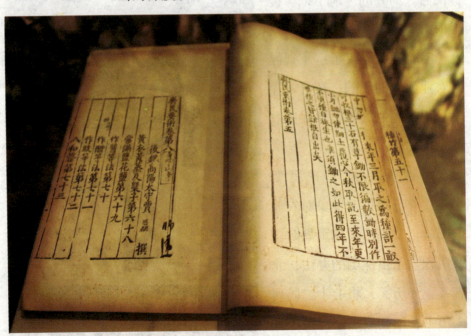

《梦溪笔谈》涉及天象的记载

清代译著《测候丛谈》，采用"日心说"，全面介绍了太阳辐射使地面变热以及海风、陆风、台风、哈得来环流、大气潮、霜、露、云、雾、雨、雪、雹、雷、平均值及年、日较差计算法、大气光象等大气现象和气象学理论。

岁月推移，天象更迭。我们祖先辛勤劳动，留下宝贵的天象记录，无一不反映出先人孜孜不倦、勤于观测的严谨态度，无一不闪烁着我们民族智慧的光辉。这些，是中国古代丰富的文化宝库中的一份珍贵遗产，对今后更深刻地探索宇宙规律，都将起到重要的作用。

阅读链接

尧帝以"敬授民时"活动，促进了中国古代天文事业和农耕文明的进步。

《尚书·尧典》上说，尧派羲仲住在东方海滨叫"旸谷"的地方观察日出，派羲叔住在叫"南交"的地方观察太阳由北向南移动，派和仲住在西方叫"昧谷"的地方观察日落，派和叔住在北方叫"幽都"的地方观察太阳由南向北移动。

春分、秋分、冬至、夏至确定以后，尧决定以366日为1年，每3年置1闰月，用闰月调整历法和四季的关系，使每年的农时正确，不出差误。

二十四史中的天文律历

自从西汉史学家司马迁著《史记》以来,形成了历代为前代撰写史书的传统。从《史记》至《明史》共24部,总称二十四史。

在二十四史中不但记载历代史实,还有关于天文、律历的大量内容。

二十四史中有17部专门著有天文、律历、五行、天象诸志。各天文志中均有传统的天象记录,保证了中国古天象记录的完整性。这些记载,是研究中国天文学史的主要资料来源。

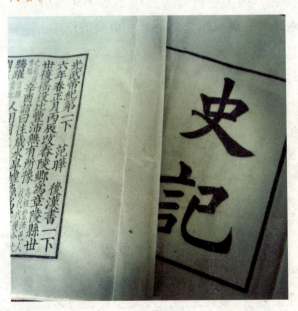

■《史记》

二十四史中专门著有天文、律历、五行、天象的史书，包括《史记》《汉书》《后汉书》《晋书》《宋书》《南齐书》《魏书》《隋书》《旧唐书》《新唐书》《旧五代史》《新五代史》《宋史》《辽史》《金史》《元史》《明史》。

其中有些史书的记载是历史典籍中首次出现，具有重要的价值。

《史记·天官书》为西汉史学家司马迁撰，总结了西汉以前的天文知识，详细叙述全天星官星名，全天五宫及各宫恒星分布，共列出90多组星名，500多星，但其名称往往与后世有异，为研究星名沿革提供了信息。

■ 司马迁著《史记》浮雕

《史记·天官书》还指出北斗与各星宿相对应的关系，根据北斗的观测可判定各星宿的位置。关于恒星大小和颜色的描述表示了恒星亮度与温度，这是中国古代有关恒星物理性质的难得资料。

《史记·天官书》还叙述了众多的天象、彗孛流陨、云气怪星等，描述了它们的形状和区别，并记下了"星坠至地则石也"的认识。此外五大行星的运动规律，日月食的周期性，二十八宿与十二州分野都在这里有首次记载。

《汉书·天文志》由汉代大学问家马续撰。关于全天恒星统计有118官，783星。天文志中详细记录了各种天象出现的时间，尤其是行星在恒星间的运行、

星官 中国古代为了便于认星和观测，把若干颗恒星组成一组，每组用地上的一种事物命名，这一组就称为一个星官，简称"一官"。唐宋时期也有称之为"一座"的。但是这种星座并不包含星空区划的含义，与现今所说的星座概念有所不同。

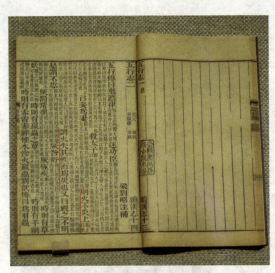

■ 二十四史

太白昼见、彗孛出现的时间和方位。

《后汉书·天文志》为西晋史学家司马彪撰，也继续记载这一系列天象。

两书的"五行志"则着重记述日食、月食、日晕、日珥、彗孛流陨之事，特别对日食的食分和时刻有详细记载，对太阳黑子出现的时间、形状做出了很有价值的描述，是早期天象记录的重要来源。

《晋书·天文志》为唐代天文学家李淳风撰写，是一篇重要的天文学著作，虽比《宋书》《南齐书》《魏书》的"天文""五行志"晚出，但它的内容丰富，基本上是晋以前天文学史的一个总结。

其中有关于天地结构的探讨，浑天盖天宣夜之说及论天学说，各说之间的争论和责难。

有各代所制浑象的结构、尺寸、沿革情况；有全天恒星的重新描述，计283官，1464星，为陈卓总结甘石巫三家星以后直至明末之前中国恒星名数的定型之数。

有银河所经过的星宿界限；十二次与州郡与二十八宿之间的对应关系，十二次是古人为了观测日、月、五星的运行和气节的变换，把周天分为十二等份；还有各种天象的观测，首次指出彗星是因太阳而发光，彗尾总背向太阳的道理。最后还记录了大量

日珥 在日全食时，太阳的周围镶着一个红色的环圈，上面跳动着鲜红的火舌，这种火舌状物体就叫作日珥，日珥是在太阳的色球层上产生的一种非常强烈的太阳活动，是太阳活动的标志之一。

天象，使历代天象记录延续不断。

《隋书·天文志》也是李淳风所撰写。关于天地结构，全天星宿的内容与晋志颇有相同之处，盖因出于一人一时之笔。

但此书详论浑仪之结构和踪迹，首次描述了前赵孔挺和北魏斛兰等人所铸浑仪，留下了早期浑仪结构的资料，难能可贵。

《隋书·天文志》又论述了盖地晷景、漏刻等内容，记录了一日10时，夜分五更的制度。第一次列举交州、金陵、洛阳等地测影结果，指出"寸差千里"的说法与事实不符。

书中还引述姜岌的发现，"日初出时，地有游气，故色赤而大，中天无游气，故色白而小"，这与蒙气差的道理相合。

又引述南北朝时期天文学家张子信居海岛观测多年，发现太阳运动有快有慢，行星运动也不均匀，提出感召向背的原因来给予解释。这都是中国天文学史

蒙气差 观测太空星体时，星光进入大气时的真实天顶角与人在地面看到的天顶角不同，这种差异，是由于大气折射造成的，这就是蒙气差。当日月星辰实际上在地平线以下时，由于蒙气差，我们才可以看到它们，这样日出的时间会提早，日落的时间将会延迟。

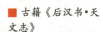
古籍《后汉书·天文志》

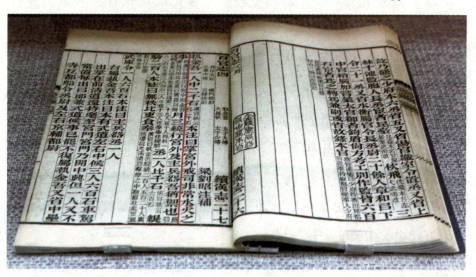

李淳风塑像

上的重要发现。

新、旧《唐书》出于不同作者,详略各有不同,可互为参阅。两书天文志详论了北魏铁浑仪传至唐初已锈蚀不能使用。

李淳风铸浑天黄道仪,确立了浑仪的3层规环结构,又考虑白道经常变化的现象,使白道可在黄道环上移动,后来一行、梁令瓒又铸黄道游仪,使黄道在赤道环上游动象征岁差。

新、旧《唐书》天文志记载了两仪的结构和下落,并列出了一行测量二十八宿去极度的结果,发现古今所测有系统性的变化。

新、旧《唐书》天文志还记载了一行、南宫说等进行大地测量的情况和结果,发现"寸差千里"之谬,并发现南北两地的影长之差跟地点和季节均有关系,改以北极出地度来表示影差较为合适。

新、旧《唐书》天文志还以较大篇幅记载唐代各种天象,互有补充。

特别应提出《旧唐书·天文志》记录了唐代天文机构的隶属关系和人员配置,相应的规章制度,尤其是规定司天官员不得与民间来往,使天文学逐渐成为皇室垄断的学问。

这一资料对研究中国天文学史非常重要。新、旧《唐书》天文志是《晋志》以后的重要著作。

新、旧《五代史》也出自两人,仅记日月食、彗流陨之天象,但《旧五代史》中天文志较详尽。

《宋史·天文志》卷帙浩繁,除详细叙述全天恒星、记录宋代各种天象外，还介绍了北宋时期制造浑仪及水运浑象、仪象台的简况，有沈括所著《浑仪议》《浮漏议》《景表议》3篇论文的全文，是天文学史的重要资料。

宋、辽、金三史以金史文笔最为简洁，但金史将天文仪器的内容放在历志里，似无道理，它叙述了宋灭后北宋仪器悉归于金，并运至北京，屡遭损坏的情况，对仪器的沧桑变迁提供了有价值的史料。

《元史·天文志》详细记述了郭守敬创制的多种仪器，元代"四海测验"的情况和结果，还有阿拉伯仪器的传入，集中描述了7件西域仪象，是明代以前对传入天文仪器描述最集中系统的资料。它是《唐书·天文志》以后较为重要的史料。

《明史·天文志》则是中西天文学合流之后记述这一情势的重要资料，许多内容当采自崇祯历书。这

> **第谷体系** 天文学家第谷于16世纪提出的一种介于地心和日心体系之间的宇宙体系，即介于托勒密和哥白尼两体系的折中体系。认为地球静居中心，行星绕日运动，而太阳则率行星绕地球运行。

■ 古籍《宋史·天文志》书影

> **四分历** 是以1/4日为回归年长度调整年、月、日周期的历法。冬至起于牵牛初度，则1/4日记在斗宿末，为斗分，是回归年长度的小数，正好把一日四分，所以古称"四分历"。战国至汉初，普遍实行四分历。"四分历"的创制和运用，集中体现了中国古人的聪明才智和天文历法水平，在世界范围内具有非常宝贵的价值。

里有第谷体系，日月行星与地球的距离数据，伽利略望远镜的最初发现，南天诸星北半球之中国不可见者，西方的一些天文仪器、黄道坐标系等。

《二十四史》《律历志》中的律，主要内容是音律，与天文学关系似不密切。历，是中国天文学史的主要内容，各史历志是有关中国历法史的资料源泉。

从《史记·历书》以来，各史中均详细记载了一些历法的基本数据和推算方法，还有相应的历法沿革、理论问题等。

在历法推算之外，还有一些有关历法沿革和改历背景方面的资料。

《后汉书》中有太初历与四分历兴废时期的情况，如贾逵论历、永元论历、延光论历、汉安论历、熹平论历、论月食等篇。

《宋书·历志》中有祖冲之与戴法兴关于历法理论

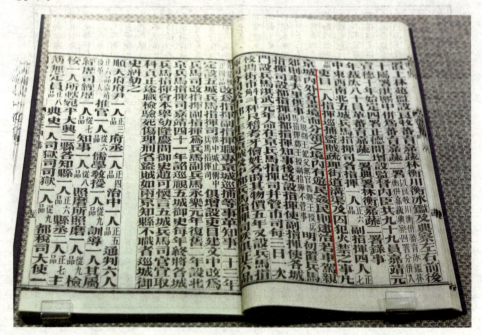

■ 古籍《明史·天文志》书影

问题的辩论。《新唐书·历志》中有大衍历议;《元史·历志》中有授时历议;《明史·历志》中有历法沿革、大统历法原等。

这些都是很重要的篇章。对于研究中国历法史来说,这些都是必不可少的资料。

二十四史中除上面列举的天文、律历、天象、五行诸志外,还有些篇章中也有关于天文学的内容。

如历代的《帝纪》中就有不少重要的天象记录以及这些天象发生前后的一些情况,在礼、经籍、艺文等志中有天文机构、天象祭祀、天文书籍的资料。

■ 天象雕刻

此外,在列传中的方技、儒林、艺术、文苑、文学等部分有许多天文学家的传记,为研究天文学家和他们的著作、贡献提供了依据。因此,《二十四史》确实是中国天文学史的资料宝库。

阅读链接

学术争论自古有之。祖冲之是南北朝时期的科学家。他曾满怀热情地把自己精心编成的《大明历》连同《上大明历表》一起送给朝廷,请求宋孝武帝改用新历,公布施行。

可是,思想保守并颇受皇帝宠幸的大臣戴法兴竭力加以反对,还指责祖冲之没有资格来改变古历。

祖冲之面对威胁,义正词严地批驳他的歪理邪说。宋孝武帝终于被祖冲之精辟透彻的说理,确凿无误的事实所感动和说服,决定改行新历。祖冲之取得了最后的胜利。

中华三垣四象二十八宿

■ 古代观察星象的官员石刻

星空的含义不是星空自给的,而是人类社会的产物。中国古代就有自己一套独具特色的星座体系,而且这个体系是把中国古代社会和文化搬到了天上而建立起来的。

三垣四象二十八宿,是中国特有的天空分划体系,历来为研究者重视。人们研究它的目的是想探求除了作为天空分划之外的更深层的天文学含义。

中国古人很早就把星空分为若干个区域。西汉时期，司马迁所著《史记》里的《天官书》中，就把星空分为中宫、东宫、西宫、南宫、北宫5个天区。隋代以后，星空的区域划分基本固定，这就是中国人们常说的三垣四象二十八宿。

三垣，即紫微垣、天市垣和太微垣，它是中国古代划分星空的星官之一，与黄道带上之二十八宿合称"三垣二十八宿"。

三垣的每垣都是一个比较大的天区，内含若干星官或称为"星座"。各垣都有东、西两藩的星，左右环列，其形如墙垣，称为"垣"。

紫微垣包括北天极附近的天区，大体相当于拱极星区。紫微垣是三垣的中垣，居于北天中央，所以又称"中宫"，或"紫微宫"。紫微宫即皇宫的意思，各星多数以紫微垣附近星区官名命名。

紫微垣名称最早见于《开元占经》辑录的《石氏星经》中。

它以北极为中枢，东、西两藩共15颗星。两弓相合，环抱成垣。整个紫微垣据宋皇祐年间的观测记录，共37个星座，正星163颗，增星181颗。

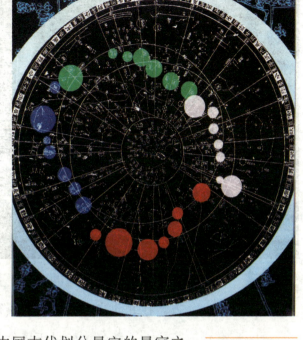

■ 二十八星宿图

黄道带 是指天球上黄道南北两边各9度宽的环形区域，因为这环形区域涵盖了太阳系八大行星、月球、太阳与多数小行星所经过的区域。此外，在黄道两边的一条带上分布着白羊座、金牛座、双子座等12个星座。地球上的人在一年内能够先后看到它们。

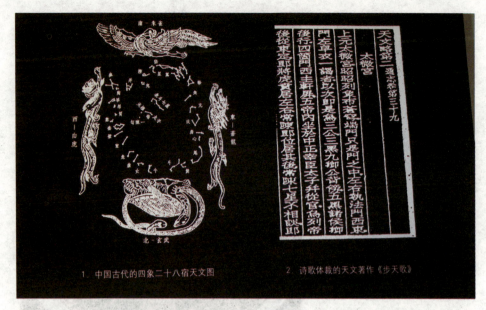

1. 中国古代的四象二十八宿天文图
2. 诗歌体裁的天文著作《步天歌》

■ 天文图与天文著作《步天歌》

太微垣是三垣的上垣，位居于紫微垣之下的东北方。在北斗之南，轸宿和翼宿之北，呈屏藩形状。

太微垣名称始见于唐代初期的《玄象诗》。太微即朝廷的意思，星名也多用官名命名，例如左执法名为廷尉，右执法名为御史大夫等。

太微垣约占天区63度范围，以五帝座为中枢，共20个星座，正星78颗，增星100颗。它包含室女、后发、狮子等星座的一部分。

天市垣是三垣的下垣，位居紫微垣之下的东南方向。在房宿和心宿的东北方，并且以帝座为中枢，呈屏藩形状。

天市即"集贸市场"，《晋书·天文志》记载："天子率诸侯幸都市也。"故星名多用货物、星具，经营内容的市场命名。

天市垣约占天空的57度范围，包含19个星官或星座，正星87颗，增星173颗。它以帝座为中枢，呈屏

天区 天文学上为了识别方便，根据恒星的方位，划分恒星天区，简称天区或星区。比如传统意义上的星座就是星区。现代天文学把全天划分成88个星区，叫"星座"。全天可见的天区实际是球形的，星座从一定的方向划过的角度就是几度星区。

藩之状。

古人把东、北、西、南四方每一方的七宿想象为4种动物形象，叫作"四象"。在二十八宿中，四象用来划分天上的星星，也称"四神""四灵"。

在中国传统文化中，青龙、白虎、朱雀、玄武是四象的代表物。青龙代表木，白虎代表风，朱雀代表火，玄武代表水。

东方七宿，如同飞舞在春天初夏夜空的巨龙，故而称为"东宫苍龙"；南方七宿，像一只展翅飞翔的朱雀，出现在寒冬早春的夜空，故而称为"南宫朱雀"；西方七宿，犹如猛虎跃出深秋初冬的夜空，故而称为"西宫白虎"；北方七宿，似蛇、龟出现在夏天秋初夜空，故称为"北宫玄武"。

四象的出现比较早，《尚书·尧典》中已有雏形。春秋战国时期五行说兴起，以五行配五色、五方，对天空也出现了五宫说。

《史记·天官书》中就是将全天分成5宫，东西南北4宫外有中宫，中宫以北斗为主，认为"斗为帝车，运于中央，临制四乡。分阴阳、建四时、均五行、移节度、定诸纪，皆系于斗"。

> **五行说** 是中国古代人民创造的一种哲学思想，以金、木、水、火、土5种物质，作为构成宇宙万物及各种自然现象变化的基础。这些物质各有不同属性，如木的生长，火的向上，土的存实，金的收敛，水的滋润。五行说把自然界一切事物的性质、类别纳入五大类范畴。

■ 星图盘上的四象雕塑

二十八星宿图壁画

与三垣和四象相比,二十八宿的问题复杂得多。它是古人为观测日、月、五星运行而划分的28个星区,用来说明日、月、五星运行所到的位置。每宿包含若干颗恒星。是中国传统文化中的主题之一,广泛应用于古代天文、宗教、文学及星占、星命、风水、择吉等术数中。不同的领域赋予了它不同的内涵,相关内容非常庞杂。

古代观测二十八宿出没的方法常见的有4种:一是在黄昏日落后的夜幕初降之时,观测东方地平线上升起的星宿,称为"昏见";二是此时观测南中天上的星宿,称为"昏中";三是在黎明前夜幕将落之时,观测东方地平线上升起的星宿,称为"晨见"或"朝觌";四是在此时观测南中天上的星宿,称为"旦中"。

古时人们为了方便于观测日、月和金、木、水、火、土五大行星的运转,便将黄、赤道附近的星座选出28个作为标志,合称"二十八星座"或"二十八星宿"。

角、亢、氐、房、心、尾、箕,这7个星宿组成一个龙的形象,春分时节在东部的天空,故称"东方青龙七宿";

斗、牛、女、虚、危、室、壁,这7个星宿形成一组龟蛇互缠的形象,春分时节在北部的天空,故称"北方玄武七宿";

奎、娄、胃、昴、毕、觜、参,这7星宿形成一个虎的形象,春分时节在西部的天空,故称"西方白虎七宿";

井、鬼、柳、星、张、翼、轸，这7个星宿又形成一个鸟的形象，春分时节在南部天空，故称"南方朱雀七宿"。

由以上七宿组成的4个动物的形象，合称为"四象""四维""四兽"。古代人们用这四象和二十八星宿中每象每宿的出没和到达中天的时刻来判定季节。

古人面向南方看方向节气，所以才有左东方青龙、右西方白虎、后北方玄武、前南方朱雀的说法。

在东方七宿中，角，就是龙角。角宿属于室女座，其中较亮的角宿一和角宿二，分别是一等和三等星。黄道就在这两颗星之间穿过，因此日月和行星常会在这两颗星附近经过。古籍上称角二星为天关或天门，也是这个原因。

亢，就是龙的咽喉。亢宿也属于室女座，但较角宿小，其中的星也较暗弱，多为四等以下。

氐，就是为龙的前足。氐宿属于天秤座，包括氐宿三、氐宿四、氐宿一，它们都是二三等的较亮星，这3颗星构成了一个等腰三角形，顶点的氐宿四在黄道上。

二十八星宿图

房,就是胸房。房宿属于天蝎座,房四星是蝎子的头,它们都是二三等的较亮星。

心,就是龙心。心星,即著名的心宿二,古代称之为"火""大火"或"商星"。它是一颗红巨星,呈红色,是一等星。心宿也属于天蝎座,心宿三星组成了蝎子的躯干。

尾,就是龙尾。尾宿也属于天蝎座,正是蝎子的尾巴,由八九颗较亮的星组成。

箕,顾名思义,其形像簸箕。箕宿属于人马座,箕宿四星组成一个四边形,形状有如簸箕。

北方七宿共56个星座,800余颗星,它们组成了蛇与龟的形象,故称为"玄武"。

斗宿为北方玄武元龟之首,由6颗星组成,形状如斗,一般称其为"南斗",它与北斗一起掌管着生死大权,又称为"天庙"。

牛宿六星,形状如牛角。女宿四星,形状也像簸箕。

虚宿主星即《尚书·尧典》中四星之一的虚星,又名"天节",颇有不祥之意,远古虚星主秋,含有肃杀之象,万物枯落,委实可悲。

危宿内有坟墓星座、虚梁星座、盖屋星座,也不吉祥,反映了古

人在深秋临冬之季节的内心不安。

室宿又名"玄宫""清庙""玄冥",它的出现告诉人们要加固屋室,以过严冬。

壁宿与室宿相类,可能含有加固院墙之意。

西方七宿共有54个星座,700余颗星,它们组成了白虎图案。

奎宿由16颗不太亮的星组成,形状如鞋底,它算是白虎之神的尾巴。娄宿三星,附近有左更、右更、天仓、天大将军等星座。胃宿三星紧靠在一起,附近有天廪、天船、积尸、积水等星座。

昴宿即著名的昴星团,有关它的神话传说特别多,昴宿内有卷舌、天谗之星,似乎是祸从口出的意思。毕宿八星,形状如叉爪,毕星又号称"雨师",又名"屏翳""玄冥",中国以毕宿为雨星。

觜宿三星几乎完全靠在一起,恰如"樱桃小口一点点"。

参宿七星,中间3星排成一排,两侧各有两颗

> **玄武** 是一种由龟和蛇组合成的灵物。玄武的本意就是玄冥,武、冥古音是相通的。玄,是黑的意思;冥,就是阴的意思。玄冥起初是对龟卜的形容:龟背是黑色的,龟卜就是请龟到冥间去询问祖先,将答案带回来,以卜兆的形式显给世人。因此,最早的玄武是乌龟。

■ 汉代日月星宿画像

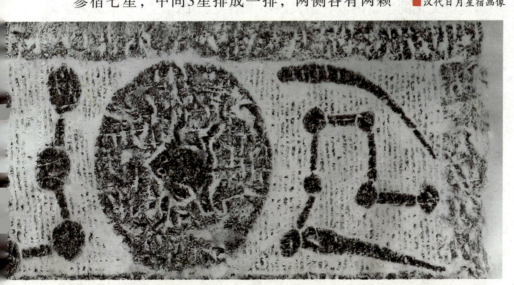

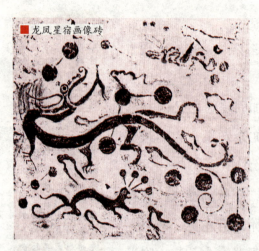

龙凤星宿画像砖

星，7颗星均很亮，在天空中非常显眼，它与大火星正好相对。

南方七宿计有42个星座，500多颗星，它的形象是一只展翅飞翔的朱雀。

井宿八星如井，西方称为"双子"，附近有北河、南河、积水、水府等星座。

鬼宿四星，据说一管积聚马匹、一管积聚兵士、一管积聚布帛、一管积聚金玉，附近还有天狗、天社、外厨等星座。

柳宿八星，状如垂柳，它是朱雀的口。星宿七星，是朱雀的颈，附近是轩辕十七星。张宿六星为朱雀的嗉子，附近有天庙十四星。翼宿二十二星，算是朱雀的翅膀和尾巴。

轸宿四星又名"天车"，四星居中，旁有左辖、右辖两星，古籍称之为"车之象也"。

中华三垣四象二十八宿在天文史上名称的形成及其含义，体现了中国传统文化的丰富内涵，给人以不少启发。中国古人相信天人之际能够相互感应，天上发生某种天象，总昭示人间某时某地要发生某件事情，所以对恒星的命名对应着人间的万事万物。

阅读链接

在古代，确实能看到7颗星，就好似7位仙女，身着蓝白色纱衣在云中漫步和舞蹈。后来不知道在哪一年，有一颗星突然暗了下去，不能见到了。

于是，人间在诧异的同时，开始流传着这么一个故事，这就是"七小妹下嫁"的美丽传说。黄梅戏《天仙配》说的就是她们的故事。

天地法则

历法编订

历法是长时间的纪时系统,是对年、月、日、时的安排。中国的农业生产历史悠久,因为农事活动和四季变化密切相关,所以历法最初是由农业生产的需要而创制的。

此外,新历法与新政权有关,按照中国历代传统,改朝换代要改换新历。

研制新历,改革旧历,历来是推动中国古代天文学发展的一个动力。中国古代制定过许多历法,它们除了为现实生活服务外,在天文历法的认知层面也逐步提高,提出了许多很有价值的创建,产生了重要影响。

致用性的古代历法

所谓历法,简单说就是根据天象变化的自然规律,计量较长的时间间隔,判断气候的变化,预示季节来临的法则。

中国古代历法的最大特点就是它所具有的致用性,也就是为了满足农业生产的需要和意识形态方面的需要而产生的。它所包含的内容十分丰富,如推算朔望、二十四节气、安置闰月等。

当然,这些内容是随着天文学的发展逐步充实到历法中的,而且经历了一个相当长的历史阶段。

■ 古代历法

中国古代天文学史，在一定意义上来说，就是一部历法改革史。

根据成书于春秋时期的典籍《尚书·尧典》记载，帝尧曾经组织了一批天文官员到东、南、西、北四方去观测星象，用来编制历法，预报季节。

成书年代不晚于春秋时期的《夏小正》中，按12个月的顺序分别记述了当月星象、气象、物候，以及应该从事的农业和其他活动。

商代甲骨文历法

夏代历法的基本轮廓是，将一年分为12个月，除了2月、11月、12月之外，其余每月均以某些显著星象的昏、旦中天、晨见、夕伏来表示节候。

这虽然不能算是科学的历法，但称它为物候历和天文历的结合体是可以的，或更确切地说，在观象授时方面已经有了一定的经验。

《尚书·尧典》中也记载了古人利用显著星象于黄昏出现在正南天空来预报季节的方法，这就是著名的"四仲中星"。即认识4个时节，对一年的节气进行准确的划分，并将其运用到社会生产当中。

可见，至迟在商末周初人们利用星象预报季节已经有相当把握了。

在干支纪日方面，夏代已经有天干纪日法，即用

物候历 又称"自然历"或"农事历"。即把一地区的自然物候、作物物候、害虫发生期和农事活动的多年观测资料进行整理，并且按出现的日期排列成表。中国是世界上编制和应用物候历最早的国家，3000多年前的《夏小正》即为记载物候、气象、天象、农事、政事的物候历。

地支 中国古代的一种文字计序符号，共12个字：子、丑、寅、卯、辰、巳、午、未、申、酉、戌、亥，循环使用。地支是指木星轨道被分成的12个部分。木星的公转周期大约为12年，所以，中国古代用木星来纪年，故而称为"岁星"。后来又将这12个部分命名，这就是"地支"。

甲、乙、丙、丁、戊、己、庚、辛、壬、癸10天干周而复始地纪日。

商代在夏代天干纪日的基础上，发展为干支纪日，即将甲、乙、丙、丁等10天干和子、丑、寅、卯等12地支顺序配对，组成甲子、乙丑、丙寅、丁卯等60干支，60日一周期循环使用。

学者们对商代历法较为一致的看法是：商代使用干支纪日、数字纪月；月有大小之分，大月30日，小月29日；有闰月，也有连大月；闰月置于年终，称为"十三月"；季节和月份有较为固定的关系。

周代在继承和发展商代观象授时成果的基础上，将制定历法的工作推进了一步。周代已经发明了用土圭测日影来确定冬至和夏至等重要节气的方法，这样再加上推算，就可以将回归年的长度定得更准确了。

■ 地支星宿雕像

周代的天文学家已经掌握了推算日月全朔的方法，并能够定出朔日，这可以从反映周代乃至周代以前资料的《诗经》中得到证实。

该书的《小雅·十月之交》记载：

十月之交，朔月辛卯，日有食之。

■ 古人创制的《四分历》

"朔月"两字在中国典籍中这是首次出现，也是中国第一次明确地记载公元前776年的一次日食。

春秋末至战国时代，已经定出回归年长为365日，并发现了19年设置7个闰月的方法。在这些成果的基础上，诞生了具有历史意义的科学历法"四分历"。战国时期至汉代初期，普遍实行四分历。

四分历的创制和运用，标志着中国历法已经进入了相当成熟的时期。它不仅集中体现了中国古人的聪明才智和天文历法水平，而且在世界范围内具有非常宝贵的价值。

对四分历的第一次改革，当属西汉武帝时期由邓平、落下闳等人提出的"八十一分律历"。由于汉武帝下令造新历是在元封七年，也就是公元前104年，故把元封七年改为太初元年，并规定以12月底为太初

日食 日面被月面遮掩而变暗甚至完全消失的现象。在月球运行至太阳与地球之间时，对地球上的部分地区来说，月球位于太阳前方，因此来自太阳的部分或全部光线被挡住，因此看起来好像是太阳的一部分或全部消失了。日食分为日偏食、日全食、日环食。

元年终，以后每年都从孟春正月开始，至12月年终。

这部历即叫《太初历》。这部历法朔望长为29日，故称"八十一分法"，或"八十一分律历"。

《太初历》是中国第一部有完整资料的传世历法，与四分历相比其进步之处有：

以正月为岁首，将中国独创的二十四节气分配于12个月中，并以没有中气的月份为闰月，从而使月份与季节配合得更合理。

行星的会合周期测得较准确，如水星为115.87日，比现在测量值115.88日仅小0.01日。

采用135个月的交食周期，即一食年为346.66日，比今测值只差0.04日。

东汉末年，天文学家刘洪编制的《乾象历》，首次将回归年的尾数降为365.2462日；第一次将月球运行有快、慢变化引入历法，成为第一部载有定朔算法的历法。

这部历法还给出了黄道和白道的交角数值为6°左右，并且由此推断，只有月球距黄、白道交点在15°以内时，才有可能发生日食，这实际上提出了"食限"的概念。

南北朝时期，天文学家祖冲之首次将东晋虞喜发现的岁差引用到他编制的《大明历》

> **黄道** 地球绕太阳公转的轨道平面与天球相交的大圆。由于地球的公转运动受到其他行星和月球等天体的引力作用，黄道面在空间的位置产生不规则的连续变化。在变化中，瞬时轨道平面总是通过太阳中心。这种变化可用一种很缓慢的长期运动再叠加一些短周期变化来表示。

■ 天文学家祖冲之画像

中，并且定出了45年11个月差1度的岁差值。这个数值虽然偏大，但首创之业绩是伟大的。

祖冲之测定的交点月长为27.21223日，与今测值仅差十万分之一。

至隋代，天文学家刘焯在编制《皇极历》时，采用的岁差值较为精确，是75年差1度。刘焯制定的《皇极历》还考虑了太阳和月亮运行的不均匀性，为推得朔的准确时刻，他创立了等间距的二次差内插法的公式。

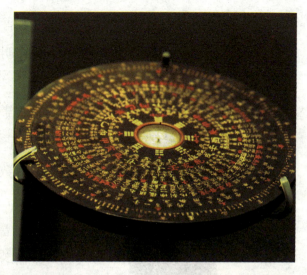

■ 中国古代星象计算工具

这一创造，不仅在古代制历史上有重要意义，在中国数学史上也占重要地位。

唐代值得介绍的历法有《大衍历》和《宣明历》。

唐代天文学家一行在大规模天体测量的基础上，于727年撰成《大衍历》的初稿，一行去世后，由张说和陈玄景等人整理成书。

《大衍历》用定气编制太阳运动表，一行为完成这项计算，发明了不等间二次差内插法。《大衍历》还用了具有正弦函数性质的表格和含有三次差的近似内插法，来处理行星运动的不均性问题。

《大衍历》以其革新号称"唐历之冠"，又以其条理清楚而成为后代历法的典范。

白道 月球绕地球瞬时轨道面与天球相交的大圆。白道与黄道的交角在4.57度至5.19度之间变化，平均值约为5.09度，变化周期约为173天。由于太阳对月球的引力，两个交点的连线沿黄道与月球运行的相反方向向西移动，这种现象称为交点退行。

唐代司天官徐昂所编制的《宣明历》颁发实行于822年，是继《大衍历》之后，唐代的又一部优良历法。

它给出的近点月以及交点月日数，分别为27.55455日和27.2122日；它尤以提出日食"三差"，即时差、气差、刻差而著称，这就提高了推算日食的准确度。

宋代在300余年内颁发过18种历法，其中以南宋天文学家杨忠辅编制的《统天历》最优。

■ 祖冲之推算历法塑像

王恂（1235—1281），字敬甫，中山唐县人，元代数学家、天文学家。与郭守敬一道学习数学和天文历法，精通历算之学。在任太史令期间，分掌天文观测和推算方面的工作，遍考历书40余家。在《授时历》的编制工作中，贡献与郭守敬齐名。

《统天历》取回归年长为365.2425日，是当时世界上最精密的数值。《统天历》还指出了回归年的长度在逐渐变化，其数值是古大今小。

宋代最富有革新的历法，莫过于北宋时期著名的科学家沈括提出的"十二气历"。

中国历代颁发的历法，均将12个月分配于春、夏、秋、冬四季，每季3个月，如遇闰月，所含闰月之季即4个月；而天文学上又以立春、立夏、立秋、立冬4个节令，作为春、夏、秋、冬四季的开始。所以，这两者之间的矛盾在历法上难以统一。

针对这一弊端，沈括提出了以"十二气"为一年的历法，后世称它为《十二气历》。它是一种阳历，既与实际星象和季节相合，又能更简便地服务于生产活动之中，可惜，由于传统习惯势力太大而未能颁发实行。

中国古代历法，历经各代制历家的改革，至元代天文学家郭守敬、王恂等人编制的《授时历》达到了高峰。

郭守敬、王恂等人在编制《授时历》过程中，既总结、借鉴了前人的经验，又研制了大批观天仪器。

在此基础上，郭守敬主持并参加了全国规模的天文观测，他在全国建立了27个观测点，在当时叫"四海测验"，其分布范围是空前的。这些地点的观测成果为制定优良的《授时历》奠定了基础。

《授时历》创新之处颇多，如废弃了沿用已久的上元积年；取消了用分数表示天文数据尾数的旧方法；创三次差内插法求取太阳每日在黄道上的视运行

星象 指星体的明、暗及位置等现象。中国在春秋战国时期已经建立了星官体系。至三国时代，出现了283官，1464颗恒星的星表，并绘制成星图。晋、隋、唐继承并加以发展，中国的星区划分体系趋于成熟，此后历代沿用达千年之久，这其中最重要的星官是三垣、二十八宿。

古代节气计算盘

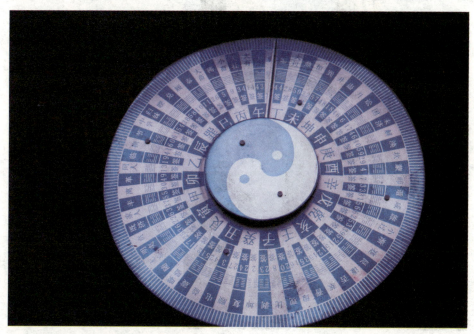

白赤交角 白道面与地球赤道面之间的夹角称为月亮赤纬角。这个交角是变化的，当升交点位于春分点时，白赤交角的极值为最大，而当升交点位于秋分点时，白赤交角的极值可达到最小。最小为18.50度，最大为28.50度。这两个极值的变化周期为18.61年。

■ 郭守敬塑像

速度和月球每日绕地球的运转速度；用类似于球面三角的弧矢割圆术，由太阳的黄经求其赤经、赤纬，推算白赤交角等。

《授时历》于1280年制成，次年正式颁发实行，一直沿用至1644年，长达360多年，足见《授时历》的精密。

崇祯皇帝接受礼部建议，授权徐光启组织历局，修订历法。

徐光启除选用中国制历家之外，还聘用了耶稣会传教士邓玉函、罗雅谷、汤若望等人来历局工作。历经5年的努力，撰成46种137卷的《崇祯历书》。

该历书引进了欧洲天文学知识、计算方法和度量单位等，例如采用了第谷的宇宙体系和几何学的计算体系；引入了椭球形的地球、地理经度和地理纬度的明确概念。

引入了球面和平面的三角学的准确公式；采用欧洲通用的度量单位，分圆周为360度，分一日为96刻，24小时，度、时以下60进位制等。

徐光启的编历，不仅是中国古代制历的一次大改革，也为中国天文学由古代向现代发展，奠定了一定的理论和思想基础。

《崇祯历书》撰完后，清代初期的意大利耶稣会传教士、被雍正朝封为"光禄大夫"的汤若望，将《崇祯历书》删改为103卷，更名为"西洋新法历书"，连同他编撰的新历本一起上呈清廷，得到颁发实行。

清代初期新历原来定名为"时宪书"。《时宪书》成了当时钦天监官生学习新法的基本著作和推算民用历书的理论依据，在清代初期前后行用了80余年。

计算天文的角尺

曲尺

角尺

阅读链接

相传，在很久以前，有个名字叫万年的青年。有一天他坐在树荫下休息，地上树影的移动启发了他，他便设计出一个测日影计天时的晷仪。但当天阴时，就会因为没有太阳，而影响了测量。

后来是山崖上的滴泉引起了他的兴趣，他又动手做了一个5层漏壶。天长日久，他发现每隔360多天，天时的长短就会重复一遍。

后来万年费几十年之工夫为国君创制出了准确的太阳历。国君为纪念万年的功绩，便将太阳历命名为"万年历"，封万年为日月寿星。

完整历法《太初历》

《太初历》是汉代实施的历法。它是中国古代历史上第一部完整统一,而且有明确文字记载的历法,在天文学发展历史上具有划时代的意义。汉成帝末年,由刘歆重编后改称"三统历"。

《太初历》以正月为岁首,以没有中气的月份为闰月,使月份与季节配合得更合理;首次记录了五星运行的周期。它还把二十四节气第一次收入历法,这对于农业生产起了重要的指导作用。

■ 碑刻上的历法

汉代初年沿用秦朝的历法《颛顼历》，以农历的十月为一年之始，随着农业生产的发展，渐觉这种政治年度和人们习惯通用的春夏秋冬不合。

古时改朝换代，新王朝常常重定正朔。

公元前104年，司马迁和太中大夫公孙卿、壶遂等上书，提出废旧历改新历的建议。

司马迁提出3点理由：《颛顼历》在当时是进步的，现在却不能满足时代的要求了；《颛顼历》所采用的正朔、服色，不见得对，是不能适应汉代的政治需要的；用《颛顼历》计算出来的朔晦弦望和实际天象许多已不符合了。因此建议改为"正朔"。

在这3条理由中，汉武帝认为第二条理由即政治上的需要是最为重要的。

改历的目的就是借以说明汉王朝的政权是"受命于天"的。汉武帝不是单纯地把它看作科学上的技术问题，而是视为关系到巩固政权的大事。

司马迁等人的建议，促成了中国历法的大转折。汉武帝征求了御史大夫倪宽的意见之后，诏令司马迁等议造汉历，开始了在全国统一历法的工作。于是，一场专家和人民合作改革历法的行动开始展开。

汉武帝征募民间天文学家20余人参加，包括历官

■ 司马迁塑像

《颛顼历》 秦代在全国颁行的历法。《颛顼历》是一种四分历，相传，古六历是黄帝历、颛顼历、夏历、殷历、周历、鲁历。其中，夏历建寅、殷历建丑、周历建子，根据夏商周秦的顺序，《颛顼历》建亥，亥以十月为岁首，闰月放在九月之后，称"后九月"。一直沿用至汉武帝时。

■ 古代天文计时仪器

方士 即是方术士,或称为"有方之士",用现在的话说,就是持有方术的人。一般简称为方士或术士,后来则叫"道士"。宋玉《高唐赋》以羡门、高溪、上成、郁林、公乐、聚谷等人为"有方之士"。道士之称始于汉代,东汉以来,始将方士叫作道士。晋代以后,方士之称渐不通行,而道士之称"大著"。

邓平、酒泉郡侯宜君、方士唐都和巴郡的天文学家落下闳等人。

中国古代制历必先测天,坚持历法的优劣需由天文观测来判定的原则。当时人们对于天象观测和天文知识,已经有了很大的进步,这为修改历法创造了良好的条件。

司马迁等人算出,公元前104年农历的十一月初一恰好是甲子日,又恰交冬至节气,是制定新历一个难逢的机会。这种测天制历的做法,对后代历法的制定产生了十分深远的影响。

接着,他们又从制造仪器,进行实测、计算,到审核比较,最后一致认为,在大家准备的18份历法方案中,邓平等人所造的八十一分律历,尤为精密。

在司马迁的推荐下,汉武帝识金明裁,便诏令司马迁用邓平所造八十一分律历,罢去其他与此相疏远的17家。并将元封七年改为太初元年,规定以十二月底为太初元年终,以后每年都从孟春正月开始,至季冬十二月年终。

新历制定后,汉武帝在明堂举行了盛大的颁历典礼,并称新历为《太初历》。

《太初历》的颁行实施,既是一件国家大事,也是司马迁人生旅程中值得纪念的一座里程碑。司马迁的贡献是不可磨灭的。

从改历的过程我们可以看到,当时朝野两方对天文学有较深研究者,可谓人才济济。特别是民间天文学家数量之多,说明在社会上对天文学的研究受到广泛重视,有着雄厚的基础。

《太初历》的原著早已失传。西汉末年,刘歆把邓平的八十一分法做了系统的叙述,又补充了很多原来简略的天文知识和上古以来天文文献的考证,写成了《三统历谱》。它被收在《汉书·律历志》里,一直流传至今。

如果说《太初历》以改元而得名,那么《三统历谱》则以统和纪为基本。统是推算日月的躔离,即推算日月运行所经历的距离远近;纪是

> **甲子日** 是中国干支历法中的第一天。在中国古代的历法中,"十天干"与"十二地支"按固定的顺序互相配合,组成了干支纪年、纪月、纪日、纪时法。古贤认为:甲子为干支之始,为第一个干支组合,寓意事之起始,事之确立之时。

汉代竹简

■ 古人观星仪器

天文年历 是天文学家运用天体力学理论推算的天文历书，其中列有每年天体如太阳，月球，大行星和亮的恒星等的视位置；这一年特殊天象如日食，月食，彗星，流星雨和月掩星等发生的日期，时刻以及亮变星的变化情况等。天文年历的使用方法具有一定的专业性。

推算五星的见伏，即推算五星的显现和隐没。

统和纪又各有母和术的区别，母是讲立法的原则，术是讲推算的方法。所以有统母、纪母、统术、纪术的名称；还有岁术，是以推算岁星即木星的位置来纪年；其他有五步，是实测五星来验证立法的正确性如何。

此外，还有"世经"，主要是考研古代的年，来证明它的方法是否有所依据。这些就是《三统历谱》的第七节。

这部历法是中国古代流传下来的一部完整的天文著作。它的内容有造历的理论，有节气、朔望、月食及五星等的常数和运算推步方法。

还有基本恒星的距离，可以说含有现代天文年历的基本内容，因而《三统历谱》被认为是世界上最早的天文年历的雏形。

从《太初历》至《三统历谱》，其在历法方面的主要进展是多方面的。

《太初历》的科学成就，首先在于历法计算上的精密准确。《太初历》以实测历元为历算的起始点，定元封七年十一月甲子朔旦冬至夜半为历元，其实测精度比较高，如冬至时刻与理论值之差仅0.24日。

《太初历》的科学成就，又在于第一次计算了日月食发生的周期。交食周期是指原先相继出现的日月交食又一次相继出现的时间间隔。食年是指太阳相继两次通过同一个黄白交点的时间间隔。

《太初历》的科学成就，还在于精确计算了行星会合的周期，正确地建立了五星会合周期和五星恒星周期之间的数量关系。

在五星会合周期的测定和五星动态表编制的基础上，《太初历》第一次明确规定了预推五星位置的方法：已知自历元到所求时日的时距，减去五星会合周期的若干整数倍，得一余数。

以此余数为引数，由动态表用一次内插法求得这时五星与太阳的赤道度距，即可知五星位置。

这一方法的出现，标志着人们对五星运动研究的

> **五星** 《史记·天官书》中记载："天有五星，地有五行。"是指水星、金星、火星、木星、土星五星。这5颗星最初分别叫辰星、太白、荧惑、岁星、镇星，这也是古代对这5颗星的通常称法。把这5颗星叫金木水火土，是把地上的五原素配上天上的5颗行星而产生的。

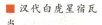

■ 汉代白虎星宿瓦当

■ 汉代朱雀星宿瓦当

重大飞跃。这一方法继续应用到隋代都没有什么大的变动。

《太初历》的科学成就，还在于适应农时的需要。司马迁等人编制《太初历》时，将有违农时的地方加以改革，把过去的十月为岁首改为以正月为岁首。

又在沿用19年七闰法的同时，把闰月规定在一年二十四节气中间无中气的月份，使历书与季节月份比较适应。这样春生夏长，秋收冬藏，四季顺畅了。二十四节气的日期，也与农时照应。

总之，《太初历》的制定，是中国历法史上具有重要意义的一次历法大改革，是中华文明在世界天文学上的不朽贡献。

阅读链接

西汉建国之初，娴习历法的丞相张苍建议继承秦的《颛顼历》。当时有个儒生公孙臣上书提出，大汉国运属于土德，与秦不同，当有黄龙出现时，当改正朔，易服色。张苍批判他的谬论，把这主张压下去了。

后来传说黄龙果然在甘肃出现。消息传到宫中，汉文帝责问张苍，并召见公孙臣，命他为博士。张苍因此告病罢归。

后来太史令司马迁等把这问题重又提到日程上来，拉开了改历的序幕，并最后完成了中国历史上第一部完整的历法《太初历》。

历法体系里程碑《乾象历》

《乾象历》是三国时期东吴实施的历法。东汉末期刘洪撰。

刘洪的天文历法成就大都记录在《乾象历》中,他的贡献是多方面的,其中对月亮运动和交食的研究成果最为突出。

刘洪的《乾象历》创新颇多,不但使传统历法面貌为之一新,而且对后世历法产生了巨大影响。

至此,中国古代历法体系最后形成。刘洪作为划时代的天文学家而名垂青史。

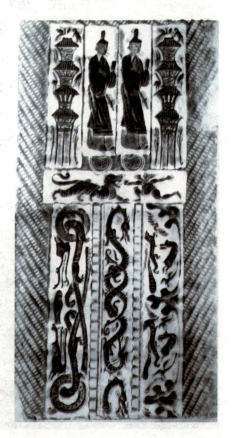

■ 东汉有关天象的瓦当

校尉 是中国古代历史上重要的武官官职。官名。校，军事编制单位。尉，军官。校尉为部队长之意。校尉始置于秦代，为中级军官。至汉灵帝时期，随着军权分散各地，诸侯并起，校尉的名号也开始多见，而地位则居于越来越多的各中郎将之下。

刘洪是汉光武帝刘秀的侄子鲁王刘兴的后代，自幼得到了良好的教育。青年时期曾任校尉之职，对天文历法有特殊的兴趣。

后被调到执掌天时、星历的机构任职，为太史部郎中。在此后的10余年中，他积极从事天文观测与研究工作，这对刘洪后来在天文历法方面的造诣奠定了坚实的基础。

在刘洪以前，人们对于朔望月和回归年长度值已经进行了长期的测算工作，取得过较好的数据。

至东汉初期，天文学界十分活跃，关于天文历法的论争接连不断，在月亮运动、交食周期、冬至太阳所在宿度、历元等一系列问题上，展开了广泛深入的探索，孕育着一场新的突破。

刘洪十分积极而且审慎地参加当时天文历法界的有关论争，有时他是作为参与论争的一方，有时则是论争的评判者，无论以何种身份出现，他都取公正和实事求是的态度。

经过潜心思索，刘洪发现，依据前人所取用的这两个数值推得的朔望以及节气的平均时刻，长期以来普遍存在滞后于实际的朔望等时刻的现象。

刘洪给出了独特的定量描述的方法，大胆地提出前

■ 汉代观星楼遗址

人所取用的朔望月和回归年长度值均偏大的正确结论，给上述问题以合理解释。

由于刘洪是在朔望月长度和回归年长度两个数据的精度长期处于停滞徘徊状态的背景下，提出他的新数据，所以不但具有提高准确度的科学意义，而且还含有突破传统观念的束缚，打破僵局，为后世研究的进展开拓了道路。

古代观测天象的仪器

在此基础上，刘洪进一步建立了计算近点月长度的公式，并明确给出了具体的数值。中国古代的近点月概念和它的长度的计算方法从此得以确立，这是刘洪关于月亮运动研究的一大贡献。

刘洪每日昏旦观测月亮相对于恒星背景的位置，在长期观测取得大量第一手资料之后，他进而推算出月亮从近地点开始在一个近点月内每日实际行度值。

由此，刘洪给出了月亮每日实行度、相邻两日月亮实行度之差、每日月亮实际行度与平均行度之差和该差数的累积值等的数据表格。

这是中国古代第一份月亮运动不均匀性改正数值表即月离表。

月离表具有重要价值。欲求任一时刻月亮相对于平均运动的改正值，可依此表用一次差内插法加以计算。这是一种独特的月亮运动不均匀性改正的定量表

近点月 是指月球绕地球公转连续两次经过近地点的时间间隔。是月球运行的一种周期。像所有轨道一样，月球轨道是椭圆而非圆形的，因此轨道的方向不是固定的。由于近地点受邻近天体的摄动，每月东移约3度，所以近点月较恒星月稍长，为27.5546日。

述法和计算法，后世莫不遵从之。

刘洪经过20多年的潜心观测和研究，取得了丰富的科研成果。而这些创新被充分地体现在他于206年最后完成的《乾象历》中。

《乾象历》的完成，是中国历法史上的一次突破性进步，奠定了中国"月球运动"学说的基础。

归纳起来，刘洪及其《乾象历》在如下几个方面取得了重大的进展：

一是给出了回归年长度值的最新数据。刘洪发现以往各历法的回归年长度值均偏大，在《乾象历》中，他定出了365.2468日的新值，较为准确。

这一回归年长度新值的提出，结束了回归年长度测定精度长期徘徊甚至倒退的局面，并开拓了后世该值研究的正确方向。

二是在月亮运动研究方面取得重大进展，给出了独特的定量描述的方法。

刘洪肯定了前人关于月亮运动不均匀性的认识，在重新测算的基础上，最早明确定出了月亮两次通过近地点的时距为27.5534日的数值。

刘洪首创了对月亮运动不均匀进行改正计算的数值表，即月亮过近地点以后每隔一日月亮的实际行度与平均行度之差的数值表。为计算月亮的真实运行度数提供了切实可行的方法，也为中国古代该论题的传统计算法奠定了基石。

刘洪指出月亮是沿自己特有的轨道运动的，白道与黄道之间的夹角约为6°。这同现今得到的测量结

月亮运动 月亮是离地球最近的天体。古代人用月亮的位相变化计量时间，所以非常注意月亮的运动。战国时期的天文学家石申就已经知道月亮运动的速率是有变化的，时常偏离到黄道以南或以北。现在我们已经知道，影响月亮运动的因素，主要是地球和太阳的引力。

果已比较接近。

他还定出了一个白道离黄道内外度的数值表，据此，可以计算任一时刻月亮距黄道南北的度数。

刘洪阐明了黄道与白道的交点在恒星背景中自东向西退行的新天文概念，并且定出了黄白交点每日退行的具体度数。

三是提出了新的交食周期值。刘洪提出一食年长度为346.6151日。该值比他的前人和同时代人所得值都要准确，其精度在当时世界上也是首屈一指的。

刘洪还提出了食限的概念，指出在合朔或望时，只有当太阳与黄白交点的度距小于14.33度时，才可能发生日食或月食现象，这14.33度就称为食限，就是判断交食是否发生的明确而具体的数值界限。

刘洪创立了具体计算任一时刻月亮距黄白交点的度距和太阳所在位置的方法。这实际上解决了交食食分大小及交食亏起方位等的计算问题，可是《乾象历》对此未加阐述。

刘洪发明有"消息术"，这是在计算交食发生时刻，除考虑月亮运动不均匀性的影响外，还虑及交食发生在一年中的不同月份，必须加上不同的改正值的一种特殊方法。这一方法，实际上已经考虑到太阳运动不均匀性对交食影响的问题。

四是在天文数据表的测算编纂方面的贡献。刘洪还和东汉末的文学家、书法家

近地点 天文学上所指的近地点是指月球绕地球公转轨道距地球最近的一点。地球位于假想椭圆的两个焦点位置中的一个。以椭圆形的两个焦点为横轴画一条直线，其与卫星轨道产生两个交点，其中距离地球最近的称为"近地点"，距离地球最远的称为"远地点"。

■ 古代观测天象的仪器

节气五行运转图

蔡邕一起,共同完成了二十四节气太阳所在位置、黄道去极度、日影长度、昼夜时间长度以及昏旦中星的天文数据表的测算编纂工作。该表载于东汉四分历中,后来它成为中国古代历法的传统内容之一。

刘洪提出了一系列天文新数据、新表格、新概念和新计算方法,把中国古代对太阳、月亮运动以及交食等的研究推向一个崭新的阶段。他的《乾象历》是中国古代历法体系趋于成熟的一个里程碑。

阅读链接

三国时期东吴天文学家刘洪是一个坚持原则的人。当时有一批著名的天文学家各据自己的方法预报了中国179年可能发生的一次月食,有的说农历三月,有的说农历四月,有的说农历五月当食。

刘洪反对这种推断,认为这是未经实践检验的。进而,刘洪提出必须以真切可信的交食观测事实作为判别的权威标准,这一原则为后世历家所遵循。

用现代月食理论推算,179年的农历三、四、五月均不会发生月食,可见当年刘洪的推断以及他所申述的理由和坚持的原则都是十分正确的。

历法系统周密的《大衍历》

《大衍历》是唐代历法，唐代僧人一行所撰。它继承了中国古代天文学的优点和长处，对不足之处和缺点做了修正，因此，取得了巨大成就。它对后代历法的编订影响很大。

《大衍历》最突出的表现在于它比较正确地掌握了太阳在黄道上运动的速度与变化规律。一行采用了不等间距二次内插法推算出每两个节气之间，黄经差相同，而时间距却不同。

■ 唐代天文官陶俑

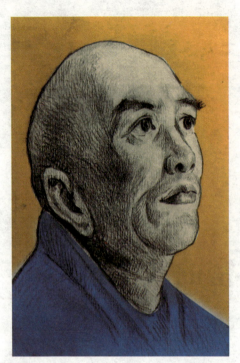

■ 一行法师画像

唐代是中国古代文化高度发展与繁荣的一个朝代。这不仅体现在政治、经济上，还体现在自然科学方面。唐代的天文学成就，标志着中国古代天文历法体系的成熟。这一时期涌现了不少杰出的天文学家，其中一行的成就最高。

一行，俗名张遂。他出生于一个富裕人家，家里有大量的藏书。他从小刻苦好学，博览群书。他喜欢观察思考，尤其对于天象，有时一看就是一个晚上。至于天文、历法方面的书他更是大量阅读。

日积月累，他在这方面有了很深的造诣，很有成就，成为著名的学者。712年，唐玄宗即位，得知一行和尚精通天文和数学，就把他召到京都长安，做了朝廷的天文学顾问。

唐玄宗请一行进京的主要目的是要他重新编制历法。因为自汉武帝到唐高宗之间，历史上先后有过25种历法，但都不精确。

唐玄宗因为唐高宗诏令李淳风所编的《麟德历》所标的日食总是不准，就诏一行定新历法。

一行在长安生活了10年，使他有机会从事天文学的观测和历法改革。自从受诏改历后，为了获得精确数据，他就开始了天文仪器制造和组织大规模的天文大地测量工作。

《麟德历》 是唐高宗诏令李淳风所编写的历法，此历法于665年颁行。《麟德历》主要以《皇极历》为基础，简化许多烦琐的计算。《麟德历》一直使用至开元年间，又出现纬晷不合的问题。《太衍历》颁行后，《麟德历》遂废。

一行在修订历法的实践中，为了测量日、月、星辰在其轨道上的位置和运动规律，他与梁令瓒共同制造了观测天象的"浑天铜仪"和"黄道游仪"。

浑天铜仪是在汉代张衡的"浑天仪"的基础上制造的，上面画着星宿，仪器用水力运转，每昼夜运转一周，与天象相符。另外还装了两个木人，一个每刻敲鼓，一个每辰敲钟，其精密程度超过了张衡的"浑天仪"。

黄道游仪的用处是观测天象时可以直接测量出日、月、星辰在轨道上的坐标位置。一行使用这两个仪器，有效地进行了对天文学的研究。

在一行以前，天文学家包括像张衡这样的伟大天文学家都认为恒星是不运动的。但是，一行却用浑天铜仪、黄道游仪等仪器，重新测定了150多颗恒星的位置，多次测定了二十八宿距天体北极的度数。从而

> **梁令瓒** 生卒年不详，唐朝画家，天文仪器制造家。汉族，四川人。他创造的黄道游仪，为唐代先进历法《大衍历》的编修提供了先决条件；他同高僧张遂（一行，683—727）合制的"水运浑天"仪，是当时中国独有的天文钟，在世界天文学史上有划时代的意义。

■ 浑天铜仪

■ 一行法师观天象石刻

发现恒星在运动。

根据这个事实，一行推断出天体上的恒星肯定也是移动的。于是推翻了前人的恒星不运动的结论，一行成了世界天文史上发现恒星运动的第一个中国人。

一行是重视实践的科学家，他使用的科学方法，对他取得的成就有决定作用。

一行和南宫说等人一起，用标杆测量日影，推算出太阳位置与节气的关系。

一行设计制造了"复矩图"的天文学仪器，用于测量全国各地北极的高度。他用实地测量计算得出的数据，从而推翻了"王畿千里，影差一寸"的不准确结论。

从724年至725年，一行组织了全国13个点的大地测量。这些测量以天文学家南宫说等人在河南的工作最为重要。当时南宫说是根据一行制历的要求进行的这次测量。

子午线 也称"经线"，和纬线一样是人类为度量方便而假设出来的辅助线，定义为地球表面连接南北两极的大圆线上的半圆弧。任两根经线的长度相等，相交于南北两极点。每一条经线都有其相对应的数值，称之为"经度"。经线指示南北方向。

一行从南宫说等人测量的数据中，得出了北极高度相差一度，南北距离就相差351千米80步的结论。

这实际上是世界上第一次对子午线的长度进行实地测量而得到的结果。如果将这一结果换算成现代的表示方法，就是子午线的每一度为123.7千米。

这次大地测量，无论从规模，还是方法的科学性，以及取得的实际成果，都是前所未有的。英国著名的科学家李约瑟后来高度评价说："这是科学史上划时代的创举。"

一行从725年开始编制新历至757年完成初稿，据《易》象"大衍之数"而取名为《大衍历》。可惜就在这一年，一行与世长辞了。他的遗著经唐代文学家张说等人整理编次，共52卷，称《开元大衍历》。

从729年起，根据《大衍历》编纂成的每年的历书颁行全国。经过检验，《大衍历》比唐代已有历法都更精密。

一行为编《大衍历》，进行了大量的天文实测，包括测量地球子午线的长度，并对中外历法系统进行了深入的研究，在继承传统的基础上，颇多创新。

《大衍历》是一行在全面研究总结古代历法的基础上编制出来的。它首先在编制方法上独具特色。

《大衍历》把过去没有统一

大衍之数 《周易》系辞中的"大衍之数五十"，是易学研究的重要课题之一。小衍为天地之体数，大衍为天地之用数。所谓"大衍之数五十其用四十九"，就是用大衍之数预测的占筮之法：以一为体，四十九为用，故其用四十又九。

■ 一行法师

置闰 中国古代历法为调节阴历与太阳运行周期的巨大差距而采取的在某些年中增加阴历月数的方法。太阳年比阴历年多出了一个月有余。30年就多出11个月。为了"填补"这个差距，古人根据阴历和阳历的岁差，在适当的年份里增加一个月，这种方法就叫"置闰"。

格式的中国历法归纳成七个部分："步气朔"讨论如何推算二十四节气和朔望弦晦的时刻；"步发敛"内容包括七十二侯、六十四卦及置闰法则等；"步日躔"讨论如何计算太阳位置；"步月离"讨论如何推算月亮位置；"步晷漏"计算表影和昼夜漏刻的长度；"步交会"讨论如何计算日月食；"步五星"介绍的是五大行星的位置计算。

这七章的编写方法，具有编次结构合理、逻辑严密、体系完整的特点。因此后世历法大都因之，在明代末期以前一直沿用。可见《大衍历》在中国历法上的重要地位。

从内容上考察，《大衍历》也有许多创新之处。《大衍历》对太阳视运动不均匀性进行新的描述，纠正了张子信、刘焯以来日躔表的失误，提出了中国古代第一份从总体规律上符合实际的日躔表。

在利用日躔表进行任一时刻太阳视运动改正值的计算时，一行发明了不等间距二次差内插法，这是对刘焯相应计算法的重要发展。

一行对于五星运动规律进行了新的探索和描述，确立了五星运动近日点的新概念，明确进行了五星近日点黄经的测算工作。

如一行推算出728年的木、火和土三星的近日点黄经，分别为

■ 一行法师观测天象遗址

345.1度、300.2度和68.3度。这与相应理论值的误差分别为9.1度、12.5度和1.6度,此中土星近日点黄经的精度达到了很高的水平。

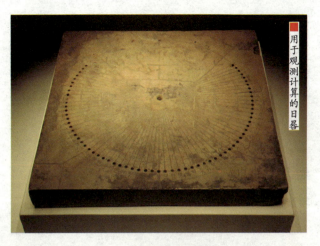
用于观测计算的日晷

一行还首先阐明了五星近日点运动的概念,并定出了每年运动的具体数值。

《大衍历》还首创了九服晷漏、九服食差等的计算法。在新算法中,对于从太阳去极度推求晷影长短,《大衍历》设计了一套计算方法。根据简单的三角函数关系由太阳去极度可以方便地得到八尺之表的影长。中国古代天文学家用巧妙的代数学方法解决了这一问题,体现了中国天文学的特色。

《大衍历》是当时世界上比较先进的历法。日本曾派留学生吉备真备来中国学习天文学,回国时带走了《大衍历经》1卷、《大衍历主成》12卷。于是《大衍历》便在日本广泛流传起来,其影响甚大。

阅读链接

一行在编制《大衍历》之前,就已经走遍了大半个中国,许多地方都留下过他的遗迹。这其实为他后来编制《大衍历》获得了很多第一手材料。

705年,一行游历到岭南,喜爱上外海的五马归槽山,便在山麓搭起茅庵留了下来。他在此观察天象,绘制星图,以种茶度日,因此所居住的草庐名叫"茶庵"。

一行的学识与为人深为外海人所敬仰。明代万历年间,人们在这里建造寺庙,以一行所结的茅庐"茶庵"为名。从此,"茶庵寺"的名字便流传至今。

古代最先进历法《授时历》

《授时历》为元代实施的历法名,因元世祖忽必烈封赐而得名,原著及史书均称其为《授时历经》。

《授时历》沿用400多年,是中国古代流行时间最长的一部历法。

《授时历》正式废除了古代的上元积年,而截取近世任意一年为历元,打破了古代制历的习惯,是中国历法史上的第四次大改革。

■ 郭守敬画像

元朝统一全国后，当时所用的历法《大明历》已经误差很大，元世祖忽必烈决定修改历法。于是命人置局改历，开始了中国历法史上的又一次改革。

据《元史》记载，元大都天文台上有郭守敬制作的仪器13件。

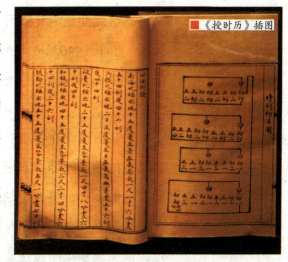
《授时历》插图

据说，为了对它们加以说明，郭守敬奏进仪表式样时，从上早朝讲起，直讲到下午，元世祖一直仔细倾听而没有丝毫倦意。这个记载反映出郭守敬讲解生动，也反映出元世祖的重视和关心。

郭守敬又向元世祖列举唐代一行为编《大衍历》而进行全国天文测量的史实，提出为编制新历法，也应该组织一次全国范围的大规模的天文观测。

元世祖接受了郭守敬的建议，派10多名天文学家到国内各地相关地点进行了几项重要的天文观测，历史上把这项活动称为"四海测验"。

元代四海测验不少于27个观测点，分布在南起北纬15度，北至北纬65度，东起东经128度，西至东经102度的广大地域。主要进行了日影、北极出地高度即观察北极星的视线和地平面形成的夹角度数、春分秋分昼夜时刻的测定。

至今犹存的观测站之一的阳城，就是现在的河南省登封测景台，又称"元代观星台"。这里被古人认为是"地中"。

登封测景台不仅仅是一个观测站，同时也是一个固定的高表。表顶端就是高台上的横梁，距地面垂直距离13米。

割圆术 魏晋时期的数学家刘徽首创割圆术,为计算圆周率建立了严密的理论和完善的算法,即不断倍增圆内接正多边形的边数求出圆周长的方法。元代郭守敬、王恂等天文学家曾用割圆术换算黄道坐标和赤道坐标之间的数值。

高台北面正南北横卧着石砌的圭,石圭俗称"量天尺",长达40米。与通常使用的2米高表比较,新的表高为原来表高的6倍还多,减小了测量的相对误差。

郭守敬敢于在各观测站都使用13米高表而不怕表高导致的端影模糊,是因为他配合使用了景符,通过景符上的小孔,将表顶端的像清晰地呈现在圭面上。

景符是高表的辅助仪器。它利用微孔成像的原理,使高表横梁所投虚影成为精确实像,清晰地投射在圭面上,达到了人类测影史的最高精度,领先于同期的世界水平。

这次测量获得了高精度的原始测量数据,对《授时历》的编纂贡献很大。

经过许衡、郭守敬、王恂等天文学家们艰苦奋斗,精确计算了4年,运用了割圆术来进行黄道坐标和赤道坐标数值之间的换算,以二次内插法解决了由于太阳运行速度不匀造成的历法不准确问题,终于在1280年编成了这部历史上精确、先进的历法。

元世祖根据古书上"授民以时"的命意,取名为《授时历》。

王恂是以算术闻名于当时的,元世祖命他

■ 郭守敬观星台遗址

负责治历。他谦称自己只知推算年时节候的方法，需要找一个深通历法原理的人来负责，于是他推荐了许衡。

许衡是当时大儒，于易学尤精，接受任命以后十分同意郭守敬制造仪器进行实测。

《授时历》颁行的第二年，许衡病卒，王恂已于前一年去世，这时有关《授时历》的计算方法、计算用表等尚未定稿，郭守敬又挑起整理著述最后定稿的重担，成为参与编历全过程的功臣。

■ 郭守敬著书图

《授时历》是中国古代创制的最精密的历法。用郭守敬自己的话说，《授时历》"考正者七事"，"创法者五事"。

考正者七事：

一是精确地测定了至1280年的冬至时刻。

二是给出了回归年长度及岁差常数。即第一年冬至到第二年冬至的时间为365日24刻25分。古时一天分为100刻，即1年为365.2425日；如以小时计，《授时历》为365日5时49分12秒。

三是测定了冬至日太阳的位置，认为太阳在冬至点速度最高，在夏至点速度最低。

四是测定了月亮在近地点的时刻。

许衡（1209—1281），是元初杰出的思想家、教育家和天文历法学家，也是金元之际南方理学北传的倡导人物之一。许衡精通天文、历算。1276年，因修《授时历》，召入朝，授集贤大学士兼国子祭酒，教领太史院事。与王恂、郭守敬等人共同研订。1280年，终于完成了这一艰巨复杂的任务。

■ 郭守敬编著《授时历》画

五是测定了冬至前月亮过升交点的时刻。即冬至时月亮离黄白交点的距离，并进一步利用此数据测定了朔望日、近点月和交点月的日数。

六是测定了二十八宿距星的度数。

七是测定了二十四节气时元大都日出日没时刻及昼夜时间长短。

创法者五事分别是：一是求出了太阳在黄赤道上的运行速度；二是求出了月亮在白道上的运行速度，即月球每日绕地球运行的速度；三是从太阳的黄道经度推算出赤道经度；四是从太阳的黄道纬度推算赤道纬度；五是求月道和赤道交点的位置。

《授时历》采用的天文数据是相当精确的。如郭守敬等重新测定的黄赤交角为古度23.9030°，约折合今度23.3334°，与理论推算值的误差仅为1分36秒。

法国著名数学家和天文学家拉普拉斯在论述黄赤

黄赤交角 是指黄道平面与天赤道平面的交角。是地球公转轨道面与赤道面的交角，也称为"太阳赤纬角"或"黄赤大距"。地球绕太阳公转的黄赤交角为约为23.26°。黄赤交角并不是一直不变的，它一直有着微小的变化，但由于变化太小了，所以人们一般对其忽略不计。

交角逐渐变小的理论时，曾引用郭守敬的测定值，并给予其高度评价。

《授时历》中的推算还使用了郭守敬创立的新数学方法。如"招差法"是利用累次积差求太阳、月亮运行速度的。又如"割圆法"是用来计算积度的，类似球面三角方法求弧长的算法。

不仅如此，郭守敬废弃了用分数表示非整数的做法，采用百进位制来表示小数部分，提高了数值计算的精度。

郭守敬不再花费很大的力气去计算上元积年，直接采用1280年冬至为历法的历元，表现了开创新路的革新精神。

所谓"上元积年"，是中国古代编历的老传统。"上元"就是在过去的年代里，一个朔望日的开始时

> **朔望** 就是月亮绕行到太阳和地球之间，月亮的阴暗一面对着地球，这时叫"朔"，正是农历每月的初一。月亮绕行至地球的后面，被太阳照亮的半球对着地球，这时叫"望"，一般在农历每月十五或十六。中国古代历法中把包含朔时刻的那一天叫"朔日"，把有望时刻的那一天叫"望日"。

■ 郭守敬观测场影石刻

刻和冬至夜半发生在一天;"积年"就是从制历或颁历时的冬至夜半上推到所选上元的年数。

历法家为了找到一个理想的上元,往往牵强凑合。《授时历》不采用这种方法,而以1280年作为推算各项天文数据的起点,这就是近世截元法。这是历法史上的一项重要贡献。

在恒星观测方面,郭守敬等不仅将二十八宿距星的观测精度提高到一个新的水平,而且对二十八宿中的杂坐诸星,以及前人未命名的无名星进行了一系列观测,并且编制了星表。

元代二十八宿的测量误差很小,其中房、虚、室、娄、张五宿的测量误差小于1分,大于10分的仅胃宿一宿,实在是高水平的测量,也是元代天文仪器精密的客观记录。

郭守敬还著有《新测二十八舍杂坐诸星入宿去极》一卷和《新测无名诸星》一卷。清代梅文鼎说曾见过民间遗本,现在北京图书馆藏《天文汇钞》中的《三垣列舍入宿去极集》一卷,就是抄自郭守敬恒星图表的抄本,甚为珍贵。

■ 郭守敬博物馆内的天文观测工具

■ 郭守敬纪念馆的观星画

《授时历》是中国古代最先进的历法，代表了元代天文学的高度发展。自颁行后，沿用400多年，是中国流行最长的一部历法。

《授时历》编制不久，即传播到日本、朝鲜，并被采用。《授时历》作为中国历史上一部优秀的、先进的、精确的历法，在世界天文学史上也占有突出的位置。

阅读链接

元世祖忽必烈于1279年3月20日，命天文学家郭守敬进行地理测量行动，这就是历史上有名的"四海测验"。在这次大规模的观测活动中，测量队曾在南海设立观测点，郭守敬亲自登陆的南海测点为黄岩岛及附近诸岛，测量结果在《元史》中有详细记载。

南海测量创世界纪录协会世界最早对黄岩岛进行地理测量的世界纪录。由此，中国成为世界上最早对南海黄岩岛及附近诸岛进行地理测量的国家。

中西结合的《崇祯历书》

《崇祯历书》是明代崇祯年间为改革历法而编的一部丛书。从1629年9月成立历局开始编撰,至1634年11月全书完成。

全书的编撰先由徐光启,后由李天经主持。参加编制的有日耳曼人汤若望、葡萄牙人罗雅谷、瑞士人邓玉函、意大利人龙华民等。

《崇祯历书》从多方面引进了欧洲的古典天文学知识。此历法在清代被改为《时宪历》,在清代初期前后行用了80余年。

■ 明代的外国科学家

明代初期使用的历书是元代郭守敬等人编制的《授时历》，在明代立国后更名为《大统历》沿用，至明崇祯年间，这部历书已施行了348年之久，误差也逐渐增大。

明代初期以来，据《大统历》推算所做的天象预报，就已多次不准。

1629年6月21日日食，钦天监的预报又发生显著错误，而礼部侍郎徐光启依据欧洲天文学方法所做的预报却符合天象，因而崇祯帝对钦天监进行了严厉的批评。徐光启等因势提出改历，遂得到批准。

■ 明代观象台

同年7月，礼部在宣武门内的首善书院开设历局，由徐光启督修历法。

徐光启深知，西方天文学的许多内容是中国古所未闻的，所以改历时应该吸取西学，与中国传统学说参互考订，中西会同归一，使历法的编订更加完善。于是，他制订了一个以西法为基础的改历方案。

在编纂过程中，历局聘请来日耳曼人汤若望、葡萄牙人罗雅谷、瑞士人邓玉函、意大利人龙华民等参与历法编订工作。

这些西方耶稣会传教士参与中国历法编订，给渴望天文新知识的中国天文工作者带来了欧洲天文学知识，开始了中国天文学发展的一个特殊阶段，即在传

钦天监 古代官署名。其职责是掌观察天象，推算节气，制定历法。明代沿用的历法计算方式误差较大。恰在此时，传教士带来了新历法。明代初期沿置司天监、回回司天监，旋改称"钦天监"，有监正、监副等官，末年有西洋传教士参加工作。

统天文学框架内，搭入欧洲天文知识构件。

在徐光启的领导下，历局从翻译西方天文学资料起步，力图系统地和全面地引进西方天文学的成就。西方学者与历局的中国天文学家一道译书，共同编译或节译了哥白尼、第谷、伽利略、开普勒等欧洲著名天文学家的著作。这是历局的中心工作。

历法编纂工作从1629年至1634年，历经6年，完成了卷帙浩繁的《崇祯历书》。徐光启于1633年去世，经他定稿的有105卷，其余32卷最后审定人为历法家李天经。

《崇祯历书》贯彻了徐光启以西法为基础的设想，基本上纳入了"熔彼方之材质，入大统之型模"的规范。是较全面介绍欧洲古典天文学的重要著作。

《崇祯历书》采用的是丹麦天文学家第谷所创立的宇宙体系和几何学的计算方法。第谷体系是介于哥白尼的日心体系和托勒密的地心体系之间的一种调和性体系。

历书中引入了清晰的地球概念和地理经纬度概念，以及球面天文学、视差、大气折射等重要天文概念和有关的改正计算方法。它还采用了一些西方通行的度量单位，如一周天分为360度；一昼夜分为96刻24小时；度、时以下采用六十进位制等。

从内容上看，《崇祯历书》全书共46种，137

■ 徐光启艺术雕像

经纬度 是指经度与纬度的合称。二者组成一个坐标系统，又称"地理坐标系统"，它是一种利用三维空间的球面来定义地球上的空间的球面坐标系统，能够标示地球上的任何一个位置。纬线和经线是人类为度量方便而假设出来的辅助线，定义为地球表面某点随地球自转所形成的轨迹。

卷，分"基本五目"和"节次六目"。

基本五目分别为法原、法数、法算、法器和会通。这部分以讲述天文学基础理论法原所占篇幅最大，有40卷之多，约占全书篇幅的三分之一。

此外，法数为天文用表，法算为天文学计算必备的平面、球面三角学、几何学等数学知识，法器为天文仪器及使用方法，会通为中西度量单位换算表。

节次六目是根据这些理论推算得到的天文表，分别为日躔、恒星、月离、日月交合、五纬星和五星凌犯。如推算出太阳视运动的度次，记载恒星在天球上的位置以及其他参数，月球运行的度次，日月交合时间，金木水火土星五星出入黄道的情况。

尽管当时哥白尼体系在理论上、实测上都还不很成功，但《崇祯历书》对哥白尼的学说做了介绍并大量引用哥白尼在《天体运行论》中的章节，还认为哥

> **五纬** 亦称五星，是古代中国人将太白、岁星、辰星、荧惑、镇星这5颗行星合起来的称呼，五星与日、月合称七曜。五星即金木水火土星。在中国古代的星占学上，五星分别与五常、五方、五兽、五色、五行、五事、五严、五社、五藏等均分别一一对应。

■ 徐光启推算纬度图

徐光启画像

白尼是欧洲历史上除了伽利略、开普勒之外最伟大的天文学家。

事实上，《崇祯历书》在1634年编完之后并没有立即颁行。新历的优劣之争一直持续了10年。在《明史·历志》中记录了发生过的8次中西天文学的较量，包括日食、月食，以及木星、水星、火星的运动。

最后崇祯帝在1643年8月下定颁布新历的决心，但颁行《崇祯历书》的命令还没有实施，明王朝就已灭亡。此后，则由留在北京城中的汤若望删改《崇祯历书》至103卷，并且由清顺治皇帝将其更名为《西洋新法历书》。

其中100卷本《西洋新法历书》被收入《四库全书》，但因避乾隆弘历讳，易名为《西洋新法算书》，并且根据它的数据编制历书，叫《时宪历》。近代所用的旧历就是《时宪历》，通常叫"夏历"或"农历"。总的来说，《崇祯历书》是汉化西方天文学的产物，明代天文学发展所取得的伟大成就。

阅读链接

徐光启是明代著名科学家。他曾经与意大利耶稣会士利玛窦合作将《几何原本》前6卷译成汉文。这是传教士进入中国后翻译的第一部科学著作。西方早期天文学关于行星运动的讨论多以几何为工具，《几何原本》的传入对学习了解西方天文学是十分重要的。

徐光启在评论《几何原本》时说过："读《几何原本》的好处在于能去掉浮夸之气，练就深思的习惯，会按一定的法则，培养巧妙的思考。所以全世界人人都要学习几何。"

测天之术 天文仪器

天文仪器的研制是天文学发展的基础，中国历代天文学家都很重视，在这方面花了不少功夫。创制出了表和圭、漏和刻、浑仪和简仪、浑象，以及功能非凡的候风地动仪和大型综合仪器水运仪象台，能测日影、计时间、测天体、演天象、测地震。

此外还有综合型的，集测时、守时、报时、演示于一体，显示了中国古代天文仪器的多样性。

中国古代天文仪器种类多、制作精、构思巧、用途广、装饰美、规模大，在世界天文仪器发展史上具有重要地位。

测量日影仪器表和圭

古代天文学家为了测定天体的方位、距离和运动,设计制造了许多天体测量的仪器。通过这些仪器获得测定的数据,来为各种实用的和科学的目的服务。

中国古代天体测量方面的成就是极其辉煌的。在诸多天体测量仪器中,表和圭通过测定正午的日影长度以定节令,定回归年或阳历年。还可以用来在历书中排出未来的阳历年以及24个节令的日期,作为指导农事活动的重要依据。

■ 圭表模型

表就是直立在地上的一根竿子，是最早用来协助肉眼观天测天的仪器。圭是用来量度太阳照射表时所投影子长短的尺子。两者结合在一起用时，遂称为"圭表"。从史料记载和发展规律来看，表的出现先于圭。

甲骨文中有关"立中"的卜辞，是关于殷人进行的一种祭祀仪式，是在一块方形或圆形平地的中央标志点上立一根附有下垂物的竿子，附下垂物的作用在于保证竿子的直立。

殷时期的人们在四月或八月的某些特定的日子而进行这种"立中"的仪式，其目的在于通过表影的观测求方位、知时节。表明当时的人们已知立表测影的方法了。

事实上，在殷商之前，由于太阳的出没伴随着昼夜的交替，从原始社会起，人们就知道判别方向应同太阳升落有关。

早在新石器时期的墓葬群中，考古学家已发现其墓主人的头部都朝着一定的方向：陕西省西安半坡村朝西，山东省大汶口朝东，河南省青莲岗各期朝东，或东偏北、东偏南。这显然同日月的升落有关。

殷商时用表测日影的旁证还有甲骨文中表示一天之内不同时刻的字。这些字都同"日"字有关，如

■ 古代黄玉圭表

甲骨文 又称"契文""甲骨卜辞""龟甲兽骨文"，主要指中国商代晚期王室用于占卜记事而在龟甲或兽骨上镌刻的文字，殷商灭亡周朝兴起之后，甲骨文还延绵使用了一段时期。是中国已知最早的成体系的文字形式，它上承原始刻绘符号，下启青铜铭文，是汉字发展的关键形态。

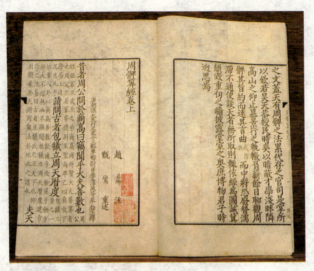

《周髀算经》

朝、暮、旦、明、昃、中日、昏等，其中"中日"与"昃"更是明确表示日影的正和斜，是看日影所得出的结论。

这一点同时也说明了表的一个用途，即利用表影方位的变化确定一天内的时间，这便是后代制成日晷的原理。也就是说，日晷还是在表的基础上发展起来的。

关于圭的出现，详细记录有圭表测量的书是战国至西汉时的《周礼》《周髀算经》《淮南子》等，因而一般人多认为圭的出现要在春秋战国时期。

东汉文字学家许慎《说文解字》认为，圭是做成上圆下方的美玉，公侯伯子男所执之圭有9寸、7寸、5寸之不同。因而圭的长短就是各人身份的标志，换句话说，圭就是度量身份的尺子。

按《周髀算经》提供的数据，一般用6尺之表，则夏至时日影最短为1.5尺，正好是圭之长。

"土圭"和"土圭之法"是从"表"发展至"圭表"之间的一个过渡。最初是用一根活动的尺子去量度表影，以后才发展成将圭固定于表底，并延长其长度，使一年中任一天都可以方便地在圭面上读出影长，这才是圭表。

目前所见的圭表实物最早当推1965年在江苏省仪

日晷 是古代观测日影测定视太阳时的天文仪器。由晷针和晷面两部分构成，按晷面放置的方向，可分为赤道、地平、竖立、斜立等形式。利用日晷计时的方法是人类在天文计时领域的重大发明，这项发明被人类沿用达几千年之久。

征东汉墓中出土的铜圭表。表身可折叠存放于圭上专门刻制的槽内，圭上的刻度和铜表的高度均为汉制缩小10倍的尺寸。圭表作为随葬品埋入墓内，说明东汉时期圭表已很普及了。

从表发展成圭表是一个进步，是人们对立表测影要求精确化和数量化的体现。

在一块方形或圆形平地的中央直立一表，可以根据日出和日入的表影方向定出东西南北，也可以根据一天之内表影方向的变化确定出一日内的时刻。而这些也恰恰是制定历法所必需的。

在《周髀算经》一书中，还叙述了利用一根定表和一根游表测天体之间角距离的方法：

在一平地上先画一圆，立定表于圆心，另立一游表于正南方，当女宿距星南中天时，迅速将正南方之

距星 二十八宿中每宿的一颗用于测量天体赤经位置的标志星。中国古代二十八宿中，每宿有一颗作为测量赤经相对标志的恒星，称为该宿的距星。其后，距星概念也推广到任何一个多星的星官之中，每个星官标志星。

■ 古代测量日影的大型圭表

古代用来测定时间的日晷

游表向西沿圆周移动，使通过定表和游表可见牛宿距星，这时量度游表在圆周上移动的距离，化成周天度就是牛宿的距度，也就是牛宿距星和女宿距星间的角度。

表，这一最简单最早出现的仪器，后来得到了很大的发展和改进。

为了使表影清晰，将表顶做成尖状的劈形或加一副表，与主表之影重合；为了提高表影测量精度，既加高表身，又发明相应的设备景符；为了测定时间，制成日晷，有赤道式的也有地平式的；为了使表不仅能观测日影，还能观月，更能观星，又发明了窥几等。

总之，表和圭在中国古代天文学的发展中起了相当大的作用，是一类重要的古代天文仪器。即使在现在，它的定方向、定时刻的功能有时还会给人们以帮助。

阅读链接

祖冲之是南北朝时期杰出的数学家，科学家。他除了在数学方面颇有建树外，在天文方面也颇多贡献。

比如他区分了回归年和恒星年，首次把岁差引进历法，给出了更精确的五星会合周期等。在这之中，还发明了用圭表测量冬至前后若干天的正午太阳影长以定冬至时刻的方法。这个方法也为后世长期采用。

为了纪念这位伟大的古代科学家，人们将月球背面的一座环形山命名为"祖冲之环形山"，将小行星1888命名为"祖冲之小行星"。

古代计时仪器漏和刻

漏和刻是中国古代一种计量时间的仪器,是古人发明的诸多计时工具中最有代表性的仪器,充分体现了中国古代人民的智慧。

漏是指带孔的壶,刻是指附有刻度的浮箭。有泄水型和受水型两种。早期多为泄水型漏刻,水从漏壶孔流出,漏壶中的浮箭随水面下降,浮箭上的刻度指示时间。

受水型漏刻的浮箭在受水壶中,随水面上升指示时间,为了得到均匀水流可置多级受水壶。

■ 古代计时工具刻

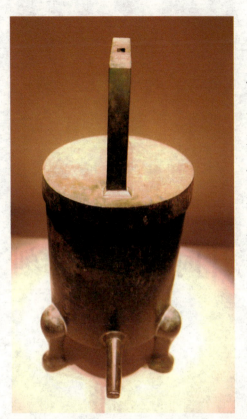

■ 青铜漏壶

漏是漏水的壶，借助水的漏出以计量时间的流逝，是守时仪器。刻是带有刻度的标尺，与漏壶配合使用，随壶水的漏出不断反映不同的时刻，属于报时仪器。从文献史料和逻辑推理来看，漏的出现当早于刻。漏壶的起源应是相当早的。原始氏族公社时期就能制造精美的陶器，总会出现破损漏水的情况，而漏水的多少与所经时间有关，这就是用漏壶来计时的实践基础。人们从漏水的壶发展到专门制造有孔的漏壶，这一仪器就诞生了。

据史书所记载，漏刻之作开始于轩辕之时，在夏商时期有了很大发展。轩辕黄帝是传说中的人物，漏壶为他所创不尽可信，但说在夏商时代有了很大发展还可考虑。殷商时期已知立竿测影，判方向、知时刻，因而漏和刻的发明不会晚于商代。

在先秦典籍中，见到有关漏的记述，在汉代以后文献中已经见有刻和漏刻的描写。

最原始的漏壶是没有节制水流措施的，而只是让其自漏，从满壶漏至空，再加满水接着漏。显然满壶和浅壶漏水的速度不同，但一壶水从满漏至空都是大体等时的。如内蒙古自治区杭锦旗1976年出土的西汉漏壶每次漏空大约10分钟，因而计量时间可用漏了多

氏族公社 它是原始社会的基本单位，主要以生产资料公有制为基础、以血缘纽带和血统世系相联结的社会组织形式。曾普遍存在于世界各地的原始社会中，是人类社会发展的必经阶段。随着社会生产力和劳动分工的发展，母系氏族公社逐渐被父系氏族公社所取代。

少壶来表示。

为了不间断地添水行漏，计数漏了多少壶，需要有人日夜守候，这也许就是《周礼·夏官司马》中提到"挈壶氏"的原因。书中说夏官司马所属有挈壶氏，设下士6人及史2人，徒12人。

有军事行动时，掌悬挂两壶、辔、畚物。两壶，一为水壶，悬水壶以示水井位置；一为滴水计时的漏，命名击柝之人能按时更换。

如此众多的人员守候一个漏壶显然是很大的负担，人们必然会产生节制漏水速度的要求，或在壶内壁出水口处垫以云母片，或在漏水孔中塞以丝织物等，使漏水缓慢而又不断，这样每一壶水漏出的时间长了，就减轻了不断添水的负担。

由于不能以漏多少壶来计时，而要随时注意漏壶里的水漏掉多少，这就是刻产生的基础。最初可能是在壶内壁上刻画。

后来为了便于读数，就放一支箭在壶里，在箭杆上划刻度，看水退到什么刻度就知道时间了。

由于漏水速度的减慢，改用刻来作为计量时间的单位，壶水的满浅影响漏水速率的问题就显得突出起来。

可以说，中国漏刻技术几千年的发展史就是克服漏水不均匀、提高计时精度的奋斗过程。其间也有箭舟的创造，沉箭式和浮箭式的使用，以及

> **云母片** 云母是一种造岩矿物，通常呈假六方或菱形的板状、片状、柱状晶形。在工业上用得最多的是白云母，其次为金云母。天然云母片是厚片云母经过剥分、定厚、切制、钻制或冲制而成，具有一定厚度、一定形状的云母零件。因其材料为天然矿制品，具有无污染、耐电压性能好的特点。

■ 铜壶滴漏

称漏的发明等巧妙的设计。

箭舟是浮在漏壶里的小舟，载刻箭能够上浮；沉箭式是指随着水的漏出，壶里水面下降，箭舟载刻箭下沉而读数；浮箭式是指另用一不漏水的箭壶积存漏出的水，水越积越多，水面升高，箭舟载刻箭浮起而读数；称漏是称漏出之水的重量来计时。

它们都属于报时和显示时间的装置，其报时的准确程度均受到漏水是否均匀的影响。

古代计时用的工具漏刻

漏水转浑天仪

以漏壶流水控制浑象，使它与天球同步转动，以显示星空的周日视运动，如恒星的出没和中天等。它所用的两级漏壶是现今所知最早的关于两级漏壶的记载。漏水转浑天仪对中国后来的天文仪器影响很大，唐宋以来就在它的基础上发展出更复杂更完善的天象表演仪器和天文钟。

为了克服壶里水位的满浅影响漏水的速率这一问题，最初想到的当然是不断添水以保持壶里水位的基本稳定，这样沉箭式就不能使用，必然出现浮箭式。

不断添水这一工作是件麻烦的事，因而就出现了多级漏壶，用上一级漏壶漏出的水来补充下一级漏壶的水位，使其保持基本稳定。显然，这样的补偿壶越多，最下面一个漏壶的水位就越是稳定。

东汉时期张衡做的漏水转浑天仪里用的是二级漏壶，晋代的记载中有三级漏壶，唐代的制度是四级漏壶。从理论上来说还可以再加，但实际上是不可能无限制地增加补偿漏壶的数量的，因此保持水位稳定这一问题并未彻底解决。

宋代科学家燕肃迈出了关键性的一步，他抛弃了增加补偿漏壶这一老路，采用漫流式的平水壶解决了历史上长久未克服的水位稳定问题。这一发明在他制造的莲花漏中第一次使用。

莲花漏只用两个壶,叫"上匦"和"下匦",其下匦开有两孔,一在上,一在下,下孔漏水入箭壶,以浮箭读数,而从上孔漏出的水经竹注筒入减水盎。

只要从上匦来的水略多于下匦漏入箭壶的水,下匦的水位就会不断升高,当要高于孔时,多余的水必然经上孔流出,使下匦的水位永远稳定在上孔的位置上,这就起了平定水位的作用,使下匦漏出的水保持稳定。

莲花漏的发明和使用,是漏壶发展史上的重大成就。自宋代以后,莲花漏广泛应用于漏壶中,甚至发展成二级平水壶,使稳定性更加提高。在解决水位稳定的漫长岁月中,对其他影响漏水精度的问题做

燕肃(991—1040),北宋时期画家、科学家。学识渊博,精通天文物理,有指南车、记里鼓、莲花漏等仪器的创造发明,著有《海潮论》,绘制《海潮图》以说明潮汐原理。工诗善画,以诗入画,意境高超,为文人画的先驱者。

■ 古代漏刻

■ 古代用于计时的漏壶

出了许多改进。其中有保持水温、克服温度变化影响水流的顺涩；采用玉做漏水管，克服铜管久用锈蚀的问题；渴乌即虹吸管的使用，克服了漏孔制造的困难；用洁净泉水，克服水质影响流速；采用控制漏水装置"权"，调节流水速度等。这些无疑也是中国漏壶发展史上的成就。

由于历代科学家的不懈努力，漏壶技术得到了很大发展。对于漏壶精度，中国古代很早就知道用测日影和观测恒星的方法同漏刻作比对，以校准漏刻。

> **阅读链接**
>
> 司马穰苴是齐景公时期的人，他曾以将军衔准备率兵抵御燕晋两国的军队。出征前，他与监军庄贾约定，第二天正午在军门外会面。
>
> 第二天，司马穰苴先驱车到达军营，摆设好观日影计时的木表和滴水计时的漏壶等待庄贾。庄贾一向傲慢自大并不着急。正午的时候庄贾没有到，司马穰苴就推倒木表，倒掉漏壶里的水。到了傍晚，庄贾才到。司马穰苴责问之后，将其斩首，三军皆震，人人争取奔赴战场。
>
> 燕晋两军听说了这种情况，立刻撤兵了。

测量天体的浑仪和简仪

测量天体的仪器已有近2000年的历史。在历史进程中，我们的祖先在不同的时期发明和制造了各种测量天体的仪器，适应了当时社会经济发展和人们的生活需求。

中国古代测量天体的仪器最著名的是浑仪和简仪。这两件仪器的制造，是中国天文仪器制造史上的一大飞跃，是当时世界上的一项先进技术。

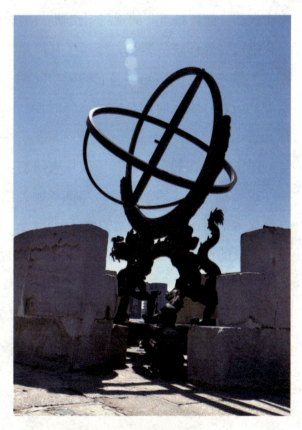

■ 古代观星仪

古天文台

浑仪是中国古代天文学家用来测量天体坐标和两天体间角距离的主要仪器。简仪是重要的观测用仪器，由浑仪发展而来。

中国古代浑仪的诞生，经历了从简单发展至复杂又回到简单的过程。大致来说，战国至秦是它的诞生时期；汉唐时期是研制、创新和定型的阶段；宋元时期是它的高峰时期；明代以后的铸造已经带有西学元素。

浑仪由于它的重要性，历代均有研制。保存至今的明制浑仪和清制浑仪结构合理、铸造精良、装饰华丽，成为古代天文仪器的精品，甚至成为中国古代科技文明的象征。

浑仪的构造包括3个基本部件：首先是窥管，通过这根中空管子的上下两孔观测所要测的天体；其次是反映各种坐标系统的读数环，当窥管指向某待测天体时，它在各读数环中的位置就是该天体的坐标。

此外就是各种支撑结构和转动部件，保证仪器的稳固和使窥管能自由旋转以指向天空任何方位。

最初的浑仪结构比较简单，只有一根窥管和赤道系统的读数环并兼做支架的作用，在《隋书·天文志》中最早留下了南北朝时孔挺于323年制的浑仪结构，即如上述古法所制。

北魏鲜卑天文学家斛兰于412年受诏主持铸成中国历史上第一台铁浑仪。铁浑仪增加了带水槽的十字底座，底座上立4根柱子支撑仪器。这样，读数系统与支撑系统就分开了。

铁浑仪的基本结构与前赵孔挺浑仪基本上相同，但又有些新创造。如在原有的底座上铸有"十"字形水槽，以便注水校准水平，这是在仪器设备上利用水准仪的开端。

铁浑仪是一台质量很高的仪器，北魏灭亡后，历经北齐、后周、隋、唐几个朝代一直使用了200多年，直至唐睿宗时，天文学家瞿昙悉达还奉敕修葺此仪，可见其使用寿命之长。

水准仪 是根据水准测量原理测量地面点间高差的仪器。水准仪是在17世纪至18世纪发明了望远镜和水准器后出现的。20世纪初，在制出内调焦望远镜和符合水准器的基础上生产出微倾水准仪。后来出现了自动安平水准仪、激光水准仪、电子水准仪或数字水准仪等。

■ 古代铁浑仪

■ 宋代浑仪

至唐代，由于天文学家李淳风、一行和天文仪器制造家梁令瓒等人的努力，浑仪的三重环圈系统建立起来，成为后世浑仪结构的定型式。

浑仪的三重环圈各有名称，最里面的是四游环或四游仪，它夹着窥管可使之自由旋转；中间一重是三辰仪，包括赤道环、黄道环、白道环，上面都有刻度，是各坐标系统的读数装置；外面一重是六合仪，包括地平、子午、赤道三环，固定不动，起仪器支架作用。

考察历代所制浑仪，都可以按这三重环圈体系来分析它们的结构。其构造科学合理，观测精确，造型优美而享誉世界。

由于天体的周日运动是沿赤道平面的，所以只有赤道系统能最方便地表示天体的坐标，黄道和白道就显得很麻烦，而且由于岁差的原因，赤道和黄道的交点不断变化，使黄赤道的位置不固定。

周日运动 也称"周日视运动"，是描述地球上的观测者每天观测到天空上的天体明显的视运动状态，在近极区尤为明显。这由于地球绕轴自转使然。周日运动就是因地球自转引起的、以一天为周期的天体视运动。

唐代一行和梁令瓒所铸黄道游仪就是为了解决这个问题而设计的，他们在赤道环上每隔1度打一个孔，使黄道环能模仿古人理解的岁差现象不断在赤道上退行。

类似的情况是白道和黄道，李淳风就在他制造的浑天黄道仪的黄道环上打249个孔，每过一个交点月就让白道在黄道上退行一孔。这样的设计虽说巧妙，但使用上却带来不便，精度上也受影响，后来遂被废除。

宋代的浑仪铸造主要在北宋时期，大型的就有5架，每架用铜总量在10 000千克以上，可见其规模之大。

宋代浑仪也注意到精度方面的改良。如窥管孔径的缩小，降低人目移动所造成的误差，并调整仪器安装的水平和极轴的准确，降低系统误差。

当时发明的转仪钟装置和活动屋顶，成为中国天文仪器史上两大重要发明。

宋代浑仪已是环圈层层环抱的重器，它在天文测量和编历工作中起了很大的作用，但也渐渐显示了多重环圈的弊病：安装和调整不易，遮蔽天空渐多，使许多天区成为死区不能观测。因此，宋代后已在酝酿浑仪的重大改革，这是元代简仪的创制。

要追踪历代浑仪的下落是件不容易的

■ 宋代的浑仪

事。木制的当然不易保存下来，即使是铜铁铸的也因年久湮灭和战乱毁坏不存。

宋代浑仪的遭遇要复杂些，北宋为金所灭，开封的五大浑仪全被掳至金的都城中都，运输过程中损坏的部件均被丢弃，浑仪被置于金的候台上，但因开封和北京纬度差达4度，观测时需做修正。

金章宗时，有一年雷雨狂风使候台裂毁，造成浑仪滚落台下，后经修理复置于台上。

北方蒙古人南下攻金，金王室仓皇出逃，宋代浑仪搬运困难，只好放弃而去，宋代仪器再次受到毁坏。至1271年，宋代浑仪只有天文学家周琮等人所造的一架还有线索，其他的都已不明。

北宋亡后，宋高宗南渡，曾经在杭州铸造过两三台小型浑仪，置于太史局、钟鼓院和宫中，但下落均不明。

明朝建都南京后，将北京的宋元代浑仪运至南京鸡鸣山设观象台，随后铸浑仪。明成祖朱棣迁都北京后仪器并未运回北京，而是派人去南京做成木模到北京来铸造，1437年铸成，置于明观象台上，即

> **中都** 1264年，金国改燕京为中都，定为陪都。元代中都城仍在现在的北京市区西南部广安门一带。中都的建造者为元世祖忽必烈的孙子元武宗海山。元中都是元代除大都和上都之外的第三大都城，其政治地位、城市规模、经济文化在当时世界上享有盛誉。其遗址保存较好。

■ 古代浑仪

■ 青铜简仪

现在的北京古观象台。

清代康熙年间，钦天监请将南京郭守敬所造仪器运回北京。当时有人在观象台下见到许多元制简仪、仰仪诸器，都有王恂、郭守敬监造的签名。

1715年，欧洲传教士纪理安提出铸造地平经纬仪，将元明时期旧仪除明代制简仪、浑仪、天体仪外，尽皆熔化充作废铜使用，遂使元明时期旧仪不复留存。

至于宋元明时期旧仪的下落还有待进一步研究和发现。目前陈列在北京古观象台上的仪器为清代铸造，而在南京紫金山天文台上的浑仪、简仪则是明代仿制的宋元时期旧仪。

简仪的创制是在1279年由元代天文学家郭守敬负责的，现存于紫金山天文台的简仪为明代正统年间的复制品，郭守敬原器已毁。因其简化了浑仪的环圈重

仰仪 是由元代天文学家郭守敬所创制的。为一水平仰置的半球形铜釜，球心处有一带小孔的板，利用针孔成像原理测定太阳的赤纬和时角，也可用以测定各食相的时刻。仰仪的主体是一只直径约3米多二元天文尺的铜质半球面，此外，它的形状好像一口仰放着的大锅，因而得名。

叠体系，又将赤道坐标与地平坐标分开，不遮掩天空，观测简便，故后人以此作为简仪名称之由来。

郭守敬创制的简仪，就其结构来说是一个含有4架简单仪器的复合仪器，或许称复仪更为合适。

4架仪器中的主要部分是一架赤道经纬仪，可算是传统浑仪的简化。它只有四游环、赤道环和百刻环，而后两环重叠在一起置于四游环的南端，使四游环上方无任何规环遮掩，一览无余。

在赤道和百刻两环之间安装有4个铜圆柱，起滚动轴承的作用，这一发明早于西方200年之久。但这4个铜圆柱在明代复制品中没有。

4架仪器中的另一部分是地平经纬仪，又称"立运仪"，就是直立着运转的仪器。这也是新创造的，可以测量天体的地平经纬度。

地平经纬仪只有两个环，一个地平环，水平放置；在地平环中心垂直立一个立运环，窥衡附于其上，起四游环的作用。

4架仪器中的其他两部分是候极仪和正方案。候极仪装于赤道经纬

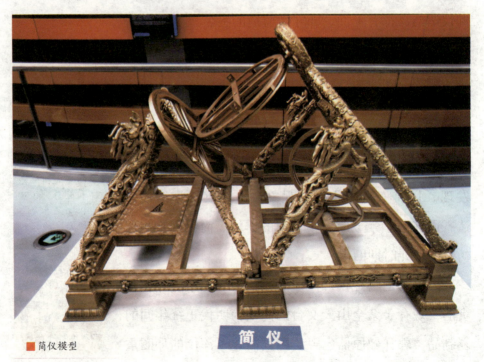

■ 简仪模型

简 仪

■ 简仪雕塑

仪的北部支架上，以观北极星校准仪器的极轴，使安装准确。正方案置于南部底座上，它既可以携带走单独使用，在这里也可以校准仪器安装的方位准确性。

现存简仪上正方案的位置在明末清初换上了平面日晷。

在《元史·天文志》里列举郭守敬创制的仪器名称，首先就是简仪，而立运仪、候极仪、正方案的名称又另外列出，可见郭守敬所指的简仪就是单指其中的赤道经纬仪。

当时既无这一名称，它又同传统的浑仪形状不同，考其作用正如浑仪，结构比浑仪简化。因此郭守敬称其简仪也是合理的。

阅读链接

郭守敬在天文历法方面做出了卓越的贡献。

在邢台县的北郊，有一座石桥。金元战争使这座桥的桥身陷在泥淖里，日子一久，竟没有人能够说清它的所在了。郭守敬勘察了河道上下游的地形，对旧桥基就有了一个估计。根据他的指点，居然一下子就挖出了这久被埋没的桥基。石桥修复后，当时元代著名文学家元好问还特意为此写过一篇碑文。

演示天象的仪器浑象

■ 铜质的浑象

浑象也称"浑天象"或"浑天仪",甚至称为"浑仪",很容易与用于观测的浑仪互相混淆。

浑象是古代根据浑天说用来演示天体在天球上视运动及测量黄赤道坐标差的仪器。

浑象最初是在西汉时由大司农中丞耿寿昌创制的。

到东汉张衡创制水运浑象,对后世浑象的制造影响很大。

■ 古代浑象仪

浑象是仿真天体运行的仪器,是天文学上很有用的发明。它把太阳、月球、二十八宿等天体以及赤道和黄道都绘制在一个圆球面上,能使人不受时间限制,随时了解当时的天象。

通过浑象的演示,白天可以看到当时在天空中看不到的星星和月亮,而且位置不差;阴天和夜晚也能看到太阳所在的位置。用它能表演太阳、月球以及其他星象东升和西落的时刻、方位,还能形象地说明夏天白天长,冬天黑夜长的道理等。

据西汉时期文学家扬雄所著《法言·重黎》中说的"耿中丞象之",可知汉宣帝时大司农中丞耿寿昌制造了一个浑象,模拟浑天的运动情况。

浑象的球面绘有赤道,按照实际观测的结果,把天空的星体标在球面对应的位置上。

后来张衡发明了第一架由水力推动齿轮运转的

耿寿昌 西汉时期天文学家,理财家。汉宣帝时任大司农中丞,在西北设置"常平仓",用来稳定粮价兼作为国家储备粮库。后来被封为关内侯。精通数学,修订《九章算术》,又用铜铸造浑天仪观天象,著有《月行帛图》《月行图》等。

■ 古老的浑象仪

浑象，能自动演示星体的升起、落下，并配有漏壶作为定时器，叫"漏水转浑天仪"，即水运浑象。只要将张衡的水运浑象放在屋子里，就可以知道外面的天象，在白天也可以知道什么星到了南中天。

水运浑象在当时确是一项了不起的创造。这一贡献开创了后代制造自动旋转仪器的先声，引导了机械计时器即钟表的发明，对世界文明的发展影响深远。

浑象的基本形状是一个大圆球，象征天球，大圆球上布满星辰，画有南北极、黄赤道、恒显圈、恒隐圈、二十八宿、银河等，另有转动轴以供旋转。还有象征地平的圈或框，有象征地体的块。

由于大圆球的转动带动星辰也转，在地平以上的部分就是可见到的天象了。

在耿寿昌和张衡之后，各种尺寸的浑象几乎各代都有制造，但有的是不能自动旋转的，有的则仿照张衡的做法，用漏水的动力使浑象随天球同步旋转。

而这后一类自动浑象在唐和北宋时期得到了长足的发展，其中重要的是一行、梁令瓒和张思训、苏颂、韩公廉等人的创造性工作。

唐代一行和梁令瓒在723年制成了开元水运浑天

中天 天体经过观测者的子午圈。上中天和下中天的总称。当经过北天极、天顶、南天极所在的那一半子午圈时，天体到达最高位置，称为"上中天"；当经过北天极、南天极所在的那一半子午圈时，天体到达最低位置，称为"下中天"。

俯视图，或开元水运浑天，首次将自动旋转的浑象同计时系统综合于一体，设两木人按辰和刻打钟击鼓。

沿着这一想法，北宋天文学家张思训于979年做了一台大型的太平浑仪，名称"浑仪"，实际上是一个自动运转的浑象。

太平浑仪做成楼阁状，有12个木人手持指示时间的时辰牌到时出来报时，同时有铃、钟、鼓3种音响。该仪以水银为动力，因其流动比水稳定，启动力量也大。

后来，宋代天文学家、天文机械制造家苏颂和天文仪器制造家韩公廉又建成了约12米高的水运仪象台，将浑仪、浑象、计时系统综合于一身，达到了自动浑象制造的顶峰。

浑象的研制到元代有了新的发展，郭守敬以他的创造性才能使浑象出现了新的面貌和用途。

在郭守敬为编制《授时历》和建设元大都天文台而创制的仪器中有一架浑象，半隐柜中，半出柜上，其制作类似前代。

郭守敬还制作了一件前所未有的玲珑仪。关于此仪，所留资料不多，致使研究者产生两种不同的看法，一种认为是假天仪式的浑象；另一种则认为是浑仪。

持不同意见的双方主要都是依据郭守敬的下属杨桓所写的《玲珑仪铭》。

该铭文中有对这件仪器的形状和性质的描述：

金嵌珍珠天球仪

天文学家制成仪象，各

> **视运动** 主要是指反映天体真运动的一种表面现象。例如，天体的周日运动就是一种视运动，它是反映地球绕轴自转的一种表面现象；太阳每年巡天一周的运动也是一种视运动，它是反映地球绕太阳公转的一种表面现象。

有各的用途，而集多种用途于一身的只有玲珑仪，该仪表面沿经纬线均匀分布有10万多孔，按规律准确地与天球相符。

整个仪体虚空透亮里外可见。虽然星宿密布于天，不计其数，但它们都有入宿度和去极度，只要利用该仪从里面窥看，即刻可以明白。古代贤者很多，但这种仪器尚未发明，直至元代，才首次做出来。

根据这一段描述可以清楚地感觉到，玲珑仪就是具有浑象之外形又有浑仪之用途的新式仪器。这也就是说，玲珑仪既不是假天仪，也不是浑仪，它就是玲珑仪。

元明时期以前的历代浑象均未能保存下来，现在北京古观象台和南京紫金山天文台的浑象都是清代制造的。

中国古代演示天象的仪器浑象与天球仪在基本结

■ 古老的玲珑仪

北京古观象台天球仪

构上是完全一致的。陈列在北京古观象台上的清代铜制天球仪，铸造于1673年，直径两米，球上有恒星1000多颗，是以三垣二十八宿来划分的。

此仪采用透明塑胶制作，标志完全，内部为地球模型，便于理解天球的概念。利用它来表述天球的各种坐标、天体的视运动以及求解一些实用的天文问题。

阅读链接

古代人测量天体之间的距离，最基本的方法是三角视差法。比如测定恒星的距离其最基本的方法就是三角视差法。

测定恒星距离时，先测得地球轨道半长径在恒星处的张角，也叫周年视差，再经过简单的运算，即可求出恒星的距离。这是测定距离最直接的方法。

对大多数恒星来说，张角太小，无法测准。所以测定恒星距离常使用一些间接的方法，如分光视差法、星团视差法、统计视差法等。这些间接的方法都是以三角视差法为基础的。

功能非凡的候风地动仪

候风地动仪是中国东汉时期天文学家张衡于132年制成的。此地动仪用精铜制成，外形像一个大型酒樽，里面有精巧的结构。如果发生较强的地震，它便可知道地震发生的时间和方向。

候风地动仪是世界上第一架测验地震的仪器，功能非凡。在中国科学史上，没有什么比候风地动仪更为引人注目。

■ 地动仪艺术雕刻

候风地动仪是中国东汉时期天文学家张衡创制的，用于测知地震的时间和方位。

候风地动仪

《后汉书·张衡传》详细记载了张衡的这一发明：候风地动仪用精铜制成，形如酒樽，内部结构精巧，主要为中间的都柱和它周围的8组形如蟾蜍的机械装置。都柱相当于一种倒立型的震摆。

在候风地动仪外面相应地设置8条口含小铜珠的龙，每个龙头下面都有一只蟾蜍张口向上。如果发生较强的地震，都柱因受到震动而失去平衡，这样就会触动8道中的一道，使相应的龙口张开，小铜珠即落入蟾蜍口中，由此便可知道地震发生的时间和方向。

从《后汉书·张衡传》的记载来看，候风地动仪应为一件仪器，而不是两件。张衡通过自己巧妙的设计，使地震时仪体与"都柱"之间产生相对运动，利用这一运动触发仪内机关，从而将地震报出。

张衡创制的地动仪不仅在古代具有重要影响，也使现代研究者产生了极大兴趣，很多人就其对地震的反应机制和内部结构提出不同的设想。

从现代地震学知识来看，地震过程复杂多变，前震后震强弱不同，方向也相异，要寻找震源只能从多个台站的记录依时间差推算，这在古代是不可能的。

但是张衡的地动仪在设计中的确考虑了方向因素，"寻其方面，乃知震之所在"，就反映了这一点。这也并非完全不可能。

如果候风地动仪做到了感知一二级的微震,它应对远处震中传来的初波也就是P波敏感。初波的地面移动方向与震源方向一致,是纵向波,所以龙吐丸的方位应能显示一定量的方向信息。

当然,这并非绝对,因为地动仪的灵敏度也会有一定限制。当地震的前锋纵波不够强时,地动仪可能会对之无动于衷,但后继横波却有可能把铜丸震落,这样落丸方向与震源就没什么关系了。

由此,张衡的地动仪对于烈度为三级的弱震,是可以测报出来的。

张衡地动仪的工作原理主要是以古代"候气"的理论,即"葭灰占律"的方式,所以称之为"候风地动仪"。

在选定的位置深埋入地一大柱,像远古人们建房时的草房的中心柱,这个柱子用来感应地震波。为了避免地面环境对"都柱"的影响,在适当的深度把柱周围掏空,或者先掘土井,然后将大柱埋入压实,距离地面相当距离使柱体与井壁分离,避免来自地面影响对"都柱"的干扰。

柱顶收缩为一个有凹面或空心管的顶端。在顶端凹面或空心管上置一铜球,铜球直径和顶端凹面或空心管直径可以根据灵敏度需要制订,这就克服了"倒立柱"制作中摩擦系数的难题。

震中 震源在地表的投影,即震源正对着的地面。震中也称"震中位置",是震源在地表水平面上的垂直投影用经、纬度表示。实际上震中并非一个点,而是一个区域。震中有一定范围,称为震中区,震中区是地震破坏最强的地区。

■ 承接落球的蟾蜍

都柱顶端放置铜球，犹如旗杆顶端的装饰圆球。在"都柱"开始收缩的地方，按东、南、西、北、东南、西北、西南、东北8个方向伸出8条轨道。

当埋入地下的都柱感受到地震波在地层中传播时，会使都柱产生相应的位移。

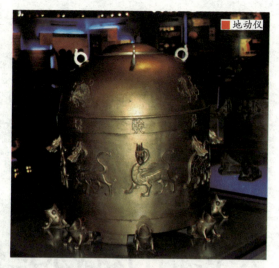
地动仪

都柱受力位移，位于都柱顶端的铜球偏离重心，向力量来源相反方向脱落，都柱四旁8条伸向不同方向的轨道之一承接并导引向相应方位，触动龙口机关，龙口所含铜珠吐出，从而判定地震来源方向。

综上所述，张衡创制的候风地动仪，是中国古代侦测地震的仪器，也是世界最早的地震仪，它并不能预测地震，其作用只是遥测地震时间和方向。

候风地动仪在当代研究者中产生了广泛影响，有许多人根据自己体悟的方法，各自复制不同的地动仪。可见其影响之深远。

阅读链接

张衡一生做了很多的事情，但最有名的发明就是"候风地动仪"了。

138年2月的一天，地动仪正对西方的龙嘴突然张开来，吐出了铜球，这是报告西部发生了地震。可是，那天洛阳一点儿地震的迹象也没有，更没有听说附近有什么地方发生了地震。于是，朝廷上下都议论纷纷，说张衡的地动仪是骗人的玩意儿。

过了没几天，有人骑着快马来向朝廷报告，离洛阳500多千米的金城、陇西一带发生了大地震，连山都崩塌下来了。大伙儿这才真正地信服了。

大型综合仪器水运仪象台

水运仪象台是中国古代一种大型的综合性天文仪器,由宋代天文学家苏颂等人创建。它是集观测天象的浑仪、演示天象的浑象、计量时间的漏刻和报告时刻的机械装置于一体的综合性观测仪器,实际上是一座小型的天文台。

水运仪象台的制造水平在世界范围内堪称一绝,充分体现了中国古代人民的聪明才智和富于创造的精神。

■宋代观星官雕塑

苏颂领导天文仪器制造工作是从1086年受诏定夺新旧浑仪开始的。这个机构的组成人员都是经过他的寻访调查或亲自考核，而确定下来的。

苏颂接受这项科技工作后，首先是四处走访，寻觅人才。他发现了吏部令史韩公廉通《九章算术》，而且晓天文、历法，立即奏请调来专门从事天文仪器的研制工作。

■ 苏颂画像

苏颂又走出汴京到外地查访，发现了在仪器制造方面学有专长的寿州州学教授王沇之，奏调他"专监造作，兼管收支官物"。

接着，苏颂又考核太史局和天文机构的原工作人员，选出夏官、秋官、冬官协助韩公廉工作。

苏颂发现人才后，还进一步放在实践中加以考察。例如调来韩公廉后，他经常与韩公廉讨论天文、历法和仪器制造。

苏颂向韩公廉建议，可否以张衡、一行、梁令瓒、张思训格式依仿制造，韩公廉很是赞同。于是，苏颂让韩公廉写出书面材料。不久，韩公廉写出《九章勾股测验浑天书》一卷。苏颂详阅后，命韩公廉研制模型。韩公廉又造出木样机轮一座。苏颂对这个木样机轮进行严格实验，然后奏报皇帝，并亲赴校验。

在著名科学家苏颂的倡议和领导下，经过3年4个

韩公廉 北宋时期人。活跃于11世纪后期。韩公廉是水运仪象台和假天仪的主要设计者，他参与制造的这两件仪器，经近人研究，均具有许多开创性的设计构思，如前者中的水运浑象是世界天文钟的直接祖先，后者则是近代天文馆中星空演示的先驱。

月的工作，1088年，一座杰出的天文计时仪器水运仪象台，在当时的京城开封制成。水运仪象台的构思广泛吸收了以前各家仪器的优点，尤其是吸取了北宋时期天文学家张思训所改进的自动报时装置的长处。

在机械结构方面，采用了民间使用的水车、筒车、桔槔、凸轮和天平秤杆等机械原理，把观测、演示和报时设备集中起来，组成了一个整体，成为一部自动化的天文台。根据《新仪象法要》记载，水运仪象台是一座底为正方形、下宽上窄略有收分的木结构建筑，高约12米，底宽约7米，共分为三大层。

上层是一个露天的平台，设有浑仪一座，用龙柱支持，下面有水槽以定水平。中层是一间没有窗户的"密室"，里面放置浑象。下层设有向南打开的大门，门里装有5层木阁，木阁后面是机械传动系统。

苏颂主持创制的水运仪象台是当时中国杰出的天文仪器，也是世界上最古老的天文钟。国际上对水运仪象台的设计给予了高度评价，认为水运仪象台为了观测上的方便，设计了活动屋顶，是现在天文台活动圆顶的祖先。

阅读链接

水运仪象台完成后，苏颂又在翰林学士许将的提议及家藏小样的启发下，决定制造一种人能进入其内部观察的仪器，仪器的具体推算设计由韩公廉负责。

此仪象经数年制作而成，它的天球直径有一人高，其结构可能为竹制，上面糊以绢纸。球面上相应于天上星辰的位置处凿了一个个小孔，人在里面就能看到点点光亮，仿佛夜空中的星星一般。

当悬坐球内扳动枢轴，使球体转动时，就可以形象地看到星宿的出没运行。这是中国历史上第一架记载明确的假天仪。

辉煌灿烂的
科技成就

万年历法

古代历法与岁时文化

时间法则

传统历法

历法是指推算年、月、日、时的长度和它们相互之间的关系，制定时间顺序的方法。中国是世界上最早发明历法的国家之一，历法对中国经济、文化的发展有着深远的影响。

农历属于阴阳合历，它集阴、阳两历的特点于一身，也被称为阴阳历。事实上，一本历书，除了反映天文地理自然规律外，上面刻画的是另一张"时间之网"。

这张时间之网，与中国的传统文化融在一起，是中国古人看天、看地、看万事万物的态度的结晶，反映了古人的自然观。

虞喜发现岁差与制定历法

岁差，在天文学中是指一个天体的自转轴指向因为重力作用导致在空间中缓慢而且连续的变化。晋代天文学家虞喜发现了岁差，并推算出冬至点每50年后退1度，在当时世界上处于领先地位。

岁差的发现并推算出精确数值，对中国历法的制定具有重要意义。后世历法都引进这一成果，使中国历法中的岁差值日趋精确。

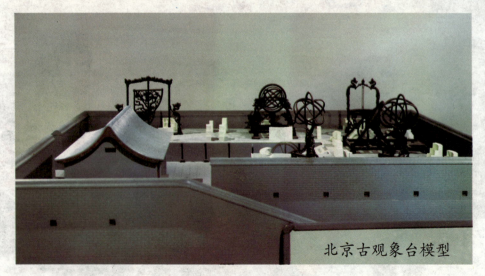

北京古观象台模型

■ 尧帝塑像

在西晋时期的某一个夜晚，会稽郡的天空星光璀璨，一颗颗明亮的星星远在天边，又仿佛近在咫尺。在会稽郡余姚县的一座观星楼上，站着一名宽袍大袖、身形潇洒的男子，神情却是庄严肃穆，正抬头专注地观察着星空。

这个姿势好似亘古不变，眼神里有一种痴迷与执着。日复一日，年复一年，他就这样观察着星空，又不断地在星图上画下新的记号。

他就是东晋天文学家虞喜，中国最早发现岁差的人。虞喜博学好古，一生以做学问为最大乐趣。他治学敢于突破樊篱，不受前人观点束缚，以打破常规的方式发现了岁差，并求出了比较精确的岁差值。

岁差是地轴运动引起春分点向西缓慢运行而使回归年比恒星年短的现象。

岁差分日月岁差和行星岁差两种：前者由月球和

会稽郡 古郡名，在今江浙地区。郡治吴县，即现在的江苏省苏州市姑苏区，辖春秋时期越国、吴国故地。汉成帝时辖26县，人口逾百万，为当时辖境最广阔的郡，隶属扬州刺史部。西晋初会稽郡辖10县，仅辖今绍兴、宁波一带。唐肃宗时期改为越州，会稽郡不复存在。

■ 虞喜画像

太阳的引力产生的地轴运动引起；后者由行星引力产生的黄道面变动引起。

早在公元前2世纪，古希腊天文学家喜帕恰斯通过比较恒星古今位置的差异，发现了春分点每100年西移1°的岁差现象。

随着天文学的逐渐发展，中国古代科学家们也渐渐发现了岁差的现象。

西汉时期的官员邓平，东汉时期的大儒刘歆、天文学家贾逵等人，都曾观测出冬至点后移的现象，不过他们都还没有明确地指出岁差的存在。至东晋初期，天文学家虞喜才开始肯定岁差现象的存在，并且首先主张在历法中引入岁差。

虞喜通过与喜帕恰斯不同的途径独立发现了岁差现象。虞喜把古今对冬至中天星宿的观察记录做了对比，发现唐尧时期冬至黄昏中天星宿为昴宿，而2700年之后的西晋时期，冬至黄昏中天星宿却在东壁。

对于这种变迁的原因，虞喜明确地把它归结为冬至点连续不断地西移，也就是冬至太阳所在的位置逐渐偏西造成的。

从冬至点不断地西移，虞喜进而悟到，今年冬

黄道面 是指地球绕太阳公转的轨道平面，与地球赤道面交角为23.26°。由于月球和其他行星等天体的引力影响地球的公转运动，黄道面在空间的位置总是在不规则地连续变化。但在变动中，任一时间这个平面总是通过太阳中心。黄道面和地球相交的大圆称为黄道。

至太阳在某宿度,可是到了明年太阳并没有回归到原来的宿度,这样每隔1年,稍微有差。因此,虞喜把1回归年太阳走过的路程小于1周天的现象称为"岁差"。天体的引力导致地球潮汐,潮汐导致地球差异旋转,地球差异旋转导致岁差。虞喜当时虽然不知道也不可能了解这些道理,但是他从古代冬至点位置实测数据发生西退现象的分析中,得出了太阳1周天并非冬至1周年结论。这就发现了回归年同恒星年的区别所在。

冬至点 太阳在南方可以到达之最远处并不是一个在地球上存在的点。地球倾斜自转又围绕太阳公转,于是太阳光对地球的直射点在分分秒秒地改变,当太阳光直射到地球南回归线的那一刻,地球在公转轨道的那一点就是冬至点。

虞喜不仅是中国第一个发现岁差的人,他还经过无数次计算,推算出岁差的具体数值。虞喜根据《尧典》记载的唐尧时期到他所处的晋代,相隔2700余年,冬至黄昏中星经历了昴、胃、娄、奎4个宿共53°,由此求得岁差值为约50年退一度。

■ 南朝天文学家何承天

虞喜发现岁差后,立即得到南朝时期的两位天文学家何承天和祖冲之的承认和应用。祖冲之把岁差应用到《大明历》中,在天文历法史上是一个创举,为中国历法的改进揭开了新的一页。

事实上,地球绕日运行时间并非一个稳定的常数,岁差即非常数的偏差。虞喜发现并推算出岁差具体数值

何承天

汤若望画像

后，因为种种原因，以至于以后各朝代所发布资料不一，有人认为每45年差1°，也有人认为50年差1°，也有认为67年、82年。而在这个过程中，就有关于岁差的学术辩论成分。

中国对岁差的认知，直至明代，西方传教士东来，汤若望及利玛窦等天文学家，将西方天文知识带入中国，此后，中国的天文历法起了巨大改变。至清代颁布《时历象考成新编》，就是按西洋天文学的测量及计算，重新确定二十八宿位置。

阅读链接

虞喜博学好古、少年老成，年轻时就有很高声望，受到人们赞扬。他历经西晋数朝，一直为皇帝所看重。但他不愿做官，只喜欢一心研究学问。

东晋皇帝晋明帝司马绍时期，虞喜被征召为博士，虞喜以生病为由推辞不赴任。后来，晋成帝司马衍时，下诏用散骑常侍之职征召，虞喜又未应命。

后来的几任皇帝都召他做官，先后竟达9次，但虞喜皆不应，被世人称为"大隐虞喜"。可见虞喜安贫乐道，一生唯做学问而已。

祖冲之测算回归年与历法

回归年是指太阳在运行中的周年视运动,表现为从南至北,又从北至南的回归性。在不同季节,每天正午仰视太阳在正南方位高度,会发现它是不一样的。

在中国古代历法中,回归年长度值和朔望月长度值是否准确,直接决定了历法的精度。因此古代天文历法家十分重视对这两个数值的测定,尤其是对回归年长度值的精确测定,在这方面取得了突出成就。

■ 南北朝时期科学家祖冲之塑像

> **宋孝武帝**（430—464），宋文帝刘义隆第三子。南北朝时期宋朝的第五位皇帝，年号孝建、大明，谥号"孝武皇帝"，庙号世祖。他为人机警、勇敢、果断、迅速，学问渊博，内臣外属们对他都十分畏惧，没有一个人敢做事懈怠。

462年，祖冲之把精心编成的《大明历》送给朝廷，请求宋孝武帝公布实行。宋孝武帝命令懂得历法的官员对这部历法的优劣进行讨论。

在讨论过程中，祖冲之遭到了以戴法兴为代表的守旧势力的反对。戴法兴是宋孝武帝的亲信大臣，很有权势。由于他带头反对新历，朝廷大小官员也随声附和，大家不赞成改变历法。

祖冲之为了坚持自己的正确主张，理直气壮地同戴法兴展开了一场关于新历法优劣的激烈的辩论。

戴法兴首先上书皇帝，从古书中抬出古圣先贤的招牌来压制祖冲之。他说："冬至时的太阳总在一定的位置上，这是古圣先贤测定的，是万世不能改变的。"他还说："祖冲之以为冬至点每年有稍微移动，是诬蔑了天，违背了圣人的经典，是一种大逆不道的行为。"

■ 史书上关于祖冲之的记述

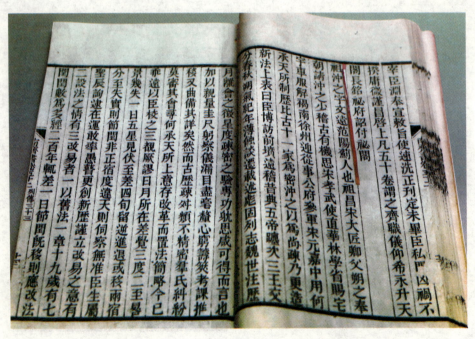

戴法兴又把当时通行的19年7闰的历法，也说是古圣先贤所制定，永远不能更改。他甚至攻击祖冲之是浅陋的凡夫俗子，没有资格谈改革历法。

祖冲之对权贵势力的攻击丝毫没有惧色。他写了一篇有名的驳议。他根据古代的文献记载和当时观测太阳的记录，证明冬至点是有变动的。他指出：事实十分明白，怎么可以信古而疑今？

古代科学家祖冲之画像

祖冲之又详细地举出多年来亲自观测冬至前后各天正午日影长短的变化，精确地推算出冬至的日期和时刻，以此说明19年7闰是很不精密的。

他责问说："旧的历法不精确，难道还应当永远用下去，永远不许改革？谁要说《大明历》不好，应当拿出确凿的证据来。如果有证据，我愿受过。"

当时戴法兴指不出新历法到底有哪些缺点，于是就争论到日行快慢、日影长短、月行快慢等问题上去。祖冲之一项一项据理力争，都驳倒了他。

在祖冲之理直气壮的驳斥下，戴法兴没话可以答辩了，竟蛮不讲理地说："新历法再好也不能用。"

祖冲之并没有被戴法兴这种蛮横态度吓倒，却坚决地表示："绝不应该盲目迷信古人。既然发现了旧

戴法兴（414—465），会稽山阴人，就是现在的浙江省绍兴。南朝宋权臣。少卖葛于市，后为吏传署，好学能文，颇通古今，为孝武帝所重，为南鲁郡太守，兼中书通事舍人，权重当时。当时民间传说，宫内有两天子，法兴为真天子，皇帝为赝天子。后被免官赐死。

■ 小型浑仪

历法的缺点,又确定了新历法有许多优点,就应当改用新的。"

在这场大辩论中,许多大臣被祖冲之精辟透彻的理论说服了,但是他们因为畏惧戴法兴的权势,不敢替祖冲之说话。最后,有一个叫巢尚之的大臣出来对祖冲之表示支持。他说:"《大明历》是祖冲之多年研究的成果,根据《大明历》来推算元嘉十三年、十四年、二十八年、大明三年的4次月食都很准确,用旧历法推算的结果误差就很大,《大明历》既然由事实证明比较好,就应当采用。"

巢尚之所说的元嘉十三年、十四年、二十八年、大明三年,分别是436年、437年、451年和459年。由于巢尚之言之凿凿,戴法兴彻底哑口无言了,祖冲之取得了最后胜利。宋孝武帝决定在大明九年,即465年改行新历。谁知在新历颁行之前孝武帝去世了,接着政局发生动荡,改历这件事就被搁置起来。直至510年,新历才被正式采用,可是那时祖冲之已去世10年了。

《大明历》测定的每一回归年的天数,跟现代科学测定的相差只有50秒;测定月亮环行一周的天数,跟现代科学测定的相差不到1秒。可见它的精确程度了。

测定回归年的长度是历法的基础,它是直接决定历法精粗的重要因素之一。因此,中国古代天文历法家十分重视对回归年长度值的精确测定，而祖冲之在这方面做出了突出贡献。

回归年在历法中具有极其重要的特殊地位。任何一部历法，都得拿出自己的回归年数值，古人把它叫"岁实"。

岁实反映了太阳回归运动周期，因此，只要测出太阳在回归运动中连续两次过某一天文点的准确时间，就可以推算出回归年的长度来。换句话说，只要准确测出太阳到达某一地平高度的时间，就可以求出岁实来。

看来问题非常简单：要推算出回归年长度，只要用浑仪观测每天中午时太阳的地平高度就可以了。可是，在实际操作中，此路却不通。日光耀目，使人不能直视，很难办到。要测算回归年长度，必须另辟蹊径。古人选择了用圭表测影的科学方法。

圭表是古代用来计时的工具。相传从尧舜至春秋时期，中国已经利用圭表测影来计时了。远古时的人们，日出而作，日没而息，从太阳每天有规律地东升西落，直观地感觉到了太阳与时间的关系，开始以太阳在天空中的位置来确定时间。但这很难精确。

据记载，3000多年前，西周丞相周公旦在阳城（今河南登封市）设置过一种以测定日影长度来确定时间的仪器，称为"圭表"。这当为世界上最早的计时器。

> **阅读链接**
>
> 圭表测时的精度是与表的长度成正比的。元代杰出的天文学家郭守敬在周公测时的地方设计并建造了一座测景台。
>
> 它由一座9.46米高的高台和从台体北壁凹槽里向北平铺的长长建筑组成，这个高台相当于坚固的表，平铺台北地面的是"量天尺"即石圭。这个硕大"圭表"使测量精度大大提高。
>
> 以郭守敬的"量天尺"测时，一直使用至明清时期，现在南京紫金山天文台的一具圭表，是明代正统年间建造的。

把十二生肖应用于历法

十二生肖,也被称为"十二年兽",是由12种源于自然界的动物,即鼠、牛、虎、兔、蛇、马、羊、猴、鸡、狗、猪以及传说中的龙所组成,用于纪年。

中国以十二生肖应用在历法上,有12只年兽依次轮流当值,依次与十二地支相配,顺序排列为子鼠、丑牛、寅虎、卯兔、辰龙、巳蛇、午马、未羊、申猴、酉鸡、戌狗、亥猪。

十二生肖铜像

■ 黄帝陵石像

据传说，天地未开时，混沌一片。于是，12只动物为了繁衍生息，它们按照自己天生的习性，开天辟地，开始了各自的行动。

子夜时分，鼠出来活动，将天地间的混沌状态咬出缝隙，"鼠咬天开"，所以子属鼠。

开天之后，接着要辟地。于是，勤劳的牛开始耕田，成为辟地的动物，因此丑时属牛。

寅时是人出生之时，有生必有死，置人于死地莫过于猛虎。寅又有敬畏之义，所以寅属虎。

卯时为日出之象，象征着火，内中所含之阴，就是月亮之精玉兔。这样，卯便属兔了。

辰时正值群龙行雨的时节，辰自然就属了龙。

巳时春草茂盛，正是蛇的好日子，如鱼得水一般。另外，巳时为上午，这时候蛇正归洞。因此，巳属蛇。

午是下午之时，阳气达到极端，阴气正在萌生。

鼠咬天开 古语说道："自混沌初分时，天开于子，地辟于丑，人生于寅，天地再交合，万物尽皆生。"传说天地之初，混沌未开。老鼠勇敢地把天咬开一个洞，太阳的光芒终于出现，阴阳就此分开，民间俗称"鼠咬天开"。老鼠也成为开天辟地的英雄。

十二生肖——猴首

马这种动物,驰骋奔跑,四蹄腾空,但又不时踏地。腾空为阳,踏地为阴,马在阴阳之间跃进。所以,午成了马的属相。

未时是午后,是羊吃草最佳的时辰,容易上膘,此时为未时,故未属羊。

申时是日近西山,猿猴啼叫的时辰,并且猴子喜欢在此时伸臂跳跃,故而猴配申。

酉为月亮出现之时,月亮里边藏着一点真阳。而鸡属于"发物",就是它能够把热散出来,可以把火生发出来。因此,酉属鸡。

戌时为夜幕降临,狗正是守夜的家畜,也就与之结为戌狗。

亥时,天地间又浸入混沌一片的状态,如同果实包裹着果核那样。而猪是只知道吃的混混沌沌的动物,故此猪成了亥的属相。

上述传说中十二生肖的选用与排列,是根据动物每天的活动时间确定的。中国从汉代开始,便采用十二地支记录一天的12个时辰,每个时辰相当于两个小时。

我们知道,古人是根据太阳、地球、月亮自身及相互间的运动,最后才形成了年、月、日、时的概念。而生肖作为一种记录时间的符号系统,用12种生肖动物形象地表示时间,可以纪年、纪月、纪日、纪时,后来成了普遍被人们认同的生肖历法。

生肖计时是古代天文历法的一部分。中国历法中的生肖，其实涉及干支、二十四节气、四象二十八宿、阴阳八卦五行、黄道十二宫等诸多方面，包含着许多天文地理内容。

而其中的干支和二十四节气，应该说与历法的关系最大。

干支是天干地支的合称，是中国古代记录年、月、日、时的序数符号。干支与十二生肖关系密切，它比十二生肖更古老，是构成十二生肖的前提，并影响到十二生肖的形成。

所谓子鼠、丑牛、寅虎、卯兔、辰龙、巳蛇、午马、未羊、申猴、酉鸡、戌狗、亥猪，就是由十二地支与12种动物对应配合而得。

以十天干为主干，以十二地支为支脉，两两相配，以天干的单数配地支的单数，以天干的双数配地支的双数，天干在前，地支在后，不得颠倒相配，也不能天干之单数与地支之双数相配，组合为"干支"符号。

当前一个干支数到最后一个符号"癸亥"时，再接着数后一个干支的头一个符号"甲子"。以此类推，首尾相接，周而复始，循环无穷。干支合用，在中国历史上广泛地用来纪年、纪月、纪日、纪时。

十二生肖八卦图

以生肖纪年。十二生肖与十二地支一一对应，即子鼠年、丑牛年、寅虎年、卯兔年、辰龙年、巳蛇年、午马年、未羊年、申猴

岁首 一年开始的时候。一般指第一个月。或指一年的第一天。在夏商时代产生了夏历,一年划分为12个月,每月以不见月亮的那天为"朔",正月朔日的子时称为"岁首",即一年的开始,也叫"年"。年的名称是从周朝开始的,至了西汉才正式固定下来,一直延续至今天。

年、酉鸡年、戌狗年、亥猪年。在一个甲子中,每种生肖动物出现五次。

以生肖纪月。一年分为12个月,以虎月为岁首,正月为寅虎月,二月为卯兔月,三月为辰龙月,四月为巳蛇月,五月为午马月,六月为未羊月,七月为申猴月,八月为酉鸡月,九月为戌狗月,十月为亥猪月,十一月为子鼠月,十二月为丑牛月。

以生肖纪日,是在干支纪日的基础上发展变化的结果。干支纪日以60日为一个周期,每种组合代表一天,即甲子日之后为乙丑日、丙寅日、丁卯日……直至癸亥日,又从甲子日开始循环。

以生肖纪时。农历每天有12个时辰,与十二地支一一对应,即子时、丑时、寅时、卯时、辰时、巳时、午时、未时、申时、酉时、戌时、亥时。每个时辰相当于现在的两个小时。

用形象化的动物纪年、纪月、纪日、纪时,远比干支纪时法简便,也更易于流传。时至今日,人们还保留着用属相来表示年龄的习俗,生肖

■ 十二生肖——羊首

文化深深地根植在人们的生活之中。

十二生肖可以纪月，而二十四节气是适应农时的需要而产生的，也可以纪月，但分得更细，如立春、雨水、惊蛰等，而且每个节气都有特定的意义，说明日地关系、气候条件和万物的变化。

有些节气反映了太阳与地球间相对角度的变化，有些节气反映了雨雪霜露等气候条件的变化，有些节气反映了植物生长、动物活动等物候条件的变化。在中国古代，二十四节气所反映的是黄河流域的农事和气候状况。气候变化不仅与植物的生长有关，也与动物的生长、发育和活动情况密切相关。因此，二十四节气既对人的活动和生长有很大影响，也对鼠、牛、虎、兔、龙、蛇、马、羊、猴、鸡、狗、猪这十二生肖动物的活动有很大影响。

一年有24个节气，一个月内一般有一节一气。每两节气相距时间平均约为三十又十分之四天，而农历每月的日数为29天半，所以约每34个月，必然出现有两月仅有节而无气及有气而无节的情况。

有节无气的月份就是农历的闰月，有气无节的月份不是闰月。从生肖纪月的角度来看，每个生肖月一般对应两个节气。

至于选择了12种动物作为代替十二地支的符号，又源于古人的动物崇拜心理。

阅读链接

相传有一天，玉帝准备选出12个动物做属相看守十二地支，于是发布通告要求动物们第二天早晨去泰山报名。

这个重大的消息很快就被猫知道了，可是由于猫一向好吃懒做，于是就央求自己的好朋友老鼠帮他去报名。

玉帝问老鼠有什么本领，老鼠灵机一动，一下钻进了玉帝的袖子里。玉帝以为老鼠会隐身术，便让老鼠做了第一名。

后来，猫知道老鼠没有帮他报名，大发雷霆，发誓把老鼠当仇敌。从此，猫一见到老鼠都要扑过去咬它。

独创二十四节气与历法

农历二十四节气,是自立春至大寒共24个节气,以表征一年中季节、气候等与农业生产的关系。它是中国古人的独创。

农历二十四节气作为一部完整的农业气候历,综合了天文、气象及农作物生长特点等多方面知识,比较准确地反映了一年中的自然力特征,所以至今仍然在农业生产中使用,受到广大农民的喜爱。

■春牛图

自古以来，立春时皇朝与民间都有很多祭祀、庆贺活动，除大家熟知的啃萝卜、吃春饼外，还有打春牛。"打春牛"的民俗盛行于各地。

立春日前一天，先把用泥土塑造的土牛放在县城东门外，其旁要立一个携带农具挥鞭的假人作"耕夫"，以示春令已到来，农事宜提前准备。

立春日当天，官府要奉上供品于芒神、土牛前，于正午时举行隆重的"打牛"仪式。吏民击鼓，官员执红绿鞭或柳枝鞭打土牛3下，然后交给下属及农民轮流鞭打。

打春牛头象征吉祥，打春牛腰象征五谷丰登，打春牛尾象征四季平安。无论鞭打春牛的哪个位置，都象征着驱寒和春耕的开始，把土牛打得越碎越好。

随后，人们要抢土牛的土块，带回家放入牲圈，象征兴旺。当天如天晴则预示着丰收，若遇雨则预示

芒神 即句芒，或名句龙，少昊的后代，名重，为伏羲臣。他是中国古代神话中的春神，主管树木的发芽生长，太阳每天早上从扶桑上升起，神树扶桑归句芒管，太阳升起的那片地方也归句芒管。句芒在古代非常重要，每年的春祭都有份。后世称其为"耕牧之神"。

■ 过年贴春联

刘安（前179—前122），汉高祖刘邦之孙，淮南厉王刘长之子。是西汉知名的思想家、文学家。他在世时，"招致宾客方术之士数千人"，集体编写了《鸿烈》，也就是后来的《淮南子》一书。该书包罗万象，既有史料价值，又有文学价值。

年景不佳。另外，至今有些农村仍延续着古老的习俗，即由一个人手敲小锣鼓，唱迎春的赞词，挨家挨户送上一张红色春牛图，图上印有二十四节气和一个人手牵着牛在耕地，人们称其为"春帖子"。

立春是二十四节气的第一个节气。上述这个习俗说明，立春在中国农耕文化中占有重要地位。

二十四节气是中国古代订立的一种用来指导农事的补充历法，是在春秋战国时期形成的。

二十四节气起源于黄河流域。为了充分反映季节气候的变化，古代天文学家早在周代和春秋时期就用"土圭"测日影来确定春分、夏至、秋分、冬至，并根据一年内太阳在黄道上的位置变化和引起的地面气候的演变次序，将全年平分为24等份，并给每个等份起名，这就是二十四节气的由来。

西汉时期淮南王刘安著的《淮南子》一书里就

■ 古代春耕仪式

春耕图

有完整的二十四节气记载了。由西汉民间天文学家落下闳组织编制的《太初历》，正式把二十四节气定于历法，明确了二十四节气的天文位置。二十四节气是一直深受农民重视的"农业气候历"，自从西汉时期起，二十四节气历代沿用，指导农业生产不违农时，按节气安排农活，进行播种、田间管理和收获等农事活动。

由于中国农历是根据太阳和月亮的运行制定的，因此不能完全反映太阳运行周期。中国是一个农业社会，农业需要严格了解太阳运行情况，农事完全根据太阳进行，所以在历法中又加入了单独反映太阳运行周期的"二十四节气"，用作确定闰月的标准。

二十四节气是根据太阳在黄道上的位置来划分的。它按天文、气候和农业生产的季节性赋予有特征意义的名称，即：立春、雨水、惊蛰、春分、清明、谷雨、立夏、小满、芒种、夏至、小暑、大暑、立秋、处暑、白露、秋分、寒露、霜降、立冬、小雪、大雪、冬至、小寒、大寒。

立春是二十四节气中的第一个节气，是春季开始的标志。每年公

■ 二十四节气歌竹简

历2月4日或5日，太阳到达黄经315°时为立春。自秦代以来，中国就一直以立春作为春季的开始。

立春又叫"打春"，就是冬至数九后的第六个"九"开始，所以有"春打六九头"之说，农谚更有"宁舍一锭金，不舍一年春""一年之计在于春"的说法。时至立春，人们会明显感觉到白天变长了，太阳也暖和多了，气温、日照、降水开始趋于上升。

中国古代将立春分为三候："一候东风解冻，二候蛰虫始振，三候鱼陟负冰。"

说的是东风送暖，大地开始解冻。立春5日后，蛰居的虫类慢慢在洞中苏醒，再过5日，河里的冰开始融化，鱼开始到水面上游动，此时水面上还有没完全融解的碎冰片，如同鱼背负着冰一般浮在水面。

雨水是二十四节气中的第二个节气。每年公历2月19日或20日视太阳到达黄经330°时为雨水。

雨水时节，大气环流处于调整阶段，全国各地气候特点，总的趋势由冬末的寒冷向初春的温暖过渡。

中国古代将雨水分为三候："一候獭祭鱼，二候鸿雁来，三候草木萌动。"

黄经 黄道坐标系经向坐标，过天球上一点黄经圈与过二分点黄经圈所交球面角。指太阳经度或天球经度，是在黄道坐标系统中用来确定天体在天球上位置一个坐标值，在这个系统中，天球被黄道平面分割为南北两个半球，太阳移至黄经315°时为立春。

此节气，水獭开始捕鱼了，将鱼摆在岸边如同先祭后食的样子；5天过后，大雁开始从南方飞回北方；再过5天，在"润物细无声"的春雨中，草木随地中阳气的上腾而开始抽出嫩芽。从此，大地渐渐开始呈现出一派欣欣向荣的景象。

惊蛰的时间在每年3月5日或6日，太阳位置到达黄经345°。

惊蛰时节，气温回升较快，长江流域大部地区已渐有春雷。中国南方大部分地区，常年雨水、惊蛰也可闻春雷初鸣；而华北西北部除了个别年份以外，一般要到清明才有雷声，为中国南方大部分地区雷暴开始最晚的地区。

中国古代将惊蛰分为三候："一候桃始华，二候鸧鹒鸣，三候鹰化为鸠。"描述已是进入仲春，桃花红、梨花白、黄莺鸣叫、燕飞来的时节。按照一般气候规律，惊蛰前后各地天气已开始转暖，雨水渐多，大部分地区都已进入了春耕。

春分在古时又称为日中、日夜分，是反映四季变化的节气之一。在每年的3月20日或21日，太阳到达黄经0°时为春分。

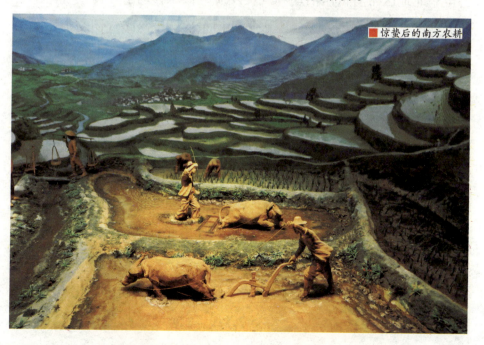

惊蛰后的南方农耕

立春图

春分节气,东亚大槽明显减弱,西风带槽脊活动明显增多,内蒙古至东北地区常有低压活动和气旋发展,低压移动引导冷空气南下,北方地区多大风和扬沙天气。当长波槽东移,受冷暖气团交汇影响,会出现连续阴雨和倒春寒天气。

中国古代将春分分为三候:"一候元鸟至,二候雷乃发声,三候始电。"便是说春分日后,燕子便从南方飞来了,下雨时天空便要打雷并发出闪电。

清明是二十四节气中第五个节气,在每年的4月4日或5日,太阳到达黄经15°时为清明。清明时节,除东北与西北地区外,中国大部分地区的日平均气温已升到12℃以上,大江南北直至长城内外,到处是一片繁忙的春耕景象。

中国古代将清明分为三候:"一候桐始华,二候田鼠化为鹌,三候虹始见。"

意即在这个时节先是白桐花开放,接着喜阴的田鼠不见了,全回到了地下的洞中,然后是雨后的天空可以见到彩虹了。

谷雨是二十四节气中的第六个节气。每年4月20日或21日视太阳到达黄经30°为谷雨。

谷雨节气后降雨增多,雨生百谷。雨量充足而及时,谷类作物能茁壮成长。谷雨时节的南方地区,"杨花落尽子规啼",柳絮飞落,杜鹃夜啼,牡丹吐蕊,樱桃红熟,自然景物昭示人们:时至暮春了。

古人将谷雨分三候:"一候萍始生,二候鸣鸠拂其羽,三候戴胜降于桑。"意为浮萍开始生长,鸠鸟拂翅鸣叫,戴胜鸟飞落在桑树上。

立夏是二十四节气中的第七个节气。每年的5月5日或6日,视太阳到达黄经45°时为立夏。

立夏以后,江南正式进入雨季,雨量和雨日均明显增多,连绵的阴雨导致作物的湿害。华北、西北等地气温回升很快,但降水仍然不多,加上春季多风,蒸发强烈,大气干燥,土壤干旱常严重。

中国古代将立夏分为三候:"一候蝼蝈鸣,二候蚯蚓出,三候王

瓜生。"是说这一节气中首先可听到蝲蝲蛄在田间的鸣叫声,接着大地上便可看到蚯蚓掘土,然后王瓜的蔓藤开始快速攀爬生长。

小满是二十四节气的第八个节气。每年5月21日或22日视太阳到达黄经60°时为小满。

这时全国北方地区麦类等夏熟作物籽粒已开始饱满,但还没有成熟,约相当乳熟后期,所以叫"小满"。

南方地区把"满"用来形容雨水的盈缺,指出小满时田里如果蓄不满水,就可能造成田坎干裂,甚至芒种时也无法栽插水稻。因为小满正是适宜水稻栽插的季节。

中国古代将小满分为三候:"一候苦菜秀,二候靡草死,三候麦秋至。"是说小满节气中,苦菜已经枝叶繁茂,可以采食了,接着是喜阴的一些细软的草类在强烈的阳光下开始枯死,然后麦子开始成熟,可以收割了。

玉雕

芒种是二十四节气中的第九个节气。每年6月5日前后太阳到达黄经75°时开始。

芒种是反映物候的节令。人们常说"三夏"大忙季节,即指忙于夏收、夏种和春播作物的夏管。芒种以后,中国长江中下游地区即将进入梅雨期。

古代将芒种分为三候:"一候螳螂生,二候鵙始鸣,三候反舌无

▣ 飞燕图

声"。在这一节气中,螳螂在去年深秋产的卵因感受到阴气初生而破壳生出小螳螂;喜阴的伯劳鸟开始在枝头出现,并且感阴而鸣;与此相反,能够学习其他鸟鸣叫的反舌鸟,却因感应到了阴气的出现而停止了鸣叫。

夏至是二十四节气中的第十个节气。每年6月21日前后太阳到达黄经90°时开始。

夏至这天太阳的高度最长,阳光几乎直射北回归线,北半球白天最长,黑夜最短;过了夏至日,阳光直射位置逐渐向南移动,白天开始一天比一天缩短。

中国古代将夏至分为三候:"一候鹿角解,二候蝉始鸣,三候半夏生。"

麋与鹿虽属同科,但古人认为,二者一属阴一属阳。鹿的角朝前生,所以属阳。夏至日阴气生而阳气始衰,所以阳性的鹿角便开始脱落。而麋因属阴,所

梅雨期 "梅雨"在古代称为"黄梅雨"。初夏时节,中国长江中下游至日本南部一带,经常出现一段持续较长时间的阴沉多雨天气。时值江南梅子成熟,故称"梅雨"或"黄梅雨"。又因此时温度高、湿度大、风速小、光照奇缺,器物易发霉,所以又称"霉雨"。

以在冬至日角才脱落。雄性的知了在夏至后因感阴气之生便鼓翼而鸣。

半夏是一种喜阴的药草，因在仲夏的沼泽地或水田中出生所以得名。由此可见，在炎热的仲夏，一些喜阴的生物开始出现，而阳性的生物却开始衰退了。

小暑是二十四个节气中的第十一个节气。太阳黄经为105°。

"暑"是炎热的意思。小暑是反映夏天暑热程度的节气，表示天气已经很热，但不到最热的时候，故名。这时，暑气上升气候炎热，但还没热到极点。

中国古代将小暑分为三候："一候温风至，二候蟋蟀居宇，三候鹰始鸷。"

小暑时节大地上便不再有一丝凉风，而是所有的风中都带着热浪；由于炎热，蟋蟀离开了田野，到庭院的墙角下以避暑热；在这一节气中，老鹰因地面气温太高而在清凉的高空中活动。

大暑是第十二个节气，也是最热的时期。在每年的7月23日或24日，太阳到达黄经120°。

在炎热少雨的季节，滴雨似黄金。苏浙一带有"小暑雨如银，大暑雨如金""伏里多雨，囤里多

■ 麋鹿角

回归线 指地球上南、北纬23.26°的两条经纬圈。北纬23.26度称为"北回归线"，是阳光在地球上直射的最北界线。南纬23.26°称为"南回归线"，是阳光在地球上直射的最南界线。回归线，是太阳每年在地球上直射来回移动的分界线。

米""伏天雨丰,粮丰棉丰""伏不受旱,一亩增一担"的民间谚语。如大暑前后出现阴雨,则预示以后雨水多。

中国古代将大暑分为三候:"一候腐草为萤,二候土润溽暑,三候大雨时行。"世上萤火虫约有2000多种,分水生与陆生两种,陆生的萤火虫产卵于枯草上。大暑时,萤火虫卵化而出,所以古人认为萤火虫是腐草变成的;第二候是说天气开始变得闷热,土地也很潮湿;第三候是说时常有大的雷雨会出现,这大雨使暑湿减弱,天气开始向立秋过渡。

立秋是二十四节气中的第十三个节气。每年8月7日或8日太阳到达黄经135°时为立秋。在中国古代,人们认为如果听到雷声,冬季时农作物就会歉收;如果立秋日天气晴朗,必定可以风调雨顺地过日子,农事不会有旱涝之忧,可以坐等丰收。

此外,还有"七月秋样样收,六月秋样样丢""秋前北风秋后雨,秋后北风干河底"的说法。也就是说,农历七月立秋,五谷可望丰收,如果立秋日在农历六月,则五谷不熟还必致歉收;立秋前刮起北

斗蟋蟀

风，立秋后必会下雨，如果立秋后刮北风，则当年冬天可能会发生干旱。

中国古代将立秋分为三候："一候凉风至，二候白露生，三候寒蝉鸣。"是说立秋过后，刮风时人们会感觉凉爽，此时的风已不同于暑天中的热风；大地上早晨会有雾气产生；秋天感阴而鸣的寒蝉也开始鸣叫。

处暑是二十四节气中的第十四个节气。每年8月23日或24日视太阳到达黄经150°时为处暑。

处暑之后，暑气虽然逐渐消退，但是，还会有热天气。所以有"秋老虎，毒如虎"的说法。之后，气温将逐渐下降。

中国古代将处暑分为三候："一候鹰乃祭鸟，二候天地始肃，三候禾乃登。"此节气中老鹰开始大量捕猎鸟类；天地间万物开始凋零；"禾乃登"的"禾"指的是黍、稷、稻、粱类农作物的总称，"登"即成熟。

《荔枝蝉鸣图》

白露是二十四节气中的第十五个节气。每年9月7日或8日太阳到达黄经165°时为白露。

这一时节冷空气日趋活跃，常出现秋季低温天气，影响晚稻抽穗扬花，因此要预防低温冷害和病虫害。低温来时，晴天可灌浅水；阴

深秋美景

雨天则要灌厚水；一般天气干干湿湿，以湿为主。

中国古代将白露分为三候："一候鸿雁来，二候玄鸟归，三候群鸟养羞。"说此节气正是鸿雁与燕子等候鸟南飞避寒，百鸟开始贮存干果粮食以备过冬。可见白露实际上是天气转凉的象征。

秋分是二十四节气中的第十六个节气。每年9月23日或24日视太阳到达黄经180°时为秋分。

秋分以后，气温逐渐降低，所以有"白露秋分夜，一夜冷一夜"和"一场秋雨一场寒"的说法。秋季降温快的特点，使得秋收、秋耕、秋种的"三秋"大忙显得格外紧张。

中国古代将秋分分为三候："一候雷始收声；二候蛰虫坏户；三候水始涸。"古人认为雷是因为阳气盛而发声，秋分后阴气开始旺盛，所以不再打雷了。

寒露是二十四节气中的第十七个节气。每年10月8日或9日视太阳到达黄经195°时为寒露。此时正值晚稻抽穗灌浆期，要继续加强田间管理，做到浅水勤灌，干干湿湿，以湿为主，切忌后期断水过早。

中国古代将寒露分为三候："一候鸿雁来宾，二候雀入大水为蛤，三候菊有黄华。"

此节气中鸿雁排成"一"字或"人"字形的队列大举南迁；深秋天寒，雀鸟都不见了，古人看到海边突然出现很多蛤蜊，并且贝壳的条纹及颜色与雀鸟很相似，所以便以为是雀鸟变成的；第三候的"菊始黄华"是说在此时菊花已普遍开放。

霜降图

霜降是二十四节气中的第十八个节气。每年10月23日或24日视太阳到达黄经210°时为霜降。

此时气温达到0℃以下，空气中的水汽在地面凝结成白色结晶，称为"霜"。霜降是指初霜。植物将停止生长，呈现一片深秋景象。

古代将霜降分为三候："一候豺乃祭兽，二候草木黄落，三候蛰虫咸俯。"意思是说，豺这类动物从霜降开始要为过冬储备食物；草木枯黄，落叶满地；准备冬眠的动物开始藏在洞穴中过冬了。

立冬是冬季的第一节气，在每年的11月7日或8日，太阳到达黄经225°。立冬之时，阳气潜藏，阴气盛极，草木凋零，蛰虫伏藏，万物活动趋向休止，以冬眠状态，养精蓄锐，为来春生机勃发做准备。

中国古代将立冬分为三候："一候水始冰，二候地始冻，三候雉入大水为蜃。"此节气水已经能结成冰；土地也开始冻结；三候"雉入大水为蜃"中的雉即指野鸡一类的大鸟，蜃为大蛤，立冬后，野鸡一类的大鸟便不多见了，而海边却可以看到外壳与野鸡的线条及颜色相似的大蛤。所以古人认为雉到立冬后便变成大蛤了。

小雪为第二十个节气，在每年11月22日或23日，太阳位置到达黄经240°。在小雪节气初，东北土壤冻结深度已达10厘米，往后差不多一昼夜平均多冻结1厘米，至节气末便冻结了1米多。所以俗话说"小雪地封严"，之后大小江河陆续封冻。

农谚道："小雪雪满天，来年必丰年。"这里有三层意思，一是小雪落雪，来年雨水均匀，无大旱涝；二是下雪可冻死一些病菌和害虫，明年减轻病虫害的发生；三是积雪有保暖作用，利于土壤的有机物分解，增强土壤肥力。中国古代将小雪分为三候："一候虹藏不见，二候天气上升，三候闭塞而成冬。"

深秋野凫图

▪野雉图

古人认为天虹出现是因为天地间阴阳之气交泰之故,而此时阴气旺盛阳气隐伏,天地不交,所以"虹藏不见";"天气上升"是说天空中的阳气上升,地中的阴气下降,阴阳不交,万物失去生机;由于天气的寒冷,万物的气息飘移和游离几乎停止,所以,三候说"闭塞而成冬"。

大雪在每年12月7日前后,太阳位置到达黄经255°时。

大雪时节,除华南和云南南部无冬区外,中国大部分地区已进入冬季,东北、西北地区平均气温已达零下10℃以下,黄河流域和华北地区气温也稳定在0℃以下。

此时,黄河流域一带已渐有积雪,而在更北的地方,则已大雪纷飞了。但在南方,特别是广州及珠三角一带,却依然草木葱茏,干燥的感觉还是很明显,与北方的气候相差很大。

中国古代将大雪分为三候:"一候鹖鴠不鸣,二候虎始交,三候荔挺出。"这是说此时因天气寒冷,寒号鸟也不再鸣叫了。由于此时是阴气最盛时期,正所谓盛极而衰,阳气已有所萌动,所以老虎开始有求偶行为。三候的"荔挺出"的"荔挺"为兰草的一种，也可简称为"荔"，也是由于感到阳气的萌动而抽出新芽。

冬至是每年12月22日前后，太阳位置到达黄经270°时。

冬至过后，至"三九"前后，土壤深层的所积储的热量已经慢慢消耗殆尽，尽管地表获得太阳的光和热有所增加，但仍入不敷出，此时冷空气活动最为频繁，所以"冷在三九"。

中国古代将冬至分为三候："一候蚯蚓结，二候麋角解，三候水泉动。"传说蚯蚓是阴曲阳伸的生物，此时阳气虽已生长，但阴气仍然十分强盛，土中的蚯蚓仍然蜷缩着身体；古人认为麋的角朝后生，所以为阴，而冬至一阳生，麋感阴气渐退而解角；由于阳气初生，所以此时山中的泉水可以流动并且温热。

小寒是每年1月5日或6日，太阳位置到达黄经285°时。

民间有句谚语："小寒大寒，冷成冰团。"小寒表示寒冷的程度，从字面上理解，大寒冷于小寒，但在气象记录中，许多地方小寒却比大寒冷，可以说是全年二十四节气中最冷的节气。

寒雪图

中国古代将小寒分为三候："一候雁北乡，二候鹊始巢，三候雉始鸲。"第三候"雉鸲"的"鸲"为鸣叫的意思，雉在接近四九时会感阳气的生长而鸣叫。

大寒是冬季最后一个节气，也是一年中最后一个节气，每年1月20或21日，太阳到达黄经300°时。

这时是许多地方一年中的最冷时期，风大，低温，地面积雪不化，呈现出冰天雪地、天寒地冻的严寒景象。

中国古代将大寒分为三候："一候鸡乳，二候征鸟厉疾，三候水泽腹坚。"这就是说到大寒节气可以孵小鸡了；而鹰隼之类的征鸟，正处于捕食能力极强的状态，到处寻找食物，以补充能量抵御严寒；水域中的冰一直冻到水中央，而且最结实、最厚。

中国自古以来，就是个农业非常发达的国家，由于农业和气象之间的密切关系，所以古代农民从长期的农业劳动实践中，累积了有关农时与季节变化关系的丰富经验。

为了记忆方便，古人把二十四节气名称的一个字，用字连接起来编成歌诀：

春雨惊春清谷天，夏满芒夏暑相连；
秋处露秋寒霜降，冬雪雪冬小大寒；
上半年来六廿一，下半年来八廿三；
每月两节日期定，最多不差一两天。

二十四节气歌诀读起来朗朗上口，便于记忆，反映了中国古代劳动人民的智慧。

阅读链接

西安钟鼓楼的钟楼建于明代，楼上原悬大钟一口，作为击钟报时用。鼓楼里有一个更加有历史感的东西，那就是二十四节气鼓。制定二十四节气，反映了中国古代劳动人民的智慧，它们被制成了一面面威风鼓，打起鼓来，不禁让人感叹。

这24面鼓，鼓面上用漂亮的字体撰写出的二十四节气名字，一一对着二十四节气。每当鼓被敲醒时，必会鼓声大作，轰轰作响，声传百里。并且，按照不同的节气，这些鼓还有各自不同的鼓点韵味，非常有特色。

时间计量

计时制度

中国古代劳动人民为了适应生活和生产的需要，根据昼夜的交替，逐步形成各种计时方法和计时制度。中国古代计时制度大致有4种：分段计时之制、漏刻之制、十二时辰之制和更点计时制度。古代不一定具备严格的时间意义，但是常见又常用的有关名称也不少。

在计时发展过程中，中国古代形成的完整的计时方法和计时制度，减少了对自然条件的依赖，是古人在探索时间计量方式上取得的进步，也是中华民族在人类天文历法领域做出的杰出贡献。

蛇　稻小龍靈活機

逐步完善分段计时之制

中国古代的分段计时之制，是沿用历史最悠久的古代计时法，是遵循日月运行以及人类的生活习俗和生产活动规律而制定的计时法。

秦汉之际流行16时制，各时段基本恒定，而两汉更从16时制细分出前后不同的小时间单位，计时精细到分级。这些均说明了分段计时制在中国古代历史沿用中，是有着调整充实、变革更新而使之适应时代发展的积极机制的。

■ 沙漏计时器

据传说，冥荚是一种奇妙的植物，它每天长一片叶子，至月半共长15片叶子，以后每天掉一片叶子，至月底正好掉完。

东汉时期杰出的科学家张衡，就是受到冥荚准时落叶的启示，发明了"瑞轮冥荚"这一巧妙仪器。"瑞轮冥荚"是张衡水运浑象上的机械日历。

张衡依照冥荚落叶现象进行构思，用机械的方法使得在一个杠杆上每天转出一片叶子来，月半之后每天再落下一片叶子来，这样不仅可以知道月相，还有计时的功能。

张衡创制的"瑞轮冥荚"的计时功能，只是中国古代计时历史长河中的一朵浪花。中国计时历史源远流长，在此过程中有许许多多的发明创建，秦汉之际的16时分段计时制度就是其中之一。

分段计时之制，早期主要基于太阳的周日视运动与地面上的投影变化，有其不稳定性的因素。殷商时期不均匀的分段计时制度，即是那一时代的产物。

分段计时之制起自何时不详。早在大汶口文化时期的陶文上，已有"旦""炅"两字，似乎与计时相关。至殷代逐步形了一套不均匀的分段计时制度，殷武丁时，一天分为13时段，白天9段，夜间4段；

■ 大汶口文化背壶上的符号

大汶口文化 是新石器时代后期父系氏族社会的典型文化形态。1959年首次发现于山东宁阳堡头村西和泰安大汶口一带，故名。大汶口文化的发现，使黄河下游原始文化的历史，由4000多年前的龙山文化向前推进了2000多年。墓葬中出现了夫妻合葬和夫妻带小孩的合葬，标志着开始或已经进入了父系氏族社会。

■ 秦简上记载的计时文字

后来又将一天分为16时段,白天9段,夜间7段。

殷代晚期,形成了一天分为16时段,这是分段计时制的基本格局,但各时段之间尚未达到等间距。至春秋战国时期,已进入比较均匀的分段计时的阶段。

秦汉时期,是中国古代分段计时之制的鼎盛期,形式为16时制,计时精密,时间恒定,间距均匀,无论内地还是边陲地区,时称基本一致,沿用年代也较长。

秦代时期通行16时制。在甘肃天水放马滩出土的秦简甲种《日书》有具体时称记载,其中有"日昳"及"夜中"两个时段前后的计时比较细化,而"平旦"至"日中"的上午计时几与云梦秦简16分段计时制的相关时称一致,显示了当时计时的地区性差异。

在秦代通行16时制的同时,还有少数历法家,或以12辰计时,或以14辰计时等。

比如以12辰计时,西汉时期马王堆帛书隶书本《阴阳五行》中,有平旦、日出、食时、莫食、东中、西中、日失、下失、下晡、舂日、日入、定昏12个时称。

再如以14辰计时,司马迁《史记》中有关西汉初期的计时材料,经过专家的整理,有乘明、旦、日

放马滩秦简 甘肃省天水市出土的战国晚期秦国竹简。放马滩又名"牧马滩",地处秦岭山脉中部,属天水市。以其时代早、保存完整于1994年被定为国家一级文物,并引起了考古学家、历史学家关注。秦简由于距今年代久远,难得发现。

出、蚤食、食时、日中、日昳、晡时、下晡、日入、昏、暮食、夜半、鸡鸣14个时称。

马王堆《阴阳五行》缺夜间的计时，《史记》的时称也不完全。但这两种材料与秦简的计时材料基本相合，可以互相补充和校正。

由秦简、马王堆《阴阳五行》《史记》3种计时材料看，秦汉时期的分段计时制的时称使用情况是比较随便的，一个时段可能会有几种称法，当时虽然普遍实行16时制，但时称未必完全统一化。

专家根据上述3种材料，归纳出来秦汉时期16时制的时称：清旦、日出、食时、莫食、东中、日中、西中、日昳、晡时、下市、舂日、日入、黄昏、人定、夜半、鸡鸣这16时。

清旦，即清晨，天亮到太阳刚出来不久的一段时间。春秋之际通常指早上5时至6时这段时间。

日出，日面刚从地平线出现的一刹那，而非整个日面离开地平线。

食时，正食的时候，大约8时前后，古人认为这是吃早饭时间。也就是日出至午前的一段时间。

莫食，相当于巳时，就是9时至11时。

东中，大致相当于11时稍后的短暂时间。

日中，日正中天，相当于白天

云梦秦简 又称"睡虎地秦墓竹简""睡虎地秦简"，是指1975年12月在湖北省云梦县睡虎地秦墓中出土的大量竹简。其内容主要是秦代时的法律制度、行政文书、医学著作以及关于吉凶时日的占书，为研究秦代历史提供了翔实的资料，具有十分重要的学术价值。

■ 马王堆阴阳五行帛书残片

居延汉简

12时前后。这时候太阳最猛烈，阳气达到极限，随之阴气将会产生。

西中，大致相当于13时稍后的短暂时间。

日昳，太阳偏西为日昳。相当于"西中"稍后的短暂时间。

晡时，接近傍晚，在16时前后。

下市，大致相当于17时稍后的短暂时间。

舂日，相当于"下市"稍后的短暂时间。

日入，约指申时和酉时。

黄昏，指日落以后到天还没有完全黑的这段时间。

人定，相当于21时至23时。

夜半，相当于夜里0时前后。

鸡鸣，天明之前的一段时间。

需要指出的是，对于时段往往有不同的称谓，对于同一时段名，所指时辰也有不同看法。

秦汉时期的16时其确切时间不是很清楚，这是因为当时的科技条件和人们的认识水平所致。这也反映出了中国古代计时发展在初级阶段的实际情况。

事实上，除了秦汉之际计时主要通行的16时制外，还有两汉时期其他的一些分段计时之制，也是中

王冰（710—804），唐代医学家，曾任唐代太仆令。他著成《重广补注黄帝内经素问》24卷，81篇，为整理保存古医籍做出了突出的贡献。后人的《素问》研究多是在王冰研究的基础上进行的。

国古代分段计时发展所经历的一个阶段。

两汉时期的分段计时材料，则见诸刘安《淮南子·天文训》《汉书》，以及唐代太仆令王冰所编《重广补注黄帝内经素问》以及居延汉简等。

《淮南子·天文训》根据太阳的出入将一天分作15时，为晨明、朏明、旦明、蚤食、晏食、隅中、正中、小还、晡时、大还、高舂、下舂、县车、黄昏、定昏。此15时疏于夜间的计时。其实，《淮南子》的15时，也是本之于16时制。

《汉书》中的计时材料，据专家整理，有晨时、旦明、日出、蚤食、日食时、日中、晡时、下晡、昏、夜过半、鸡鸣11个时称。可见这个材料不完全。

《重广补注黄帝内经素问》保存有西汉分段计时制的材料，有大晨、平旦、日出、早食、晏食、日中、日昳、下晡、日入、黄昏、晏晡、人定、合夜、夜半、夜半后、鸡鸣16个时称，为16时制。

总之，中国古代的分段计时制度，是在实践中逐步完善起来的。

随着社会的发展和科技知识的进步，人们对于时间精度的要求越来越高，对原有的计时方法不断做出修正，淘汰其不合理或不适应实际生活习尚的部分，或增加新的内容，而使分段计时更加合理。

阅读链接

宋代著名科学家苏颂主持创制的水运仪象台是11世纪末中国杰出的天文仪器，也是世界上最古老的天文钟。可以报12个时辰的时初、时正名称，还可以报刻的时间。

报12个时辰的在第二层的木阁中。有24个司辰木人，手拿时辰牌，牌面依次写着子初、子正、丑初、丑正等。每逢时初、时正，司辰木人按时在木阁门前出现。

报刻的在第三层木阁中。有96个司辰木人，其中有24个木人报时初、时正，其余木人报刻。

采取独特的十二辰计时法

■王充雕像

古人把一昼夜划分成12个时段,每一个时段叫一个时辰。十二时辰既可以指一天,也可以指任何一个时辰。十二时辰是古人根据一日间太阳出没的自然规律、天色的变化以及自己日常的生产活动、生活习惯而归纳总结、独创于世的。

十二时辰包括子时、丑时、寅时、卯时、辰时、巳时、午时、未时、申时、酉时、戌时、亥时。中国十二时辰之制的广泛流行为南北朝时期。

中国古代将一日分为十二时辰,并在此基础上进行了进一步划分,使时间变得更加精确。一日有十二时辰,一时辰合现代两小时;一时辰有8刻,一刻合现代15分钟;一刻有3盏茶,一盏茶合现代5分钟;一盏茶有两炷香,一炷香合现代2分30秒;一炷香有5分,一分合现代30秒;一分有6弹指,一弹指合现代5秒;一弹指有10刹那,一刹那合现代0.5秒。

时辰香模具

中国古代十二时辰之说的起源,众说纷纭。大约早在战国以前,为了研究天文历法的需要,已经将天球沿赤道划分为12个天区,称为12个星次。与此同时,又将天穹以北极为中心划为12个方位,分别以十二时辰来表示时段。

十二时辰之制,是以十二地支计算时间的方法。在现传最古老的西汉历法《三统历》中,有一个"推诸加时"算法,所谓"加时"就是将各种历法推算的时刻换算成十二时辰,这是关于十二时辰制度的最早记录。汉代哲学家王充在《论衡》中说:"一日之中分为十二时,平旦寅,日出卯也。"说明在当时,十二时辰之名与十二地支名已经配合运用,并且已经排定次序。

汉代将十二时辰命名为:夜半、鸡鸣、平旦、日出、食时、隅中、日中、日昳、晡时、日入、黄昏、人定。各个时辰都有别称,又用十二地支来表示。

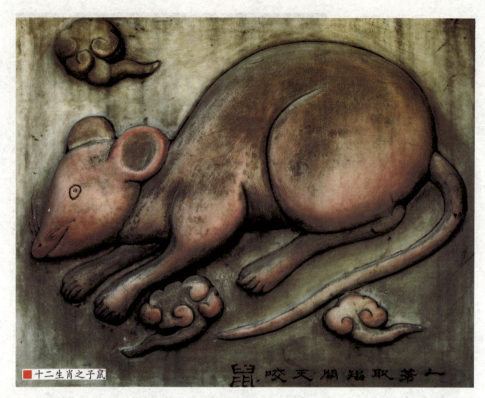

■ 十二生肖之子鼠

夜半，又名子夜、夜分、中夜、未旦、宵分。夜半是十二时辰的第一个时辰，与子时、三更、三鼓、丙夜相对应，时间是从23时至1时。此时以地支来称其名则为"子时"。此时正是老鼠趁夜深人静，频繁活动之时，故称"子鼠"。

天色由黑至亮的这段，都称为"夜"。"夜半"是指天黑至天亮这一自然现象变化的中间时段，而人们平素所说的"半夜"则是笼统地指全部的天黑了的时间，其时间往往超出"夜半"所指的那两个小时。

鸡鸣，又名荒鸡。十二时辰的第二个时辰，与四更、四鼓、丁夜相对应。时间是从1时至3时。此时以地支来称其名则为丑时。牛习惯夜间吃草，农家常在深夜起来挑灯喂牛，故称"丑牛"。

鸡被古人褒称为守夜不失信的"知时畜也"。曙光初现，雄鸡啼鸣，拂晓来临，人们起身。"鸡鸣"从字面上来看确有"鸡叫"之意,但它在十二时辰中却是特指夜半之后、平旦以前的那一时段。

中国幅员广阔,由于一年四季、地域的不同,开始鸡鸣的时间,一般在当地天明之前1小时左右。

平旦,又叫平明、旦明、黎明、早旦、日旦、昧旦、早晨、早夜、早朝、昧爽、旦日、旦时等。时间是从3时至5时,即是我们古时讲的五更。此时以地支来称其名则为"寅时"。此时昼伏夜行的老虎最凶猛,古人常会在此时听到虎啸声,故称"寅虎"。

太阳露出地平线之前,天刚蒙蒙亮的一段时候称"平旦",也就是我们现在所说的黎明之时。

日出,又叫日上、日生、日始、日晞、旭日、破晓。时间是从5时至7时,指太阳刚刚露脸,冉冉初升的那段时间。此时旭日东升,光耀大地,给人以勃勃生机之感。

此时以地支来称其名则为"卯时"。天刚亮,兔子出窝,喜欢吃带有晨露的青草,故称"卯兔"。

食时,也叫早食、宴食、蚤食。时间是从7时至9时,古人"朝食"之时也就是吃早饭时间。此时以地支来称其名则为辰时。此时一般容易起雾,中国古代传说龙喜腾云驾雾,又值旭日东升,蒸蒸日上,所以称为"辰龙"。

隅中,也叫日禺、禺中、日隅。时间是从9时至11时,

■ 计时蜡烛

即临近中午的时候.

此时以地支来称其名则为"巳时"。此时大雾散去,艳阳高照,蛇类出洞觅食,故称"巳蛇"。

汉代刘安的《淮南子·天文训》最早出现"隅中"一词:"日出于旸谷……至于桑野,是谓晏食;至于衡阳,是谓隅中;至于昆吾,是谓正中。"

清代文字训诂学家段玉裁《说文解字注》说"角为隅",那么这个隅与时间有什么联系呢?

■ 段玉裁雕塑

段玉裁(1735—1815),晚年号砚北居士,长塘湖居士,侨吴老人,江苏金坛人,龚自珍外公。清代文字训诂学家、经学家。著有《说文解字注》《毛诗故训传定本》《经韵楼集》等,对中国音韵学、文字学、训诂学、校勘学诸方面做出了杰出贡献。

如果以《淮南子》的作者刘安及其门客苏非等人的著书之地长安为观测点,人们在巳时观察,衡阳、昆吾两山皆在南方。

当太阳运行到衡阳上方,还没有运转到昆吾上空时,长安观测点与衡阳上方的太阳的连线,同观测点与昆吾上空的太阳的连线形成一个夹角。

这个夹角就是以长安为基准测位测得的巳时与午时这两个时辰形成的交角。也就是太阳在隅中初临时与其在正中时所形成的东倾斜角。因此,人们称这个时段为"隅中"。

日中,也叫日正、日午、日高、正午、亭午、日当午。时间是从11时至13时。此时以地支来称其名则为"午时"。古时野马未被人类驯服,每当午时,四处奔跑嘶鸣,故称"午马"。

太阳已经运行至中天,即为正午的时辰。上古时期,人们把太阳行至正中天空时作为到集市去交易的时间标志,这样的商品交换的初期活动,就在日中时辰进行。

日昳,也叫日昃、日仄、日侧、日跌、日斜。时间是从13时至15时,正值太阳偏西之时。此时以地支来称其名则为"未时"。有的地方称此时为"羊出坡",意思是放羊的好时候,故称"未羊"。

晡时,也叫馎时、日馎、日稷、夕食。时间是从15时至17时。此时以地支来称其名则为"申时"。此时太阳偏西,猴子喜在此时啼叫,故称"申猴"。古人进餐习惯,吃第二顿饭是在晡时。因此,"晡时"之义即"第二次进餐之时"。

日入,也叫日没、日沉、日西、日落、日逝、日晏、日旴、日晦、傍晚,意为太阳落山的时候。时间是从17时至19时。此时以地支来称其名则为"酉时"。太阳落山了,鸡在窝前打转,故称"酉鸡"。

"日入"即为太阳落山,这是夕阳西下的时候。古时,人们又将"日出"和"日入"分别作为白天和黑夜到来的标志。当时人们生产劳动、休养生息就是以"日出""日入"为基本的简易时间表的。

黄昏,也叫日夕、日末、日暮、日晚、日暗、日堕、日曛、曛黄。时间是从19时至21时。此时太阳已经落山,天将黑未黑。天地昏黄,万物朦胧,故称黄昏。此时以地支来称其名则为"戌时"。此时人们劳碌一天,闩门准备休息了。狗卧门前守护,一有动静,就"汪汪"大叫,故称"戌狗"。

古人以"黄昏"来表示这一时辰,是因为此时夕阳沉没,万物朦胧,天地昏黄,"黄昏"一词形象地反映出了这一时段典型的自然特色。

《离骚》碑刻

最早使用"黄昏"一词的是战国时期的诗人屈原。他在《九章·抽思》中写道:"昔君与我诚言兮,曰黄昏以为期,羌中道而改路。"

人定,也叫定昏、夤夜。时间是从21时至23时。此时以地支来称其名则为"亥时"。此时夜深人静,能听见猪拱槽的声音,故称"亥猪"。人定是一昼夜中十二时辰的最末一个时辰。人定也就是人静。此时夜色已深,人们也已经停止活动,安歇睡眠了。

中国古代民歌中第一首长篇叙事诗《孔雀东南飞》有"奄奄黄昏后,寂寂人定初"的诗句。

总之,十二辰计时法表时独特,历史悠久,是中国灿烂的文化瑰宝之一,也是中华民族对人类天文历法的一大杰出贡献。

阅读链接

中国古代十二时辰计时之制,不仅方便了人们对时间的把握,也是传统中医学养生理论内容之一。中医认为五脏六腑以及经络与十二时辰密切相关,因此应该遵循十二时辰生活法。

子时保证睡眠时间,丑时保证睡眠质量,寅时号脉的最好时机,卯时养成排便习惯,辰时早餐营养均衡,巳时工作黄金时间,午时养成午睡习惯,未时保护血管多喝水,申时工作黄金时间,酉时预防肾病的最佳时间,戌时工作黄金时间,亥时准备休息。

实行夜晚的更点制度

中国古代便把一夜分为五更，每更为一个时辰。戌时为一更，亥时为二更，子时为三更，丑时为四更，寅时为五更。由于古代报更使用击鼓方式，故又以鼓指代更。此外还有"鼓角""钟鼓"等用来打更的器具。

把一夜分为五更，按更击鼓报时，又把每更分为5点。每更就是一个时辰，相当于现在的两个小时，所以每更里的每点只占24分钟。

■ 打更人雕塑

■ 打更用的铜锣

明宪宗成化年间，山东省黄县，即现在的龙口市附近住着个林老汉，鸡叫头遍就动身，牵了自家的一头毛驴要到城北马集上去卖个好价钱。

由于林老汉平时不大出远门，又因天黑迷路，手里牵着的这个小畜生见草就吃，且不时撒欢儿尥蹶子，不正经走路。

几经周折，到了集上为时已晚，错过了交易时间，白忙活了一场。林老汉不免叹道："起了个早五更，赶了个大晚集！"

回到家后，林老汉一气之下把毛驴杀了，干脆就在村子里把驴肉卖了出去。

这里讲述这个故事的意义在于：林老汉说的五更，是中国古代对夜晚划分的5个时段，因为用鼓打更报时，所以叫作"五更""五鼓"，或称"五夜"。

"更"其实只是一种在晚上以击点报时的名称。更点制只用在夜间。从酉时起，巡夜人打击手持的梆子或鼓，此称为"打更"。

更点制出现的年代较早，但是明确见诸历法者，一般以唐代初期《戊寅元历》为开端。此历最后附录的"二十四气日出入时刻表"中，给出了各气昼、夜

明宪宗（1447—1487），明朝第八位皇帝。谥号"继天凝道诚明仁敬崇文肃武宏德圣孝纯皇帝"。在位期间，初年为于谦平冤昭雪，恢复景帝帝号，又能体察民情，励精图治。在位末年，好方术，以致朝纲败坏。明宪宗还肆意霸占士绅、农民的土地，供皇亲国戚纵情享乐。

漏刻的长度以及相应的更点数。

该表所列数据说明，日出前2.5刻为平旦时刻，即昼漏上水时刻；日落后2.5刻为昏时，即昼漏尽、夜漏初上时刻。从昏时至次日旦时，为夜漏长度。

太阳出入的时间天天都在变，因此，夜漏刻的长度也随之变化，于是，更点的长度也不是固定的。

东汉四分历"二十四气日度、晷影、昼夜漏刻及昏旦中星表"中，有历史上最早给出的二十四气昼夜漏刻的数据。

魏晋南北朝时期的一些历法，也大都列出此类数表，据此，可以推算出各气当天每更每点的时刻。

在唐代李淳风的《麟德历》中，给出了计算更点的规定：甲夜为初更或一更，乙夜二更、丙夜三更、丁夜四更、戊夜五更。

古代的昼夜是以日出、日入来划分的，也就是日落后才算入更，这就出现"更点制"的一个特点。每更点的开始时刻及每个更点包含的时间长度，在不同地点各不相同。在同一地点则随不同日期日出日入时刻的不同而变化。

古人把一夜（即现在的10个小时）分为5个时辰，夜里的每个时辰被称为"更"。一夜被分为"五更"，有更夫报时。

一更在戌时，称黄昏，又名日夕、日暮、日晚等。

古代打更场景

时间是19时至21时。

二更在亥时，名人定，又名"定昏"等。时间是21时至23时。

此时夜色已深，人们也已经停止活动，安歇睡眠了，人定也就是人静。

"咣——咣——"两声大锣带着两声梆子点儿，习俗上这就称谓是"二更二点"。比起一更，二更的天色已经完全黑去，此时人们大多也都睡了。

三更在子时，名夜半，又名子夜、中夜等。时间是23时至次日1时。

三更是十二时辰的第一个时辰，也是夜色最深重的一个时辰。此时无疑是一夜中最为黑暗的时刻，这个时候黑暗足以吞噬一切。

四更在丑时，名鸡鸣，又名"荒鸡"。时间是1时至3时。

四更是十二时辰的第二个时辰。虽说三更过后天就应该慢慢变亮，但四更仍然属于黑夜，而且是人睡得最沉的时候。

五更在寅时，称平旦，又称"黎明""早晨""日旦"等，是夜与日的交替之际。时间是3时至5时。

这个时候，鸡仍在打鸣。此时天亮了，便不再打更。而人们也逐渐从睡梦中清醒，开始迎接新的一天。

阅读链接

现代人所说的"一刻钟"，是经长期发展而来的。

北宋时期一个时辰已普遍划分为时初、时正两个时段，每小时得四大刻又一小刻。也就是《宋史·律历志》所说："每时初行一刻至四刻六分之一为时正，终八刻六分之二则交次时。"

清代初期施行《时宪历》后，就改100刻为96刻，每时辰就得8刻，即初初刻、初一刻、初二刻、初三刻、正初刻、正一刻、正二刻、正三刻，一刻相当于今天的15分钟，也称"一刻钟"。这就是今人"一刻钟"称呼的由来。

时间周期

岁时文化

　　岁时文化是指与天时、物候的周期性转换相适应，在人们的社会生活中约定俗成的、具有某种风俗活动内容的传统习俗。二十四节气本为节令气候的标志，但后来融会许多祭祀宗教、庆贺、游乐等内容，形成社群性的活动，演变为中华民族节日习俗的组成部分。

　　节气与节日习俗的融合，经历了千百年的演变，形成了各种不同的时代特点和地方特色。但习俗中包含着人们对先人的纪念、对亲人的思念、对生活的憧憬和对希望的寄托，这些是永远不变的。

會大舟龍

春季岁时习俗的产生

春季节气共有6个，分别为立春、雨水、惊蛰、春分、清明和谷雨。

在二十四节气中，春季最能反映季节的变化，它指导农事活动，影响着千家万户的衣食住行。春季节气节日习俗是中国古代劳动人民独创的文化遗产。

春季也是忙碌的季节，俗话说"一年之计在于春"，只要勤奋，春季播种什么，秋季就能收获什么。

■ 观音塑像

传说在远古的时候，有一年的立春前，有一个村庄突然间瘟疫四起，全村百姓顿觉头昏脑涨、四肢无力，人们像泥一样瘫倒在地。

正在这时，一个老僧打扮的人来到了这个村庄，是他及时向南海的观世音菩萨祈求了医治瘟疫的方法，赶来这个村庄拯救人们。

观世音菩萨让僧人弄来一些青皮、红皮萝卜，让每个人都啃吃几口。结果，还真灵验，人们吃了萝卜之后，头脑立刻清醒了，胃肠通顺了，身子骨轻松了，胳膊腿也都有力气了。

■ 立春食萝卜

人们纷纷站起来给僧人下跪叩头，谢他的救命之恩。僧人说："大伙别谢我，应该感谢观音菩萨。不过，大伙现在应该去救别人。我的房舍里还贮有许多萝卜，大伙带着快去邻近村庄救人吧！"

乡人听后，带着萝卜奔向了十里八村。大伙都及时地啃吃萝卜，一时间瘟疫很快解除了，人们又过上了平静安乐的生活。

人们不会忘记那位僧人，更不会忘记把他们从苦难中解脱出来的萝卜。从此，乡下人冬天里都要在菜窖里多贮藏一些萝卜，以备在立春这天啃萝卜。

观世音菩萨 又称"观自在菩萨"，从字面解释就是"观察声音"的菩萨，是四大菩萨之一。在佛教中，他是西方极乐世界教主阿弥陀佛座下的上首菩萨，同大势至菩萨一起，是阿弥陀佛身边的服侍菩萨，他们并称"西方三圣"。

■ 青帝宫

公卿 "公"即是周代封爵之首,同时也是古代朝廷中最高官位的通称,"三公"即是最尊贵的三个官职的合称。"卿"是古时高级长官或爵位的称谓。周时各诸侯国设卿的情况及任命权限,皆听命于天子。周代所设公卿,是沿袭夏制而有所增制。

于是,"啃春"的习俗由此形成了,一直延续至今天。农谚"打春吃萝卜,通地气"就是这样产生的。

"立春",古时作为春天之始。在古人眼里,立春是个重要的节气。据史书记载,从周代开始,直至清末民初,官家都把立春作为重要节日,举行种种迎春的庆祝活动。

立春之日,东风解冻,正是劝农耕作之时。"国以农为本""民以食为天"是中国数千年的传统,自古每年立春,上自朝廷天子,下至府县官员,都要举行隆重的迎春仪式。《礼记·月令》就记载"天子率公卿诸侯大夫以迎春于东郊"。

到了汉代,迎春已成为一种全国性的礼仪制度。《后汉书·礼仪志》说:"立春之日,夜漏未尽五刻,京师百官皆衣青衣,郡国县道官下至斗食令史皆服青帻,立青幡,施土牛耕人于门外,以示兆民。"

东汉时期汉明帝还遵照西汉的做法,于"立春"之日,"迎春于东郊,祭青帝句芒"。

可见,千百年前,迎春活动已经多样化,并且形成

了一套程式,世代相传。其中,主要的有以下几项:

第一,迎春方向选定东方,或出东门,或在东郊。为什么要选在东方迎春呢?因为北斗星的斗柄移向东方,冬天过去,春天便来到了,万物萌生。所以向东迎春是合乎时令的。

第二,迎春所祭之神称为"青帝句芒",也叫"芒神"。相传句芒是古代主管树木的官,死后为木官之神,又称"东方之神",也是司春之神。

第三,迎春的官员要穿青衣,有的要戴青巾帻,这是古代习俗。后来,虽不一定穿戴青衣青巾,但规定穿戴朝服和公服,表示隆重。

第四,迎春活动中要做"春牛"。最早的春牛,是用泥土塑造的。各朝代塑造土牛的时间不同。

如隋代,每年立春前5日,在各州府大门外的东侧,造青牛两头及耕夫犁具。

清代则在每年农历六月,命钦天监预定次年春牛芒神之制,到冬至后的辰日,取水塑造土牛。所谓

巾帻 帻,原是秦国武将围在额部的头巾,形状像长帕,从汉朝起初常为卑位执事所用。汉元帝额头有壮发,所以戴帻遮挡,群臣效仿皇帝,帻于是成为男子的主要首服。帻的主体称为"颜题",两边围向脑后并延伸出竖立的双耳,耳下用方形的"收"连接固定。

古代迎春图

■ 迎春花灯"春牛"

"春牛芒神"之制，实际上是根据历法推算哪天是立春之日，以便确定春牛和芒神的位置。

芒神虽然是神，并且还是天上的青帝，但是，这位青帝却跟老百姓非常接近，大家感觉这是一位平凡之神，很亲切，往往将芒神塑造成牧童模样。

《礼记》上所说的"策牛人"，后来，就演变成牧童，而称之"芒神"了。迎春活动做土牛，既表示送寒气，又告诉人们立春的迟早，要求适时春耕。

如果立春在十二月望，牧童走在牛的前头，说明当年春耕早；如果立春在十二月底或在正月初，牧童与牛并行，说明农耕不早不晚；如果立春在正月中，牧童便跟在牛后，说明农耕较晚。

至清代，每年官府向朝廷献呈《春牛图》，图上画出牧童在牛的前后位置，提醒朝廷要掌握劝农耕作时机。

有意思的是，据记载，土牛用桑柘木做胎骨，身高4尺，象征春、夏、秋、冬四季。头至尾全长8尺，象征立春、春分、立夏、夏至、立秋、秋分、立冬、

春幡 也叫"春旗"，旧俗于立春日或挂春幡于树梢，或剪缯绢成小幡，连缀簪之于首，以示迎春之意。古代立春之日，剪有色罗、绢或纸为长条状小幡，戴在头上，以示迎春。此俗起于汉代，至唐宋时期，春幡之制作更为精巧。

冬至8个节气。牛尾长1.2尺，表示一年12个月。

迎春以后，要举行"鞭春"，用意在于鞭策春牛，辛勤耕耘，结果却是将土牛击碎。唐宋时期，打春完毕，土块散地，围观的百姓争着拾取。得到土块，就像得到芒牛肉，拿回家去，"其家宜蚕，亦治病"。

迎春活动还需要制作春幡，表示迎来了春天的一种庆贺。春幡，民间一般都是彩纸剪成小旗，也有剪成春蝶、春钱和春胜的，插在头上或缀于花枝。春回大地，透露了人们的喜悦心情。

据说有一年，宋代大文豪苏东坡在立春这天，头上也插了春幡到弟弟子由家去。他的侄子们见了，都笑着说："伯伯老人家也插春幡哩！"

由此可以看出，中国的一些有关农事的节令，不少都带有娱乐活动，不乏勉农、劝农，而又以喜闻乐见的形式，能为大众接受。

至清代，立春这天的活动，内容更加丰富，范围扩大，民间也积极参与，形成了一个重要的节日庆典。《清会典事例·礼部·授时》和《燕京岁时记·打春》较为详细地记载了立春的活动情况：

立春前一天，顺天府官员要到东直门外的春场去迎春。所谓"春场"，不过是

春幡

■ 春牛泥塑

在郊外选上一块空地，临时搭起彩棚，里面放置了事先做妥的春山宝座、土牛等，待官员们到彩棚进行迎春仪式以后，便将春山宝座等送到礼部。

至立春之日，各部官员都要穿戴朝见皇帝的朝服，生员们都穿戴官吏的礼服。生员们从礼部抬着春山宝座、土牛等，由天文生引导，从长安左门、天安门、端门一直进到午门前。

这时，大兴、宛平两县的知县早已将安放春山宝座的案桌陈设在午门外正中央。生员们进来，便将宝座放在桌上。

待礼部堂官及顺天府尹和府丞率领属员全部到齐，钦天监候时官宣布立春时刻，生员们又抬起案桌，由礼部官前引，礼部堂官、顺天府尹和府丞后随，从午门中门进昭德门，到后左门外停下。

由内监出来接抬宝座，礼部官前引，礼部堂官及顺天府尹府丞跟从，到了乾清门，这时，所有官员都不准进去了。

在内监将宝座抬进乾清宫的同时，顺天府呈上《春牛图》，推测当年的收成情况。礼毕回到

府尹 古代官名。始于汉代之京兆尹。一般为京畿地区的行政长官。北宋时期曾于京都开封设置府尹，以文臣充，专掌府事，位在尚书下、侍郎上，少尹两人佐之，然不常置。明代于应天、顺天，清代于顺天、奉天设置府尹，其佐官称"府丞"。

顺天府。

至于各地县府，都在立春前一天，在官署前陈设迎春牛座，第二天以红绿鞭打或用杖击春牛。不过，打击春牛的人，也有装扮成春官如牧童模样的。

雨水，表示两层意思，一是天气回暖，降水量逐渐增多了；二是在降水形式上，雪渐少了，雨渐多了。雨水节气前后，万物开始萌动，春天就要到了。

古代川西一带在雨水这天，民间有一项特具风趣的活动叫"拉保保"。保保是干爹。

以前人们都有一个为自己儿女求神问卦的习惯，看看自己儿女命相如何，需不需要找个干爹。而找干爹的目的，则是为了让儿子或女儿顺利，健康地成长。于是便有了雨水节拉保保的活动。此举年复一年，久而成为一方之俗。

雨水节拉干爹，取"雨露滋润易生长"之意。川西民间这天有个特定的拉干爹的场所。这天不管天晴下雨，要给孩子拉干爹的父母手提装好酒菜香蜡纸钱的篼篼，带着孩子在人群中穿来穿去找准干爹人选。

如果希望孩子长大有知识就拉一个文人做干爹；如果

川西 过去多指成都、绵阳一带。现在多指四川省阿坝州、甘孜州等地区。历史上的"川西"指的是四川盆地西部边缘地带，不包括盆地再往西的高原和山地，即今天的阿坝藏族羌族自治州和甘孜藏族自治州。

■ 雨水平安符雕刻

雨水节"拉保保"

孩子身体瘦弱就拉一个身材高大强壮的人做干爹。一旦有人被拉着当"干爹",有的能挣掉就跑了,有的扯也扯不脱身,大多会爽快地答应,也就认为这是别人信任自己,因而自己的命运也会好起来的。

拉到后,拉者连声叫道:"打个干亲家。"就摆好带来的下酒菜、焚香点蜡,叫孩子"快拜干爹,叩头";"请干爹喝酒吃菜","请干亲家给娃娃取个名字",拉保保就算成功了。分手后也有常年走动的称为"常年干亲家",也有分手后就没有来往的叫"过路干亲家"。

雨水节的另一个主要习俗是女婿给岳父岳母送节。送节的礼品则通常是两把藤椅,上面缠着1.2丈长的红带,这称为"接寿",意思是祝岳父岳母长命百岁。

送节的另外一个典型礼品就是"罐罐肉":用砂锅炖了猪脚和雪山大豆、海带,再用红纸、红绳封了罐口,给岳父岳母送去。这是对辛辛苦苦将女儿养育成人的岳父岳母表示感谢和敬意。

如果是新婚女婿送节,岳父岳母还要回赠雨伞,让女婿出门奔波，能遮风挡雨，也有祝愿女婿人生旅途顺利平安的意思。

在川西民间，雨水节是一个非常富有想象力和人情味的节气。这天不管下雨不下雨，都充满一种雨意蒙蒙的诗情画意。

早晨天刚亮，雾蒙蒙的大路边就有一些年轻妇女，手牵了幼小的儿子或女儿，在等待第一个从面前经过的行人。

而一旦有人经过，也不管是男是女，是老是少，拦住对方，就把儿子或女儿按捺在地，磕头拜寄，给对方做干儿子或干女儿。这在川西民间称为"撞拜寄"，即事先没有预定的目标，撞着谁就是谁。

"撞拜寄"的目的，则是为了让儿女顺利、健康地成长。当然"撞拜寄"这一习俗现在一般只在农村还保留着，城里人一般或朋友或同学或同事相互"拜寄"子女。

雨水节回娘屋是流行于川西一带的另一项风俗。民间到了雨水节，出嫁的女儿纷纷带上礼物回娘家拜望父母。生育了孩子的妇女，必须带上罐罐肉、椅子等礼物，感谢父母的养育之恩。

久不怀孕的妇女，则由母亲为其缝制一条红裤子，穿到贴身处，据说，这样可使其尽快怀孕生子。此项风俗现仍在农村流行。

惊蛰，是立春以后天气转暖，春雷初响，惊醒了蛰

雨水节"坐藤椅"

■ 石碾槽

伏在泥土中冬眠的各种昆虫的时期，此时过冬的虫卵也将开始孵化，由此可见"惊蛰"是反映自然物候现象的一个节气。因此惊蛰期间，各地民间均有不同的除虫仪式。

客家民间以"炒虫"方式，达到驱虫的功利目的。其实"虫"就是玉米，是取其象征意义。

在少数民族地区，如广西壮族自治区金秀的瑶族，在惊蛰时家家户户要吃"炒虫"。"虫"炒熟后，放在厅堂中，全家人围坐一起大吃，还要边吃边喊："吃炒虫了，吃炒虫了！"尽兴处还要比赛，谁吃得越快，嚼得越响，大家就来祝贺他为消灭害虫立了功。

古时惊蛰当日，人们会手持清香、艾草，熏家中四角，以香味驱赶蛇、虫、蚊、鼠和霉味，久而久之，渐渐演变成驱赶霉运的习惯。

春分这一天阳光直射赤道，昼夜几乎相等，其后

客家 是汉族在世界上分布范围广阔、影响深远的民系之一。始于秦征岭南融合百越时期，历经两晋和中原汉族大举南迁，大部分到达广东、福建、江西等地，与南方百越群体，互通婚姻，经过千年演化，最迟至南宋时期，形成相对稳定的客家民系。

阳光直射位置逐渐北移，开始昼长夜短。

春分是个比较重要的节气，南北半球昼夜平分，同时中国除青藏高原、东北、西北和华北北部地区外都进入明媚的春天，在辽阔的大地上，杨柳青青、莺飞草长、小麦拔节、油菜花香。

在每年的春分这一天，世界各地都会有数以千万计的人在做"竖蛋"试验。这一被称为"中国习俗"的玩意儿，何以成为"世界游戏"，目前尚难考证。不过其玩法的确简单易行而且富有趣味。

选择一个光滑匀称、刚生下四五天的新鲜鸡蛋，轻手轻脚地在桌子上把它竖起来。虽然失败者颇多，但成功者也不少。

春分成了竖蛋游戏的最佳时光，故有"春分到，蛋儿俏"的说法。竖立起来的蛋儿好不风光！

春分这一天为什么鸡蛋容易竖起来？虽然说法颇多，但其中的科学道理真不少。首先，春分是南北半球昼夜都一样长的日子。呈66.5°倾斜的地球地轴与地球绕太阳公转的轨道平面处于一种力的相对平衡状态，有利于竖蛋。

其次，春分正值春季的中间，不冷不热，花红草绿，人心舒畅，思维敏捷，动作利索，易于竖蛋成功。

更重要的是，鸡蛋的表面高低不平，有许多突起的"小山"。"山"高0.03毫米左右，山峰之间的距离在0.5毫米至0.8毫米之

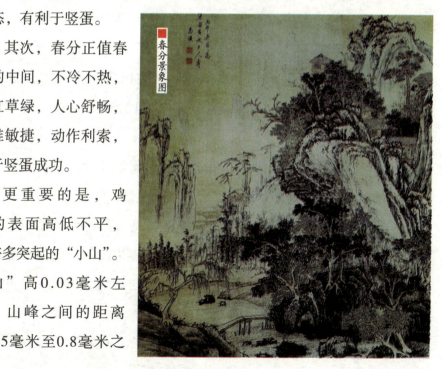

春分景象图

间。

根据三点构成一个三角形和决定一个平面的道理，只要找到3个"小山"和由这3个"小山"构成的三角形，并使鸡蛋的重心线通过这个三角形，那么这个鸡蛋就能竖立起来了。

此外，之所以要选择生下后四五天的鸡蛋，这是因为此时鸡蛋的卵磷脂带松弛，蛋黄下沉，鸡蛋重心下降，有利于鸡蛋的竖立。

晒制春菜

昔日，岭南的开平苍城镇有个不成节的习俗，叫作"春分吃春菜"。"春菜"是一种野苋菜，乡人称之为"春碧蒿"。

逢春分那天，全村人都去采摘春菜。在田野中搜寻时，多见是嫩绿的，细细棵，约有巴掌那样长短。采回的春菜一般与鱼片"滚汤"，名称"春汤"。

有顺口溜道："春汤灌脏，洗涤肝肠。阖家老少，平安健康。"一年自春，人们祈求的还是家宅安宁，身壮力健。

春分时还有挨家送春牛图的。其图是把两开红纸或黄纸印上全年农历节气，还要印上农夫耕田图样，名称"春牛图"。送图者都是些民间善言唱者，主要说些春耕和吉祥不违农时的话，每到一家更是即景生情，见啥说啥，说得主人乐而给钱为止。

言辞虽随口而出，却句句有韵动听。俗称"说春"，说春人便叫

"春官"。

春分这一天,农民都按习俗放假,每家都要吃汤圆,而且还要把不用包心的汤圆十多个或二三十个煮好,用细竹叉扦着放到田边地坎,名称"粘雀子嘴",免得雀子来破坏庄稼。

春分期间还是孩子们放风筝的好时候。尤其是春分当天,甚至大人们也参与。风筝类别有王字风筝、鲢鱼风筝、雷公虫风筝、月儿光风筝等。放时还要相互竞争,看哪个放得高。

二月春分,开始扫墓祭祖,也叫"春祭"。扫墓前先要在祠堂举行隆重的祭祖仪式,杀猪、宰羊,请鼓手吹奏,由礼生念祭文,带引行三献礼。

春分扫墓开始时,首先扫祭开基祖和远祖坟墓,全族和全村都要出动,规模很大,队伍往往达几百甚至上千人。祖墓扫完之后,然后分房扫祭各房祖先坟墓,最后各家扫祭家庭私墓。

大部分客家地区春季祭祖扫墓,都从春分或更早一些时候开始,最迟清明要扫完。各地有一种说法,意思是清明后墓门就关闭,祖先英灵就受用不到了。

春分祭祖仪式

> **妈祖** 又称"天妃""天后""天上圣母""娘妈",是历代船工、海员、旅客、商人和渔民共同信奉的神祇。古代在海上航行经常受到风浪的袭击而船毁人亡,他们把希望寄托于神灵的保佑。在船舶起航前要先祭天妃,祈求保佑顺风和安全,在船舶上还立天妃神位供奉。

清明是春季的第五个节气,共有15天。清明的意思是清淡明智。作为节气的清明,时间在春分之后。这时冬天已去,春意盎然,天气清朗,四野明净,大自然处处显示出勃勃生机。

用"清明"称这个时期,是再恰当不过的。"清明时节雨纷纷,路上行人欲断魂"。唐代著名诗人杜牧的千古名句,生动勾勒出"清明雨"的图景。

谷雨是春季的最后一个节气。谷雨节气的到来意味着寒潮天气基本结束,气温回升加快,大大有利于谷类农作物的生长。

谷雨以后气温升高,病虫害进入高繁衍期,为了减轻病虫害对作物及人的伤害,农家一边进田灭虫,一边张贴谷雨帖,进行驱凶纳吉的祈祷。

■ 妈祖塑像

渔家流行谷雨祭海,谷雨时节正是春海水暖之时,百鱼行至浅海地带,是下海捕鱼的好日子。俗话说"骑着谷雨上网场"。为了能够出海平安、满载而归,谷雨这天渔民要举行海祭,祈祷海神妈祖保佑。

古时有"走谷雨"的风俗,谷雨这天青年妇女走村串亲,或者到野外走走,寓意与自然相融合,强身健体。

南方有谷雨采茶的习俗。

古代蹴鞠图

传说谷雨这天的茶喝了会清火、辟邪、明目等。所以谷雨这天不管是什么天气,人们都会去茶山采摘一些新茶回来喝。

北方有谷雨食香椿的习俗。谷雨前后是香椿上市的时节,这时的香椿醇香爽口营养价值高。谷雨之后,天气进一步转暖,人们开始热衷于户外活动,郊游、踏青以及蹴鞠等。

阅读链接

在北方,立春讲究吃春饼。最早的春饼是用麦面烙制或蒸制的薄饼,食用时,常常和用豆芽、菠菜、韭黄、粉丝等炒成的合菜一起吃,或以春饼包菜食用。传说吃了春饼和其中所包的各种蔬菜,会使农苗兴旺、六畜茁壮。

随着时间的推移,有了春卷与春饼之说。春卷与春饼,其实只是两种做法不同的面皮,虽然薄厚不同,但吃法相似,都是卷上各种蔬菜和肉一起吃,只是北方人更多地喜欢吃春饼,江南人更愿意吃春卷。

夏季岁时习俗的流传

夏季节气共有6个，分别为立夏、小满、芒种、夏至、小暑和大暑。

夏季岁时习俗有演小满戏、送花神、安苗活动、煮青梅、称人体重、烹制新茶、吃伏羊等。古人会举行各种仪式，来度过整个夏季的每一个节气。

在北方，夏季是户外活动最频繁的季节。

■ 古代养蚕治丝（版画）

《礼记·月食》记载，周代每逢立夏这一天，皇帝必亲自带领公卿大夫到京城南郊迎夏，并举行祭祀炎帝祝融的隆重典仪。

皇帝迎立夏于南郊，原本是一种祭祀。因为南是祝融的方位，属火，祝融本身就是火神。

这种迎夏礼，为历代王朝所承传。帝王的迎夏仪式，可谓正式而隆重。据《岁时佳节记趣》一书记载，先秦时各代帝王在立夏这天，都要亲率文武百官到郊区举行迎夏仪式。

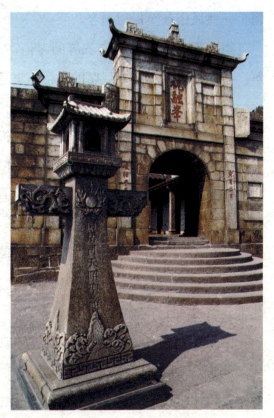
■ 祝融庙

君臣一律身着朱色礼服，佩带朱色玉饰，乘坐赤色马匹和朱红色的车子，连车子的旗帜也是朱红色的。这种红色基调的迎夏仪式，强烈表达了古人渴求五谷丰登的美好愿望。

后来，古人立夏习俗有了变化。在明代，一到立夏这天，朝廷掌管冰政的官员就要挖出冬天窖存的冰块，切割分开，由皇帝赏赐给官员。其实，皇帝立夏赐冰，并非起于明代，两宋时期皇帝立夏赐冰给群臣就已经成为一项惯例和习俗。

民间为了迎接夏日的到来，也会举行各种有趣的活动。这些趣味盎然的活动，逐渐形成了许多传统习

大夫 古代官名。西周以后先秦诸侯国中，在国君之下有卿、大夫、士三级。大夫世袭，有封地。后世遂以大夫为一般任官职之称。秦汉时期以后，朝廷要职有御史大夫，备顾问者有谏大夫、中大夫、光禄大夫等。至唐宋时期尚有御史大夫及谏议大夫之官，至明清时期废止。

俗，一些风俗甚至保留至今。

南方人有的地方有尝三鲜的习俗。三鲜分地三鲜、树三鲜、水三鲜。有的地方还有吃霉豆腐的习俗，寓意吃了霉豆腐就不会倒霉。

有的地方立夏必吃"七家粥"，七家粥是汇集了左邻右舍各家的米，再加上各色豆子及红糖，煮成一大锅粥，由大家来分食。

在中国北方，立夏正是小麦上场时节，因此北方大部分地区立夏日，有制作面食的习俗，意在庆祝小麦丰收。立夏的面食主要有夏饼、面饼和春卷。

中国素以农立国，春天插秧是禾稷的肇始，至夏天，除草、耘田，亦是重要的农事活动，否则难有秋获冬藏的好收成，所以各朝各代十分重视这个节气。

民间在立夏日，以祭神享先，尝新馈节以及称人、烹茶等活动为主。尝新，即品尝时鲜，如夏收麦穗、金花菜、樱桃、李子、青梅等。先请神明、祖先享用，然后亲友、邻里之间互相馈赠。

立夏烹制新茶，是宋元时期以来的习俗，实际上是民间茶艺比赛。家家选用好茶，辅料调配，汲来活水，升炉细烹，茶中还掺上茉莉、桂芯、蔷薇、丁檀、苏杏等，搭配细果，与邻里互相赠送，互相品尝。

"七家粥"原料

一些富豪人家还借此争奢斗阔，用名窑精瓷茶具盛茗，将水果雕刻成各种形状，以金箔进行装饰，放在茶盘里奉献。文人墨客则要举办"斗茶会"，品茶食果，分韵赋诗，以示庆贺。

至今，一些地方仍流传

▣ 茶会图

在立夏日，吃"立夏蛋"，吃螺蛳，吃"五虎丹"：红枣、黑枣、胡桃、桂圆、荔枝，是尝新古风的遗存。

据记载，1827年，江南盛泽丝业公所兴建了先蚕祠，祠内专门筑了戏楼，楼侧设厢楼，台下石板广场可容万人观剧。

小满前后3天，由丝业公所出资，邀请各班登台唱大戏。不过演戏也有个行业忌讳，就是不能上演带有私生子和死人的情节的戏文，因为"私"和"死"都是"丝"的谐音。

丝业公所在小满前后演出3天，所有戏目都是丝业公所董事们反复斟酌点定的祥瑞戏，目的是讨个吉利。

古代利用节气讨吉利是常有的事情。作为二十四节气之一的小满，它的本义是指麦类等夏熟作物灌浆乳熟，籽粒开始饱满。但还没有完全成熟，故称"小满"。

小满前后的民俗节庆，在中国台湾地区南北各有不同，南部最大的是王爷庙，李王爷诞辰大典；北部是神农大帝生日，神农大帝就是传说中的神农氏，也叫"五谷王"。

小满节相传为蚕神诞辰，所以在这一天，中国以养蚕称著的江浙一带，小满戏非常热闹。

■ 采蚕花娘子塑像

小满戏成为具有行业特征的社会性民俗活动。相传农历小满节为蚕神生日，而蚕花娘子是其中之一，他们要纪念这蚕花娘子，并且希望蚕花娘子保佑四乡农民所养的蚕有丰满的收成。

古代，太湖流域为中国主要蚕丝产区。明清时期以来，江浙两省崛起诸多丝绸工商市镇，民间崇拜蚕神等丝绸行业习俗十分盛行。

各蚕丝产区市镇如江苏省的盛泽、震泽，浙江省的王江泾、濮院、王店、新塍等皆建有先蚕祠或蚕皇殿之类的蚕神祠庙，供奉蚕神以祈丰收。

小满节时值初夏，蚕茧结成，正待采摘缫丝，栽桑养蚕是江南农村的传统副业，家蚕全身是宝，及乡民的衣食之源，人们对它充满期待的感激之情。于是这个节日便充满着浓郁的丝绸民俗风情。

芒种已近农历五月间，百花开始凋残、零落，民间多在芒种日举行祭祀花神仪式，饯送花神归位，同时表达对花神的感激之情，盼望来年再次相会。

此俗今已不存，但从著名小说家曹雪芹的《红楼梦》第二十七回中可窥见一斑：

小满戏 为祭祀蚕神而编排的地方戏，盛行于江浙各地。相传农历小满节为蚕神生日，各地蚕神祠庙皆开锣演戏，以庆神诞，此俗已流传数百年。演小满戏原本仅一日，但有的地方因经济实力雄厚，人口众多而连演三天，皆是祥瑞之戏。

那些女孩子们，或用花瓣柳枝编成轿马的，或用绫锦纱罗叠成千旄旌幢的，都用彩线系了。每一棵树上,每一枝花上,都系了这些物事。满园里绣带飘飘,花枝招展,更兼这些人打扮得桃羞杏让,燕妒莺惭,一时也道不尽。

"干旄旌幢"中"干"即盾牌;旄,旌,幢,都是古代的旗子,旄是旗杆顶端缀有牦牛尾的旗,旌与旄相似,但不同之处在于它由五彩折羽装饰,幢的形状为伞状。由此可见大户人家芒种节为花神饯行的热闹场面。

安苗活动是皖南的农事习俗,始于明代初期。每至芒种时节,种完水稻,为祈求秋天有个好收成,各地都要举行安苗祭祀活动。

家家户户用新麦面蒸发包,把面捏成五谷六畜、瓜果蔬菜等形状,然后用蔬菜汁染上颜色,作为祭祀供品,祈求五谷丰登、村民平安。

在芒种节气里,中国有许多习俗,每隔两年就有一次端午节出现在芒种期间,其中,端午节是中国民间四大节日之一。

端午节又称"端阳""重午""天中""朱门""五毒日"。端午节有喝雄黄酒、吃绿豆糕、煮梅子、赛龙舟的习俗。

端午龙舟大会

夏至日的祭祀贡品

夏至是个重要节气,也有很多习俗。据宋代《文昌杂录》里记载,宋代的官方要放假3天,让百官回家休息,好好地洗澡、娱乐。《辽史·礼志》中说:"夏至日谓之'朝节',妇女进彩扇,以粉脂囊相赠遗。"彩扇用来纳凉,香囊可除汗臭。这一天,各地的农民忙着祭天,北求雨,南祈晴。

浙江金华地区有祭田公、田婆之俗,即祭土地神,祈求农业丰收,为防止害虫发生。

夏至共15天,其中上时3天,二时5天,末时7天,此时最怕下雨。而在多旱的北方则流行求雨风俗,主要有京师求雨、龙灯求雨等,祈求风调雨顺。但是,当雨水过多以后,人们又利用巫术止雨,如民间剪纸中的扫天婆就是止雨巫术。有些地方把本来是巫术替身的扫晴娘也奉为止雨求晴之神。

过去在农历六月二十四日,还祭祀二郎神,即李冰次子,因为民间供奉他为水神,以祈求风调雨顺。天旱了,请二郎神降雨;雨多了,请二郎神放晴。

时至今日,各地仍然保留有各种趣味盎然的夏至节日食俗。

夏至日照最长，故绍兴有"嬉，要嬉夏至日"之俚语。古时，人们不分贫富，夏至日皆祭其祖，俗称"做夏至"，除常规供品外，特加一盘蒲丝饼。其时，夏收完毕，新麦上市，因有吃面尝新习俗，谚语说"冬至馄饨夏至面"。也有做麦糊烧的，即以麦粉调糊，摊为薄饼烤熟，寓意尝新。

无锡人早晨吃麦粥，中午吃馄饨，取混沌和合之意。有谚语说："夏至馄饨冬至团，四季安康人团圆。"吃过馄饨，为孩童称体重，希望孩童体重增加更健康。

中国西北地区如陕西，夏至食粽，并取菊为灰用来防止小麦受虫害。而在南方，此日称人以验肥瘦。农家擀面为薄饼，烤熟，夹以青菜、豆荚、豆腐及腊肉，祭祖后食用或赠送亲友。

在某些地区，夏至多有未成年的外甥和外甥女到娘家吃饭的习俗。舅家必备苋菜和葫芦做菜，俗话说吃了苋菜，不会发痧，吃了葫芦，腿里就有力气，也有到外婆家吃腌腊肉，说是吃了就不会疰夏。

"冬至饺子夏至面"，好吃的北京人在夏至这天讲究吃面。按照老北京的风俗习惯，每年一到夏至节气就可以吃生菜、凉面了，因为这个时候气候炎热，吃些生冷之物可以降火开胃，又不至于因寒凉而损害健康。

山东烟台莱阳一带，夏至日荐新麦，黄县一带则煮新麦粒吃，儿童们用麦秸编一个精致的小笊篱，在汤水中一次一次地向嘴里捞，既吃了麦粒，又是一种游戏，很有农家生活的情趣。

老北京拉面

> 何晏（？—249），南阳宛人，就是现在的河南省南阳。三国时期魏国玄学家。少以才秀知名，好老庄言。累官侍中、吏部尚书，典选举，爵列侯。何晏与王弼齐名，是魏晋玄学贵无派创始人。今存《论语集解》《景福殿赋》《道论》等。

在小暑这一节气里，民谚有"头伏萝卜二伏菜，三伏还能种荞麦""头伏饺子，二伏面，三伏烙饼摊鸡蛋"之说。这些都是有关小暑饮食的。

伏天是一年中气温最高、潮湿、闷热的日子，一年有"三伏"。百姓说的"苦夏"就在此时。

入伏的时候，恰是麦收不足一个月的时候，家家谷满仓，又因为每逢伏天，人精神委顿，食欲不佳，而饺子是传统食品中开胃解馋的佳品，所以人们利用这个机会，打打牙祭，吃顿白面。

伏日吃面食，这一习俗至少三国时期就已经开始了。据《魏氏春秋》记载，三国时期玄学家何晏在"伏日食汤饼，取巾拭汗，面色皎然"，人们才知道何晏肌肤白皙不是涂粉掩饰，而是自然白。这里的"汤饼"就是热汤面。

■ 茶叶贸易

南朝梁时期学者宗懔《荆楚梦时记》记载："六月伏日食汤饼，名为辟恶。"农历五月是"恶月"，天气潮湿闷热，蚊虫滋生，传染病流行；六月也沾恶月的边，故也应"辟恶"。当然这是迷信的说法，但是伏日吃面食，确实对身体有好处。

伏日人们的食欲缺乏，往往比常日消瘦，俗谓之苦夏。在山东,人们吃生黄瓜和煮鸡蛋来治苦夏,入伏的早晨吃鸡蛋,不吃别的食物。

徐州人入伏吃羊肉,称为"吃伏羊",这种习俗可上溯至尧舜时期,在民间有"彭城伏羊一碗汤,不用神医开药方"之说法。

大暑节气的民俗体现在吃的方面,这一时节饮食习俗大致分为两种:一种是吃凉性食物消暑。如粤东南地区就流传着一句谚语:"六月大暑吃仙草,活如神仙不会老。"

大暑吃荔枝

与此相反的是,有些地方的人们习惯在大暑时节吃热性食物。如福建莆田人要吃荔枝、羊肉和米糟来"过大暑"。

湘中、湘北素有一种传统的进补方法,就是大暑吃童子鸡。湘东南还有在大暑吃姜的风俗,"冬吃萝卜夏吃姜,不需医生开药方"。

秋季岁时习俗的继承

■ 立秋狩猎

秋季节气共有6个,分别为立秋、处暑、白露、秋分、霜降和寒露。

秋季节俗形态从古至今发生了重大变化。明月依旧,人心已非。一部中秋节俗形态演变史,也就是一部中国民众心态的变迁史。

在中国古代,秋季也是最繁忙的季节,人们要及时收获、储藏粮食,还要狩猎、捕鱼、腌制食品。

"立秋"，对古人来说可是个大节气，人们要举行各种仪式，来欢迎这个成熟丰收的季节。

古代帝王家的迎秋仪式，可谓正式而隆重。早在周代，逢立秋之日，天子便亲率三公九卿诸侯大夫，到京城西郊祭祀迎秋。

汉代继承这种习俗，天子去西郊迎秋，要射杀猎物祭祀。《后汉书·祭祀志》记载："立秋之日，迎秋于西郊……杀兽以祭，表示秋来扬武之意。"

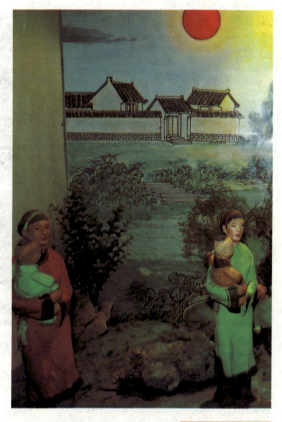

■ "摸秋"画像

至唐代，每逢立秋日，也祭祀五帝。《新唐书·礼乐志》记载："立秋立冬祀五帝于四郊。"

宋代时，宫廷中殿要种一棵梧桐树，立秋这天要把栽在盆里的梧桐移入殿内。

民间习俗有摸秋游戏。这天夜里婚后尚未生育的妇女，在小姑或其他女伴的陪同下，到田野瓜架、豆棚下，暗中摸索摘取瓜豆，故名"摸秋"。

俗谓摸南瓜，易生男孩儿；摸扁豆，易生女孩儿；摸到白扁豆更吉利，除生女孩儿外，还有白头到老的好兆头。

按照传统风俗，是夜瓜豆任人采摘，田园主人不

三公九卿是中国封建社会的中央政府高级官职，它的设立始于秦朝。三公是指丞相、御史大夫和太尉。九卿是指奉常、郎中令、卫尉、太仆、廷尉、典客、宗正、治粟内史和少府这九个部门的长官。他们组成了中央政府，隋朝以后，由三省六部制代替。

秋季马市

得责怪。姑嫂归家再迟，家长也不许非难。人们视"摸秋"为游戏，不做偷盗行为论处。过了这一天，家长要约束孩子，不准到瓜田里拿人家的一枝一叶。

秋忙会一般在农历七八月举行，是为了迎接秋忙而做准备的经营贸易大会。有与庙会活动结合起来举办的，也有单一为了秋忙而举办的。其目的是为了交流生产工具，变卖牲口，交换粮食以及生活用品等。

秋忙会设有骡马市、粮食市、农具生产市、布匹、京广杂货市等。过会期间还有戏剧演出、跑马、耍猴等文艺节目助兴。

秋忙开始，农村普遍有"秋收互助"的习俗，你帮我我帮你，三五成群去田间抢收。既不误农时，又能颗粒归仓。

秋忙前后，农事虽忙，秋种秋收，忙得不亦乐乎，但忙中也有乐趣。对于一些青年人和十余岁的孩子来说，在苞谷、谷子、糜子生长起来以后，特别是苞谷长成一人高，初结穗儿的时候，田间里正是他们玩耍、游戏的场所。

他们把嫩苞谷棒掰下来,在地下挖一孔土窑,留上烟囱,就是一个天然的土灶,然后把嫩苞谷穗放进去,到处拾柴火,苞谷顶花就是很好的燃料,加火去烧。一会儿,全窑的苞谷棒全被烧熟了,丰硕的苞谷宴就在田间举行。

他们还把弄来的柿子、红苕,放在土窑洞里,温烧一个时辰,就会变成香甜的柿子。这种秋田里的乐趣,一代一代地传承下来。

民以食为天。秋风一起,胃口大开,想吃点好的,增加一点营养,补偿夏天的损失,补的办法就是"贴秋膘":在立秋这天各种各样的肉,炖肉、烤肉、红烧肉等,"以肉贴膘"。

"啃秋"在有些地方也称为"咬秋"。天津讲究在立秋这天吃西瓜或香瓜,称"咬秋",寓意炎炎夏日酷热难熬,时逢立秋,将其咬住。

西瓜摊

■ 荷花灯

韩偓（842—923），唐代诗人。自幼聪明好学，10岁时，曾即席赋诗送其姨父李商隐，令满座皆惊，李商隐称赞其诗是"雏凤清于老凤声"。后被称为"一代诗宗"。代表作品《玉山樵人集》。

江苏省等地也在立秋这天吃西瓜以"咬秋"，据说可以不生秋痱子。在浙江等地，立秋日取西瓜和烧酒同食，民间认为可以防疟疾。

城里人在立秋当日买个西瓜回家，全家围着啃，就是啃秋了。而农人的啃秋则豪放得多。他们在瓜棚里，在树荫下，三五成群，席地而坐，抱着红瓤西瓜啃，抱着绿瓤香瓜啃，抱着白生生的山芋啃，抱着金灿灿的玉米棒子啃。啃秋抒发的实际上是一种丰收的喜悦。

秋社原是秋季祭祀土地神的日子，始于汉代，后世将秋社定在立秋后第五个戊日。此时收获已毕，官府与民间皆于此日祭神答谢。

宋代秋社有食糕、饮酒、妇女归宁之俗。唐代诗人韩偓《不见》诗："此身愿作君家燕，秋社归时也不归。"在一些地方，至今仍流传有"做社""敬社神""煮社粥"的说法。

处暑节气前后的民俗多与祭祖及迎秋有关。处暑前后民间会有庆赞中元的民俗活动,俗称"做七月半"或"中元节"。

旧时民间从七月初一起,就有开鬼门的仪式,直至月底关鬼门止,都会举行普度布施活动。

据说普度活动由开鬼门开始,然后竖灯篙,放河灯招孤魂;而主体则在搭建普度坛,架设孤棚,穿插抢孤等行事,最后以关鬼门结束。时至今日,已成为祭祖的重大活动时段。

河灯也叫"荷花灯",一般是在底座上放灯盏或蜡烛,中元夜放在江河湖海之中,任其漂泛。放河灯是为了普度水中的落水鬼和其他孤魂野鬼。据说这一天若是有个死鬼托着一盏河灯,就得托生。

对于沿海渔民来说,处暑以后是渔业收获的时节,每年处暑期间,在沿海有的地方要举行隆重的开渔节,欢送渔民开船出海。

这时海域水温依然偏高,鱼群还是会停留在海域周围,鱼虾贝类

▎捕鱼雕刻

■ 白露食"龙眼"

龙眼 又称"桂圆",为无患子科植物,果供生食或加工成干制品,肉、核、皮及根均可作药用。原产于中国南部及西南部,世界上有多个国家和地区栽培龙眼,如泰国、印度尼西亚、澳大利亚的昆士兰州、美国的夏威夷州和佛罗里达州等。

发育成熟。因此,从这一时间开始,人们往往可以享受到种类繁多的海鲜。

老鸭味甘性凉,因此民间有处暑吃鸭子的传统。做法也五花八门,有白切鸭、柠檬鸭、子姜鸭、烤鸭、荷叶鸭、核桃鸭等。

北京至今还保留着这一传统,一般处暑这天,北京人都会到店里去买处暑百合鸭等。

白露实际上是天气转凉的象征。福建省福州等地白露这天要吃龙眼进补。

浙江省温州等地有过白露节的习俗。苍南、平阳等地民间,人们于此日采集"十样白",以煨乌骨白毛鸡或鸭子,据说食后可滋补身体。

"十样白"也有"三样白"的说法,乃是10种带"白"字的草药,如白木槿、白毛苦等,以与"白露"字面上相应。

老南京人都十分青睐"白露茶",茶树经过夏季的酷热,白露前后正是生长的极好时期。白露茶既不像春茶那样鲜嫩,经不住泡,也不像夏茶那样干涩味苦,而是有一种独特甘醇清香味,尤受老茶客喜爱。

苏南籍和浙江籍的老南京中还有自酿白露米酒的

习俗，旧时苏浙一带乡下人家每年白露一到，家家酿酒，用以待客，常有人把白露米酒带到城市。白露酒用糯米、高粱等五谷酿成，略带甜味，故称"白露米酒"。

白露时节也是太湖人祭禹王的日子。禹王是传说中的治水英雄大禹，太湖畔的渔民称他为"水路菩萨"。

每年正月初八、清明、七月初七和白露时节，这里将举行祭禹王的香会，其中又以清明、白露春秋两祭的规模为最大，历时一周。

在祭禹王的同时，还祭土地神、花神、蚕花姑娘、门神、宅神、姜太公等。活动期间，《打渔杀家》是必演的一台戏，它寄托了人们对美好生活的一种祈盼和向往。

秋分曾是传统的"祭月节"。如古有"春祭日，秋祭月"之说。现在的中秋节则是由传统的"祭月节"而来。

据考证，最初"祭月节"是定在"秋分"这一天，不过由于这一天在农历八月里的日子每年不同，不一定都有圆月。而祭月无月则是大煞风景的。所以，后来人们就将

姜太公 姜子牙，姜姓，吕氏，名尚，一名望，字子牙，或单呼牙，也称"吕尚"。先后辅佐了6位周王，因是齐国始祖而称"太公望"，俗称"姜太公"。西周初年，被周文王封为"太师"，被尊为"师尚父"，与谋"翦商"。他是中国历史上杰出的政治家、军事家和谋略家。

■《打渔杀家》剧照

■ 公园

闽南 简称为"闽",指福建的南部,从地理、行政区划、语系等各方面,厦门、漳州、泉州3个地区均合称为闽南。"闽南"这个词是在20世纪后半期福建方言专家才提出的,之前闽南地区人迁徙到外地都自称福建人,东南亚、广东人也称闽南人为福建人。

"祭月节"由"秋分"调至中秋。

据《礼记》记载:"天子春朝日,秋夕月。朝日之朝,夕月之夕。"这里的夕月之夕,指的正是夜晚祭祀月亮。

早在周代,古代帝王就有春分祭日、夏至祭地、秋分祭月、冬至祭天的习俗。祭祀场所称为"日坛""地坛""月坛""天坛"。分设在东南西北4个方向。北京的月坛就是明清时期皇帝祭月的地方。

这种风俗不仅为朝廷及上层贵族所奉行,随着社会的发展,也逐渐影响到民间。

霜降时节,各地都有一些不同的风俗,在霜降节气,百姓们自然也有自己的民趣民乐。

在中国的一些地方,霜降时节要吃红柿子,在当地人看来,这样不但可以御寒保暖,同时还能补筋骨,是非常不错的霜降食品。

泉州老人对于霜降吃柿子的说法是：霜降吃柿子，不会流鼻涕。有些地方对于这个习俗的解释是：霜降这天要吃柿子，不然整个冬天嘴唇都会裂开。

住在农村的人们到了这个时候，会爬上一棵棵高大的柿子树，摘几个光鲜香甜的柿子吃。

闽南民间在霜降的这一天，要进食补品，也就是我们北方常说的"贴秋膘"。在闽南有一句谚语叫"一年补通通，不如补霜降"。从这句小小的谚语就充分地表达出闽台民间对霜降这一节气的重视。每到霜降时节，闽台地区的鸭子就会卖得非常火爆。

霜降节在民间也有许多讲究以祛凶迎祥，求得生活顺利、庄稼丰收。例如山东省烟台等地，有霜降节西郊迎霜的做法；而广东高明一带，霜降前有"送芋鬼"的习俗。

当地小孩儿以瓦片垒塔，在塔里放柴点燃，待到瓦片烧红后，毁塔以煨芋，叫作"打芋煲"。随后将瓦片丢至村外，称作"送芋鬼"，以辟除不祥，表现了人们朴素的吉祥观念。

■ 重阳登高

重阳节登高的习俗由来已久。由于重阳节在寒露节气前后，寒露节气宜人的气候又十分适合登山，慢慢地重阳节登高的习俗也成了寒露节气的习俗。

北京人登高习俗更盛，景山公园、八大处、香山等都是登高的好地方，重九登高节，更会吸引众多的游人。

九九登高，还要吃花糕，因"高"与"糕"谐音，故应节糕点谓之"重阳花糕"，寓意"步步高升"。

花糕主要有"糙花糕""细花糕"和"金钱花糕"。粘些香菜叶以为标志，中间夹上青果、小枣、核桃仁之类的干果。细花糕有三层两层不等，每层中间夹有较细的蜜饯干果，如苹果脯、桃脯、杏脯、乌枣之类。

金钱花糕与细花糕基本同样。

寒露与重阳节接近，此时菊花盛开，菊花为寒露时节最具代表性的花卉，处处可见到它的踪迹。

为除秋燥，某些地区有饮"菊花酒"的习俗。菊花酒是由菊花加糯米、酒曲酿制而成，古称"长寿酒"，其味清凉甜美，有养肝、明目、健脑、延缓衰老等功效。

登高山、赏菊花，成了这个节令的雅事。这一习俗与吃花糕、饮菊花酒一起，渐渐移至重阳节。

阅读链接

南朝梁时期史学家吴均在《续齐谐记》中记载了这样一个故事：

东汉方士费长房颇擅仙术，能知人间祸福。一天，他对其徒汝南桓景说，九月初九，你全家有难，但如能给每人做一红布袋，装上茱萸系在手臂上，然后去登高，并在山间饮菊花酒，即可幸免于难。

桓景照办，果真初九晚间，全家从山上回来后，见家中鸡、犬、牛、羊俱已暴死。事后，费长房告知，此乃家畜代为受祸。

这种神奇故事经过传播，便形成了重阳节登高的习俗。

冬季岁时习俗的嬗变

冬季节气共有6个，分别为立冬、小雪、大雪、冬至、小寒和大寒。

冬季岁时习俗有冬学、拜师活动，有放牛娃的有趣活动，还有腌腊肉、吃糍粑、晒鱼干、吃煲汤、做腊八粥、腌制年肴、尾牙祭等饮食习俗。

中国北方的冬季，虽然白雪茫茫，但户外活动依然很丰富，有狩猎、赶集，孩子们踢毽子、滑冰等。

■ 东汉医学家张仲景

■ "冬学"场景

冬季始于立冬,止于立春。此时万物凋零,既是自然界的闭藏季节,也是人体阳气的闭藏季节。汉魏时期,天子要在立冬这天亲率群臣迎接冬气,对为国捐躯的烈士及其家小进行表彰与抚恤,请死者保护生灵,鼓励民众抵御外族的掠夺与侵袭。

在民间,立冬有祭祖、饮宴、卜岁等习俗,以时令佳品向祖灵祭祀,以尽为人子孙的义务和责任,祈求上天赐给来岁丰年,农民自己也获得饮酒、休息以及娱乐的酬劳。

冬天夜里最长,而且又是农闲季节,在这个季节办"冬学"是最好的时间。

古代冬学非正规教育,有各种性质:如"识字班",招收成年男女,目的在于扫盲;"训练班"招收有一定专长的人,进行专业知识训练,培养人才;

尚书 是中国封建时代的政府高官名称。尚书令,始于秦,西汉沿置,本为少府的属官,掌文书及群臣章奏。秦及汉初与尚冠、尚衣、尚食、尚浴、尚席,称"六尚"。东汉政务归尚书,尚书令成为对君主负责总揽一切政令的首脑。在清朝,六部和理藩院等部门的主官称为"尚书"。

"普通学习班"主要提高文化，普及科学技术知识。

冬学的校址，多设在庙宇或公房里。教员主要聘请本村或外村人承担，适当地给予报酬。

冬季里，好多村庄都举行拜师活动，是学生拜望老师的季节。入冬后城镇乡村学校的学董，领上家长和学生，端上方盘，盘中放四碟菜、一壶酒、一只酒杯，提着果品和点心到学校去慰问老师，叫作"拜师"。

立冬节气，有秋收冬藏的含意，中国过去是个农耕社会，劳动了一年的人们，利用立冬这一天要休息一下，顺便犒赏一家人一年来的辛苦。有句谚语"立冬补冬，补嘴空"就是最好的比喻。

南方人在立冬时爱吃些鸡鸭鱼肉。在中国台湾立冬这一天，街头的"羊肉炉""姜母鸭"等冬令进补餐厅高朋满座。许多家庭还会炖麻油鸡、四物鸡来补充能量。

在中国北方，特别是北京、天津的人们爱吃饺子。为什么立冬吃饺子？

因为饺子是来源于"交子之时"的说法。大年三十是旧年和新年之交，立冬是秋冬季节之交，故"交"子之时的饺子不能不吃。

小雪节气的民俗有腌腊肉、晒鱼干和吃煲汤等。

小雪后气温急剧下降，天气变得干燥，是加工腊肉的好时候。小雪节气后，一

祭孔仪式

■ 踢毽子

些农家开始动手做香肠、腊肉，等到春节时正好享受美食。

在南方某些地方，还有农历十月吃糍粑的习俗。古时，糍粑是南方地区传统的节日祭品，最早是农民用来祭牛神的供品。有俗语"十月朝，糍粑禄禄烧"，就是指的祭祀事件。

在小雪节气，中国台湾中南部海边的渔民们开始晒鱼干、储存干粮。乌鱼群会在小雪前后来到台湾海峡，另外还有旗鱼、鲨鱼等。

台湾俗谚"十月豆，肥到不见头"，是指在嘉义县布袋一带，到了农历十月可以捕到"豆仔鱼"。

小雪前后，土家族群众又开始了一年一度的"杀年猪，迎新年"民俗活动，给寒冷的冬天增添了热烈

乱弹 戏曲名词。泛指清代康熙末年至道光末年的100多年间新兴的地方声腔剧种。词义内涵依使用情况不同而异。昆山腔以外的各种戏曲声腔，诸如京腔、秦腔、弋阳腔、梆子腔、啰啰腔、二黄调等，统谓之"乱弹"。

的气氛。

吃"煲汤",是土家族的风俗习惯。在"杀年猪,迎新年"民俗活动中,用热气尚存的上等新鲜猪肉,精心烹饪而成的美食称为"煲汤"。

在大雪时节,鲁北民间有"碌碡顶了门,光喝红黏粥"的说法,意思是天冷不再串门,一家人只在家喝暖乎乎的红薯粥度日。

老南京有句俗语叫"小雪腌菜,大雪腌肉"。大雪节气一到,家家户户忙着腌制"咸货"。

将大盐加八角、桂皮、花椒、白糖等入锅炒熟,待炒过的花椒盐凉透后,涂抹在鱼、肉和光禽内外,反复揉搓。直至肉色由鲜转暗,表面有液体渗出时,再把肉连剩下的盐放进缸内,用石头压住,放在阴凉背光的地方,半月后取出,将腌出的卤汁入锅加水烧开,撇去浮沫,放入晾干的鱼、肉等10天后取出,挂在朝阳的屋檐下晾晒干,以迎接新年。

冬至是中国一个很重要的节气。俗话说:"冬至大似年。"在古代,冬至非常重要,人们一直是把冬至当作另一个新年来过。

灶王爷年画

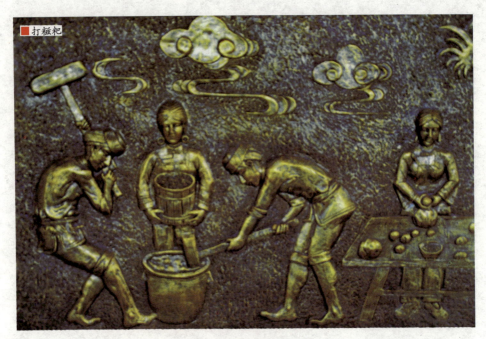

打糍粑

冬至这天，君主们都不过问国家大事，而要听5天音乐，朝廷上下都要放假休息，军队待命，边塞闭关，商旅停业，亲朋各以美食相赠，相互拜访，欢乐地过一个"安身静体"的节日。

由于古代礼天崇阳，因此，冬至祭天是历代王朝都很重视的活动。据《梦粱录》记载，冬至到了，皇帝要到皇城南郊圜丘祭天，在祭天前皇帝要先行斋戒。

冬至这天，人们还不能忘了吃饺子。冬至吃饺子甚至比立冬吃饺子的习俗更甚。相传东汉时期末年，医圣张仲景曾任长沙太守，这一年冬至这一天，他看见南阳的老百姓饥寒交迫，两只耳朵纷纷被冻伤。

当时伤寒流行，病死的人很多，于是张仲景总结了汉代300多年的临床实践，在当地搭了一个医棚，支起一面大锅，煎熬羊肉、辣椒和祛寒提热的药材，用面皮包成耳朵形状，煮熟之后连汤带食赠送给穷人。

老百姓从冬至吃到除夕，抵御了伤寒，治好了冻耳。

从此,乡里人与后人就模仿制作,称之为"饺耳"或"饺子",也有一些地方称"扁食"或"烫面饺"。于是冬至吃饺子的习俗就流传下来了。

其实,冬至时节的习俗不单单是吃饺子。东汉大尚书崔寔《四民月令》:"冬至之日进酒肴,贺谒君师耆老,一如正日。"宋代每逢此日,人们更换新衣,庆贺往来,一如年节。

除此之外,冬至那一天的朝会也很热闹,百官和外藩使者都要来参加这隆重的朝会。届时,文武官员要整齐地排列在殿中,宋代时俗称"排冬仪"。

皇帝驾临前殿,接受朝贺,其仪式和元旦时一样。这也正是《汉书》中所说的:"冬至阳气起,君道长,故贺。"

古人认为,过了冬至,白昼一天比一天长,阳气

> 《四民月令》是东汉后期叙述一年例行农事活动的专书,是东汉时期大尚书崔寔模仿古时月令所著的农业著作。叙述田庄从正月直至十二月中的农业活动,对古时谷类、瓜菜的种植时令和栽种方法有所详述,也有篇章介绍当时的纺绩、织染和酿造、制药等手工业。

■ 冬季腌制咸货

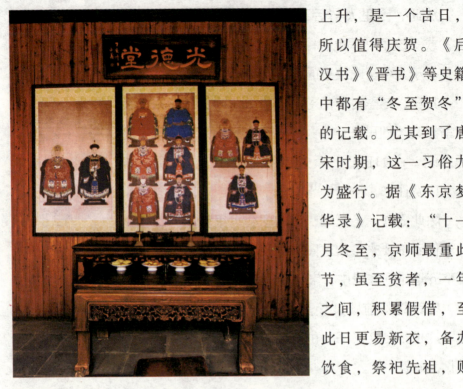

■ 祭祖

上升，是一个吉日，所以值得庆贺。《后汉书》《晋书》等史籍中都有"冬至贺冬"的记载。尤其到了唐宋时期，这一习俗尤为盛行。据《东京梦华录》记载："十一月冬至，京师最重此节，虽至贫者，一年之间，积累假借，至此日更易新衣，备办饮食，祭祀先祖，财神等。"

到了冬至这一天，车马喧嚣，街巷拥挤，行人往来不绝。明清两代交替之际，虽曾一度废止，但清代以后直至近世，民间仍有冬至节之俗。

古时，南京人对小寒颇重视，但随着时代变迁，现已渐渐淡化，如今，人们只能从生活中寻找痕迹。

到了小寒，老南京一般会煮菜饭吃，菜饭的内容并不相同，有用矮脚黄青菜与咸肉片、香肠片或是板鸭子，再剁上姜粒与糯米一起煮的，十分香鲜可口。

其中矮脚黄、板鸭都是南京的著名特产，可谓是真正的"南京菜饭"，甚至可与腊八粥相媲美。

至小寒时节，也是老中医和中药房最忙的时候，一般入冬时熬制的膏方都吃得差不多了。此时，有的

阳气 生理学名词。与阴气相对。阳气是人体物质代谢和生理功能原动力，是人体生殖、生长、发育、衰老和死亡的决定因素。它具有温养全身组织、维护脏腑功能作用。阳气虚就会出现生理活动减弱和衰退，导致身体御寒能力下降。

人家会再熬制一点,吃至春节前后。

居民日常饮食也偏重于温性食物,如羊肉、狗肉,其中又以羊肉汤最为常见,有的餐馆还推出当归生姜羊肉汤。

俗话说,"小寒大寒,冷成冰团"。南京人在小寒季节里有一套地域特色的体育锻炼方式,如跳绳、踢毽子、滚铁环、挤油渣渣、斗鸡等。如果遇到下雪,更是欢呼雀跃,打雪仗、堆雪人。

广州传统,小寒早上吃糯米饭,为避免太糯,一般是60%糯米加40%香米,把腊肉和腊肠切碎,炒熟,花生米炒熟,加一些碎葱白,拌在饭里面吃。

大寒已是农历四九前后,传统的"一九一只鸡"食俗仍被不少市民家庭所推崇。南京人选择的多为老母鸡,或单炖,或添加参须、枸杞、黑木耳等合炖,寒冬里喝鸡汤真是一种享受。

至腊月,老南京还喜爱做羹食用,羹肴各地都有,做法也不一样,如北方的羹偏于黏稠厚重,南方的羹偏于清淡精致。而南京的羹则取南北风味之长,既不过于黏稠或清淡,又不过于咸鲜或甜淡。

小寒时节吃补药

腊八粥

大寒时节，人们开始忙着除旧饰新，腌制年肴，准备年货，因为中国人最重要的节日春节就要到了。其间还有一个对于北方人非常重要的日子腊八，即阴历十二月初八。在这一天，人们用五谷杂粮加上花生、栗子、红枣、莲子等熬成一锅香甜美味的腊八粥，是人们腊八这天不可或缺的一道主食。

按中国的风俗，特别是在农村，每至大寒节，人们便开始忙着除旧布新，腌制年肴，准备年货。

阅读链接

每年的农历十月初一，为送寒衣节。这一天，特别注重祭奠先亡之人，谓之"送寒衣"。与春季的清明节，秋季的中元节，并称为一年之中的三大"鬼节"。

民间传说，孟姜女新婚燕尔，丈夫就被抓去修筑万里长城。秋去冬来，孟姜女千里迢迢，历尽艰辛，为丈夫送衣御寒。谁知丈夫却屈死在工地，还被埋在城墙之下。

孟姜女悲痛欲绝，指天哀号呼喊，感动了上天，哭倒了长城，找到了丈夫尸体，给他换上带来的棉衣重新入殓安葬。由此而产生了"送寒衣节"。

龙头节岁时习俗的形成

龙抬头，是中国民间的传统节日，汉族有，其他民族也有。龙抬头是每年农历二月初二，俗称"青龙节"，传说是龙抬头的日子，它是中国农村的一个传统节日。

二月初二正是惊蛰前后，百虫蠢动，疫病易生，于是人们在那时就会焚香祷告，祈望龙抬头出来镇住毒虫，祈求来年风调雨顺，五谷丰登，这一天也称为"龙头节"。

■ 四海龙王

在中国北方民间流传着这样一个神话故事。唐代武则天当上皇帝，惹恼了玉皇大帝，传谕四海龙王，3年内不得向人间降雨。

不久，司管天河的龙王听见民间人家的哭声，看见饿死人的惨景，担心人间生路断绝，便违抗玉帝的旨意，为人间降了一次雨。

玉帝得知，把龙王打下凡间，压在一座大山下受罪，山上立碑："龙王降雨犯天规，当受人间千秋罪；

■ 苍龙神像

要想重登灵霄阁，除非金豆开花时。"人们为了拯救龙王，到处找开花的金豆。

至二月初二这一天，人们正在翻晒玉米种子时，想到这玉米就像金豆，炒一炒开了花不就是金豆开花吗？于是家家户户炒玉米花，并在院子里设案焚香，供上开了花的"金豆"。

龙王抬头一看，知道百姓救它，便大声向玉帝喊道："金豆开花了，快放我出去！"玉帝一看人间家家户户院里金豆花开放，只好传谕，诏龙王回到天庭，继续给人间兴云布雨。

从此，民间形成习惯，每至二月初二这一天，就炒玉米花吃。

玉皇大帝 道教的神，全称"昊天金阙无上至尊自然妙有弥罗至真玉皇上帝"，又称"昊天通明宫玉皇大帝""玄穹高上玉皇大帝"，居住在玉清宫。玉皇大帝除统领天、地、人三界神灵之外，还管理宇宙万物的兴隆衰败、吉凶祸福。

这种天上人间融为一体的民间故事，是中国古代劳动人民智慧的结晶；从另一个角度来看，也反映出古代农业受天气制约的现实以及耕者渴望风调雨顺、五谷丰登的美好愿望。

其实，二月初二"龙抬头"与古代天文学对星辰运行的认识和农业节气有关。

农历二月以后，"雨水"节气来临，冬季的少雨现象结束，降雨量将逐渐增多起来，这本来就是华北季风气候的特点。

旧时人们将黄道附近的星象划分为28组，表示日月星辰在天空中的位置，俗称"二十八宿"，以此作为天象观测的参照。

二十八宿按照东西南北4个方向划分为四大组，产生"四象"：东方苍龙，西方白虎，南方朱雀，北方玄武。

二十八宿中的角、亢、氐、房、心、尾、箕七宿组成一个龙形星象，人们称它为"东方苍龙"。其中角宿代表龙角，亢宿代表龙的咽喉，氐宿代表龙爪，心宿代表龙的心脏，尾宿和箕宿代表龙尾，这些都反映了古代的龙文化。

据东汉时期语言学家许慎《说文解字》称，龙"能幽能

四海龙王 我国民间所敬之神，是奉玉帝之命管理海洋的4个神仙，弟兄4人中东海龙王敖广为大，其次是南海龙王敖钦、北海龙王敖顺、西海龙王敖闰。四海龙王的职责是管理海洋中的生灵，在人间司风管雨，统率无数虾兵蟹将。

■ 许慎头像

■ 龙头节艺术画

许慎（约58—约147），东汉时期汝南召陵人，现河南省郾城县。著有《说文解字》和《五经异义》等。因他所著的《说文解字》闻名于世界，所以研究《说文解字》的人，皆称许慎为"许君"，称《说文解字》为"许书"，称传其学为"许学"。

明，能细能巨，能短能长，春分而登天，秋分而潜渊"，这实际上说的是东方苍龙星象的变化。

古时，人们观察到苍龙星宿春天自东方夜空升起，秋天自西方落下，其出没周期和方位正与一年之中的农时周期相一致。

春天农耕开始，苍龙星宿在东方夜空开始上升，露出明亮的龙首；夏天作物生长，苍龙星宿悬挂于南方夜空；秋天庄稼丰收，苍龙星宿也开始在西方坠落；冬天万物伏藏，苍龙星宿也隐藏于北方地平线以下。

每年的二月初二晚上，苍龙星宿开始从东方露头，角宿，代表龙角，开始从东方地平线上显现。大约一个小时后，亢宿即龙的咽喉，升至地平线以上。接近子夜时分，氐宿即龙爪也出现了。

这就是"龙抬头"的过程。

在此之后，每天的"龙抬头"日期，均约提前一点，一个月后，整个"龙头"就"抬"起来了。

人们将这天赋予多重含义和寄托，后来逐渐衍化成"龙抬头节""春龙节"了。此外，二月初二龙抬头的形成，也与自然地理环境有关。

二月初二龙抬头节，主要流行于北方地区。由于北方地区常年干旱少雨，地表水资源短缺，而赖以生存的农业生产又离不开水，病虫害的侵袭也是庄稼的一大忧患。因此，人们求雨和消灭虫患的心理便折射到对龙的日常信仰当中。

人们对二月初二龙抬头节格外重视，人们依靠对龙的崇拜驱凶纳吉，祈求龙神赐福人间，人畜平安，五谷丰登。寄托了人们对美好生活的向往。

传说龙头节最早起源于伏羲氏时期，伏羲"重农桑，务耕田"，每年二月初二"皇娘送饭，御驾亲耕"。

至周武王时期，每年二月初二还举行盛大仪式，号召文武百官都要亲耕。从古至今，人们过"龙头节"，充满了崇拜龙的思想观念。

俗话说"龙不抬头天不雨"。在古代神格谱系

> **周武王**（？—约前1043），周文王的次子。谥号"武"。西周时代青铜器铭文常称其为"斌王"。史称"周武王"。他继承父亲遗志，灭掉商朝，夺取政权，建立了西周王朝，表现出卓越的军事和政治才能，成了中国历史上的一代明君。

■ 伏羲氏

■ 二月二耍龙灯

中，龙是掌管降雨的神仙，降雨的多少直接关系到一年的庄稼的丰歉。因此，为了求得龙神行云布雨，二月初二这天要在龙神庙前摆供，举行隆重的祭拜仪式，同时唱大戏以娱神。

除祭祀龙神外，民间往往还举行多种活动纳吉，诸如舞龙、剃龙头、引龙伏虫、吃猪头肉等。

舞龙，就是在二月初二这天上街舞龙庆祝。遇上好的年份，老百姓几家合伙制作一条龙，期望新的一年在龙的荫护下再获丰收。早在汉代，就有杂记记载舞龙的壮观场面：为了祈雨，人们身穿各色彩衣，舞起各色大龙。渐渐地，舞"龙"成了人们表达良好祝愿、祈求人寿年丰必有的形式，尤其是在喜庆的节日里，人们更是手舞长"龙"，宣泄着欢快的情绪。

舞龙的形式多种多样。耍龙的时候，少则一两个人，多则上百人舞一条大龙。最为普遍的叫"火龙"，舞火龙的时候，常常伴有数十盏云灯相随，并常常在夜里舞，所以"火龙"又有一个名称叫"龙灯"。

神格 神格是神灵的力量核心，神灵的绝大部分力量都在神格之中，传说中甚至有许多凡人因为得到了神格而被封神成为神灵。在西方的传说中，神由于对于宇宙的了解，从而对事物的本质了解而掌握了各种规则，使之与自己的能量相结合，就形成了神格。

耍龙灯的时候，有几十个大汉举着巨龙在云灯里上下穿行，时而腾起，时而俯冲，变化万千，间或还有鞭炮、焰火，大有腾云驾雾之势。下面簇拥着成百上千狂欢的人们，欢呼雀跃，锣鼓齐鸣，蔚为壮观，好不热闹。

这种气势雄伟的场面，极大地刺激了人们的情绪，振奋和鼓舞了人心，因此，舞"龙"成了维系中华民族传统文化不可或缺的乐章，也体现了中国人民战天斗地、无往不胜的豪迈气概。

所谓剃龙头，指二月初二理发。儿童理发，叫剃"喜头"，借龙抬头之吉时，保佑孩童健康成长，长大后出人头地；大人理发，辞旧迎新，希望带来好运，新的一年顺顺利利。

东南沿海地区一直流传着二月初二"剪龙头"的习俗，这天不论是大人、孩子都要剃头，叫"剃喜头"。特别是男孩子，都要理发，谓之"剪龙头"，据说在这一天理发能够带来好运，也有要想鸿运当剃头的寓意。

引龙伏虫也是中国龙抬头节习俗之一。中国古代将自然界中的生物分成蠃、鳞、毛、羽、昆五类，称为"五虫"。

蠃虫指的是人类，鳞虫指的是水族，毛虫指的是走兽，羽虫指的是飞禽，昆虫就是昆虫

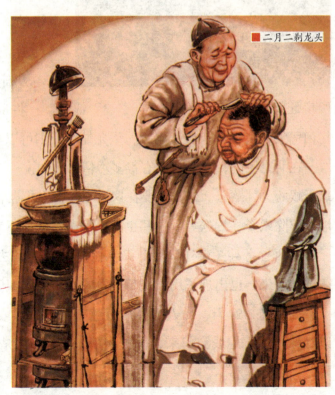

二月二剃龙头

毒虫画像

了。龙是鳞虫之长，龙出则百虫伏藏。

二月初二正是惊蛰前后，正是百虫萌动之时，因此人们引龙伏虫，希望借龙威镇伏百虫，保佑人畜平安，五谷丰登。

引龙伏虫的活动有很多，最有特点是撒灰。撒灰十分讲究。灰多选用草木灰，人们自家门口以草木灰撒一条龙到河边，再用谷糠撒一条龙引到家，意为送走懒惰的青龙、引来象征富贵的黄龙，保佑人财两旺。从临街大门外一直撒到厨房灶间，并绕水缸一圈，叫作"引钱龙"；将草木灰撒于门口，能拦门辟灾；将草木灰撒于墙脚，呈龙蛇状，则可以招福祥、避虫害。

在北京民间，二月初二有很多习俗，比如说"二月初二，照房梁，蝎子蜈蚣无处藏"。老百姓要在这天驱除害虫，点着蜡烛，照着房梁和墙壁驱除蝎子、蜈蚣等，这些虫儿一见亮光就掉下来被消灭了。

陕西省富县一带还流行着撒灰围庄墙外的做法，也是伏龙驱虫的表现。后来，也出现了用石灰替代草木灰伏龙降虫的做法。

二月初二这天，大人们要用五色布剪出方形或圆形小块，中间夹以细秫秸秆，用线穿起来，做长虫状，戴在孩童衣帽上，俗称"戴龙尾"，驱灾辟邪。

旧时这天让孩子开笔写字,取龙抬头之吉兆,祝愿孩子长大后识文断字,名为"开笔"。二月初二简单的举动,饱含着人们对孩子的殷切期望,也饱含着大人自己对美好生活的希望。

二月初二吃猪头肉也有说法。自古以来,供奉祭神总要用猪牛羊"三牲",后来简化为三牲之头,猪头即其中之一。

北方人在二月初二龙抬头之日,家家户户煮猪头,是因为初一、十五都过完了,二月初二是春节中最后一个节日。

一般农户人家辛辛苦苦忙了一年,至腊月二十三过小年时杀猪宰羊,正月一过,腊月杀的猪肉基本上吃光了,最后剩下一个猪头,就只能留在二月初二吃了。

关于吃猪头肉,宋代苏轼的《仇池笔记》中曾记录了一个故事:

王中令平定巴蜀之后,甚感腹饥,于是闯入一乡

> **三牲** 从最早的含义开始,就是指3个不同的活牲畜,当时并没有特指具体为哪3个牲畜。古代牲畜都有应用等级,多为组合祭祀、大型组合宴会中的3个不同等级使用的牲畜。因此,古代三牲就意味着为"3个等级"或者"泛指多个等级"的组合准备"多种活的牲畜"。

■ 祭祀用的三牲

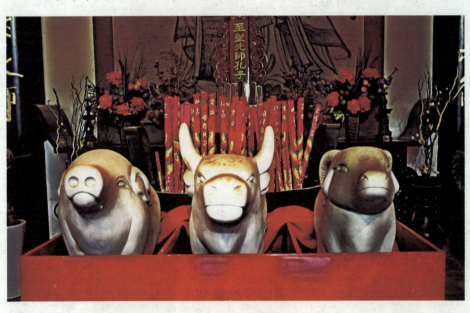

■ 猪头肉

《仇池笔记》
北宋时期苏轼撰。此书也为读书笔记及所见所闻之记录，是《东坡志林》姊妹篇，体裁、宗旨皆相同。所记内容也十分广泛，涉及经史子集、制度风俗、逸闻趣事、山川风物、佛道修养等各个方面，以记身边琐事及诗文评述为主，足资治史者参考。

村小庙，却遇上了一个喝得醉醺醺的和尚，王中令大怒，欲斩之。哪知和尚全无惧色，王中令很奇怪，转而向他讨食。

不多时和尚献上了一盘"蒸猪头"，并为此赋诗写道：

> 嘴长毛短浅含膘，久向山中食药苗。
> 蒸处已将蕉叶裹，熟时兼用杏浆浇。
> 红鲜雅称金盘钉，软香真堪玉箸挑。

王中令吃着美馔蒸猪头，听着风趣别致的"猪头诗"，甚是高兴，于是封那和尚为"紫衣法师"。看起来二月初二吃猪头是古代留下的传统，是吉祥兆头的标志。

宋代王中令吃蒸猪头，品"猪头诗"，那番景象已经是历史。现如今人们吃"扒猪脸"就不一般了。人们更偏向于用猪头肉做其他的菜肴,一是为了图方便;二是因为过完春节家里很少有完整的猪头了。

"扒猪脸"经过选料、清洗、喷烤、洗泡、酱制等12道大关卡的标准化生产,历经10多个小时的炼制,才能端上餐桌。

吃"扒猪脸"有3种,一是原汁原味吃,二是蘸酱汁吃,三是卷煎饼吃。每一种吃法都有不同的滋味。

二月初二吃"扒猪脸",回味5000年的餐饮历史,该会是一种当代与历史交融的完美体现。这正是:二月初二,春龙节,龙的传人过龙节,龙节要吃猪头肉。

二月初二与"龙抬头"相关的活动很多,就全国而言,由于地域不同,各地风俗也各有差异。比如山东地区的吃炒豆,北京地区的"咬春",山西地区的"司钱龙",黄河三角洲地区的"放龙灯"等。

在山东地区,二月初二这天家里要停止一切家务,尤其是要停止

龙头节的炒豆子

春饼

针线活，免得"伤了龙目"；要停止洗衣，恐怕"伤了龙皮"。二月初一的晚上，家里有石磨的就要把石磨掀起来，据说是不要影响了"龙抬头"，只有这样才能"细雨下得满地流，一年吃穿不发愁"。

不过，山东地区过二月初二最不可或缺的，则是在当地流传甚广的吃炒豆习俗。

清晨，家家用盐或糖炒豆，谓称"炒蝎子爪"。很多地方还在用很古朴的方法：用提前筛好的沙土炒黄豆，还有蚕豆、黄豆、玉米花、青豆、豌豆等品种一应俱全，口味各不相同。

山东内陆地区对二月初二的讲究更多，其中有一项重要的民俗活动，那就是围粮仓。

二月初二清晨，村民早早起床，家庭主妇从自家锅灶底下掏一筐烧柴火余下的草木灰，拿一把小铁铲子铲些草木灰，人走手摇，在地上画出一个个圆来。

围仓的圆圈，大套小，少则3圈，多则5圈，围单不围双。围好仓后，把家中的粮食虔诚地放在仓的中间，还有意撒在仓的外围，象征当年的大丰收。

在北京地区，二月初二龙抬头这天，要烙一种很薄的面饼，又称"薄饼"。吃春饼名称"咬春"，也叫"吃龙鳞"。

春饼比吃烤鸭的薄饼要大，并且有韧性，因为要卷很多菜吃。昔日，吃春饼时讲究到盒子铺去叫"苏盘"，又称"盒子菜"。盒子铺就是酱肉铺，店家派人送菜到家。

盒子里分格码放熏大肚、松仁小肚、挂炉烤的肉、清酱肉、熏肘子、酱肘子、酱口条、熏鸡、酱鸭等。吃时需改刀切成细丝，另配几种家常炒菜，一起卷进春饼里吃。

　　炒菜通常为肉丝炒韭芽、肉丝炒菠菜、醋烹绿豆芽、素炒粉丝、摊鸡蛋等，若有刚上市的"野鸡脖韭菜"炒瘦肉丝，再配以摊鸡蛋，更是鲜香爽口。作料有细葱丝和淋上香油的黄酱，烤鸭则配甜面酱。

　　吃春饼时，全家围坐一起，把烙好的春饼放在蒸锅里，随吃随拿，为的是吃个热乎劲儿。若在二月初二这一天吃春饼，北京人还讲究把出嫁的姑娘接回家。

　　在北京，还有一种豆面糕，北京清真风味小吃。用蒸熟的黄米或糯米揉成团，撒炒熟的黄豆面，再加入赤豆馅心，卷成长条，撒上芝麻桂花白糖食用。

　　豆面糕在清代时，经营者现制现售，随制随撒豆面，犹如郊野毛驴就地打滚沾满黄土似的，故得了"驴打滚"这一诙谐之名。

　　老北京的习俗，人们总喜欢在农历二月买"驴打滚"品尝，因而

■ 特色小吃"驴打滚"

经营这种食品摊贩和推车小贩很多,以天桥市场白姓食摊和"年糕虎"做得最有名气。

在黄河三角洲地区,有"放龙灯"的习俗,不少人家用芦苇或秫秸扎成小船,插上蜡烛或放上用萝卜挖成的小油碗,放到河里或湾里点燃,为"龙照路"。此外,这一天民间饮食还多以龙为名,以取吉利,如吃水饺叫吃"龙耳",吃米饭叫吃"龙子",吃馄饨叫吃"龙牙",蒸饼也在面上做出龙鳞状来,称"龙鳞饼"。

民间有许多禁忌避讳"龙抬头",诸如此日家中忌动针线,怕伤到龙眼,招灾惹祸;忌担水,认为这天晚上龙要出来活动,禁止到河边或井边担水,以免惊扰龙的行动,招致旱灾之年;忌讳盖房打夯,以防伤"龙头";再者,忌讳磨面,认为磨面会榨到龙头,不吉利。俗话说"磨为虎,碾为龙",有石磨的人家,这天要将磨支起上扇,方便"龙抬头升天"。

除上面介绍的活动及食俗之外,还有吃蝎豆、击梁驱虫等。但不论哪种方式,均围绕美好的龙神信仰而展开,它是人们寄托生存希望的活动,衍化成"龙抬头节""春龙节"了。

> **阅读链接**
>
> 相传在宋代时,把二月初二龙头节称为"花朝节",把这一天指定为"百花生日"。
>
> 元代称为"踏青节",百姓在这一天出去踏青、郊游。
>
> 明清时期则称之为"惊蛰",因为此时天气渐暖,一些昆虫动物好似被春天的阳光和春雷从睡梦中惊醒了一般。
>
> 百姓传说中的大龙实际是没有的,那种龙就是在蛇、蚯蚓等基础上,我们祖先想象加工出来的。二月初二前后,春回大地,人们期望龙出镇住一切有害的毒虫,期望着丰收。这就是"二月初二龙抬头"的说法。